特高压越江电力管廊
盾构施工关键技术

张晓平　唐少辉　刘　浩　陈　鹏　编著

中国建筑工业出版社

图书在版编目（CIP）数据

特高压越江电力管廊盾构施工关键技术/张晓平等编著. —北京：中国建筑工业出版社，2022.9

ISBN 978-7-112-27679-0

Ⅰ.①特… Ⅱ.①张… Ⅲ.①特高压输电-电力电缆-地下管道-隧道施工-盾构法-研究 Ⅳ.①TU994

中国版本图书馆 CIP 数据核字（2022）第 138709 号

责任编辑：刘颖超
责任校对：董　楠

特高压越江电力管廊盾构施工关键技术
张晓平　唐少辉　刘　浩　陈　鹏　编著

*

中国建筑工业出版社出版、发行（北京海淀三里河路 9 号）
各地新华书店、建筑书店经销
霸州市顺浩图文科技发展有限公司制版
北京建筑工业印刷厂印刷

*

开本：787 毫米×1092 毫米　1/16　印张：15¼　字数：376 千字
2022 年 11 月第一版　　2022 年 11 月第一次印刷
定价：**68.00** 元

ISBN 978-7-112-27679-0
（39867）

序

苏通 GIL 综合管廊工程是淮南－南京－上海 1000kV 交流特高压输变电工程的重要组成部分，是我国第一条特高压 GIL 综合管廊工程，该管廊工程是整个工程全线贯通的关键，为控制性工程。建设工期紧、施工难度大、安全风险高是该工程的主要特点。工程起于苏通大桥南岸苏州引接站，止于北岸南通引接站，管廊全长 5468.5m，全线蜿蜒于江底，基本没有水平段。隧道穿越超高水压、强渗透、高石英含量、富含沼气等复杂地层，盾构施工面临密封失效突涌水、掌子面坍塌失稳、刀盘刀具异常磨损、沼气燃爆等重大工程风险。

为了确保工程安全顺利进行，本人多次参与该管廊工程的技术论证和方案评审，对盾构长距离穿越长江江底的风险防控进行过反复论证。管廊盾构掘进面临的工程风险之高、控制难度之大，是前所未有的。业主委托了国内越江大盾构经验最为丰富的中铁十四局集团大盾构工程有限公司，组成了以陈鹏经理为首的高水平施工管理团队，选用先进耐高压设计的泥水盾构进行掘进施工。在业主强有力的组织推动下、参建各方和科研单位共同攻坚克难、仔细求证、科学决策、精心施工，有效避免了潜在的重大工程风险。创造了日掘进 14.12m，月均 417m 的世界大直径盾构隧道施工新记录，提前实现盾构掘进隧道安全贯通。

建成后整条隧道无一渗漏点，获得各界好评。累计国内外 6000 多名专家学者、业内同行进行现场观摩。可以说，此隧道是目前国内现场管理最好、实体质量最优、建设进度最快的行业标杆工程，已获得中国施工企业管理协会一等奖奖励。武汉大学、中铁第四勘察设计院集团有限公司、中铁十四局集团大盾构工程有限公司的科研、设计和施工团队，基于科研成果、设计方案和工程建设资料，及时进行系统分析和总结，完成这样一部高质量的书稿，非常有价值，对于蓬勃发展水下盾构隧道的安全高效建设具有重要的借鉴和指导意义。

本书作者张晓平教授为首届中国岩石力学与工程学会“钱七虎”奖获得者，他在学会的关心和培养下，快速成长，长期深入盾构/TBM 工程、隧道工程一线，研究解决工程难题，我深感欣慰。希望张教授能够再接再厉，为国家重大基础设施建设的攻坚克难作出更多更大贡献，将论文实实在在写在祖国的大地上。

中国岩石力学与工程学会名誉理事长

中国工程院院士 钱七虎

前　　言

淮南—南京—上海 1000kV 交流特高压输变电工程苏通 GIL 综合管廊工程是我国第一条特高压 GIL（Gas Insulated Transmission Lines，气体绝缘输电线路）综合管廊工程，也是首次采用盾构隧道技术跨越长江进行特高压电力输送的工程。苏通 GIL 综合管廊工程是整个工程全线贯通的关键，为控制性工程。建设工期紧、施工难度大、安全风险高是该工程的主要特点。

为了安全、高效和高质量完成建设任务，选用先进的耐高压设计的泥水盾构进行掘进施工，总盾构长度达 5468.5m。管廊穿越超高水压、强渗透、高石英含量、富含沼气等复杂地层，盾构施工面临密封失效突涌水、掌子面坍塌失稳、刀盘刀具异常磨损、沼气燃爆等重大工程风险。在业主的精心组织协调下，参建各方和科研单位联合攻关，历时 14 个月（2017 年 6 月 28 日～2018 年 8 月 21 日），提前实现盾构掘进隧道安全贯通。

本书主要从工程建设的角度，对越江方案比选、管廊勘察设计、盾构机选型进行总体介绍，对复杂地层长距离越江隧道施工面临的难点及挑战，逐一进行重点专题介绍。力求工程介绍全面、重点难点突出，可以为后续类似地质条件下的工程建设提供有益参考。

越江管廊方案与传统的架空线路大跨越相比，具有不受气象条件制约、不影响航运、安全性能好、战略意义高等诸多优点；对于保护长江“黄金水道”，为未来跨江、跨海等特殊地段输电通道建设提供新的解决方案具有重要示范意义。

建设区工程地质和水文地质条件复杂，中国电力工程顾问集团华东电力设计院通过反复论证，最终确定采用浅地层剖面探测、旁侧声纳探测、单波束水深测量、海洋高精度磁法探测、水域地震反射波勘探、面波勘探、地质雷达探测以及实时导航定位等多种先进技术进行综合物探。地球物理探测专题工作整合了世界一流的海洋探测设备，并克服了长江天险带来的气象条件差、地质条件复杂、通航密度高等作业困难挑战，取得了有效的信号和数据。最终通过综合解译研究，形成了地下障碍物和地层解译高精度探测技术，解决了江底障碍物调查及地层划分等技术难题。通过设置江上钻探作业平台，进行江上钻探和取芯，开展有害气体探测、原位试验和室内试验等工作，获取管廊区域地层物理力学指标参数。

通过分析不同线位方案对盾构机选型、隧道结构及防水设计、盾构掘进施工和工期、运营维护等方面的影响，最终设计管廊三维蜿蜒于江底，垂直方向下降/上升近 80m，水平方向最大移动近 1000m，基本没有水平段，非标准转角段大幅增加，给管片结构设计、掘进机姿态调整、管片拼装和密封等带来巨大挑战。

根据类似工程使用盾构的经验，考虑土压平衡盾构机和泥水平衡盾构机的适应性差异，综合分析选用泥水平衡盾构机适应本管廊工程地质和水文地质条件、隧道线路方案、隧道埋深及周边环境，可确保工程施工安全可靠。针对该工程穿越长江大堤地段、江底深埋段、全断面高石英含量致密砂层段、富含沼气地段等重点地段，进行了管片壁后同步注浆、耐高水压的主轴承密封和盾尾密封、刀具耐磨优化、防爆等适应性设计。

施工建设过程中的专题研究内容如下：

1. 复杂线形盾构掘进控制

管廊隧道穿越地层复杂，其中砂层渗透性强，两次下穿长江大堤（Ⅱ级堤防工程），一次穿越江底深槽砂层（水土压力高达 0.95MPa），盾构掘进安全风险高。管廊线形三维蜿蜒，基本没有水平段，给盾构机姿态调整带来巨大挑战。通过盾构始发/接收及掘进参数优化、盾构下穿长江大堤段安全监测控制、江底深槽段掌子面稳定性监测控制等措施，保障了在复杂条件下的安全高效掘进。

2. 高石英含量致密砂层盾构刀具磨损评价及换刀方案

针对苏通 GIL 综合管廊工程长距离穿越高石英含量致密砂层刀具磨损问题，基于自主研制刀具磨损试验装置，设计刀具硬度优化试验，分析合金硬度变化规律，延长了刀具切削寿命，降低换刀频率和换刀风险。基于形状不规则刀具形貌特征，采用三维激光扫描技术重构刀具三维实体模型，基于该三维模型提出无量纲刀具磨损参数指标，合理评价了不规则刀具的不均匀磨损和偏一侧磨损。提出基于分段体积统计分析的地层磨耗系数计算方法，实现了大直径泥水盾构穿越复杂地层刀具磨损有效预测，确定了苏通 GIL 综合管廊工程换刀时机和更换方案，为后续类似工程条件下刀具磨损评价和换刀方案优化提供理论依据和实施方法。

3. 富含沼气地层盾构施工关键控制技术

苏通 GIL 综合管廊穿越近 2000m 的富含沼气地层，盾构施工过程中存在沼气泄露风险。为了避免发生燃爆等安全事故，本工程通过预先渗透泥浆驱替地层中的气体，注入克泥效密封阻隔沼气进入盾构机和隧道内部。同时，对盾构机和隧道内不间断电源及与之相连的电气设备进行防爆改造，增加抽排系统和增设局部风机等方式防止沼气聚集。通过设置气体监测预警系统，有效监控了盾构机和管廊内的有害气体浓度，保障了施工期间作业人员和设备安全。

4. 超高水压强渗透砂层盾构和管片密封及风险防控

苏通 GIL 综合管廊穿越长江深槽段，在施工和运营期间均面临高水压强渗透砂层中密封失效问题。为了避免施工期间发生渗漏事故，对盾构机主轴承和盾尾进行了密封强化设计，并且通过加强施工过程中的防渗措施取得了良好的密封效果。整个掘进过程中未发生轴承密封、盾尾密封失效情况。同时，为了保证管廊在运营期间的安全，管片接缝防水设计采用两道弹性密封垫，且对密封垫断面进行了优化，满足了密封垫的防水性能要求。

5. 长距离独头掘进管廊内部结构同步施工组织

针对苏通 GIL 综合管廊内部结构多工作面交叉作业施工难度高、物料运输与盾构掘进相互干扰、内部空间狭窄、人工劳动强度大等难点，通过对有轨运输和无轨运输方案进行比选分析，从施工安全、施工进度、成本控制和其他方面等多个角度论证了无轨运输方案的可靠性和合理性。针对隧道内部结构施工过程中物料运输与盾构掘进的同步性问题，通过建立同步施工物料运输模型，得到在不同车辆投入量情况下车辆极限运输长度及车辆滞留时间，对长距离独头掘进隧道同步施工方案进行优化，避免盲目增加车辆造成运力浪费。与此同时，针对隧道两侧箱涵浇筑滞后与前方盾构掘进诱发错车困难问题，通过以车辆行驶和卸料用时为研究对象，单环运输周期为目标函数，建立了单车道段车辆调度模型，分析了单车道段极限运输长度。研究成果指导了现场同步施工组织，并可为类似条件下长距离独头掘进隧道内部结构同步施工组织提供借鉴和参考。

本书由张晓平、唐少辉、刘浩、陈鹏编著，全书由张晓平统稿。具体编写分工为：第1章、第4章——张晓平（武汉大学）、黄博娅（武汉大学），第2章——刘浩（中铁第四勘察设计院集团有限公司）、黄博娅（武汉大学），第3章——陈鹏（中铁十四局集团大盾构工程有限公司）、吴柯（武汉大学），第5章、第6章——唐少辉（武汉大学）、吴柯（武汉大学），第7章——杨信美（武汉大学）、唐少辉（武汉大学），第8章——杨信美（武汉大学），第9章——吴坚（武汉大学，9.1～9.3）、梁峻海（武汉大学，9.4～9.5）。此外，严福章（国家电网北京经济技术研究院）、涂新斌（国家电网北京经济技术研究院）、钱玉华（国网江苏省电力有限公司）、谢俊（中铁第四勘察设计院集团有限公司）、赵红威（中国电力工程顾问集团华东电力设计院有限公司）、朱晓天（中铁十四局集团大盾构工程有限公司）、陈宗凯（中铁十四局集团大盾构工程有限公司）、孟小颖（中铁十四局集团大盾构工程有限公司）为本书的资料收集、插图绘制等工作付出了大量精力和心血，在此一并表示衷心的感谢。

编者倾尽学力，然沧海一粟，谨希望本专著的出版可以为我国特高压越江电力管廊施工技术发展做出一点贡献，为盾构隧道与地下工程领域的从业者提供一些帮助，并为后续类似条件下长距离越江隧道工程建设积累一份经验。由于编者水平所限，书中不足之处在所难免，诚恳地希望各位读者不吝赐教、批评指正，以便于重印或再版时得以修订和完善。

编　者

2022年7月

目　　录

第1章　特高压输电越江方案比选

作为华东特高压交流环网合环运行的咽喉要道和关键节点，苏通跨江工程建成后，淮南—南京—上海工程将与已投运的皖电东送淮南—皖南—上海工程形成世界首个特高压交流双环网——华东特高压交流环网。该环网不仅可以构建强大的电力交换平台，缩短供电半径，全面提升用户端电压质量，而且能够为电力系统提供电压、频率稳定支撑，提高电网承受严重故障后的受电能力，避免多回直流同时双极闭锁造成大面积停电，是华东多直流馈入系统正常运行的重要保障。

由于本次跨江工程具有电压等级超高、输送容量超大、跨越江面超宽等特点，无论是采用架空跨越还是管廊隧道方案，施工建设的风险和挑战都很大，因此，需要结合建设要求、施工难度、运营维护、通航影响等因素对跨越方案进行可行性论证以及综合比选考量，确定最适合本工程需求的越江方案。

1.1　特高压输变电工程概况

1.1.1　工程意义

淮南—南京—上海特高压交流输变电工程是国务院批复的大气污染防治行动计划的12个重点输电通道之一（国能电力〔2014〕212号）。淮南—南京—上海特高压工程建成后，将与已建成的淮南—浙江—上海1000kV特高压输电线路并网，在华东地区将形成全国首个1000kV高压交流环网（图1.1），可以有效消纳10条交直流特高压，近7000万kW·h外来电能，不仅可以提高华东电网接纳区外来电能力和内部电力交换能力，有效缓解长三角地区短路电流大面积超标问题，提升电网安全稳定水平，增强华东电网抵御重大事故能力，而且对满足华东地区长三角经济社会发展和用电需要、缓解华东地区大气污染具有重要意义[1,2]。

1.1.2　过江点选择

在2009年开展的淮南—南京—上海工程可研设计中，中国电力工程顾问集团华东电力设计院对南京至上海段的潜在过江点进行了全面的现场踏勘和专题研究，提出了9个方案。其中南京新济州和镇江五峰山2个方案因无法与泰州—苏州路径衔接、电力系统稳定

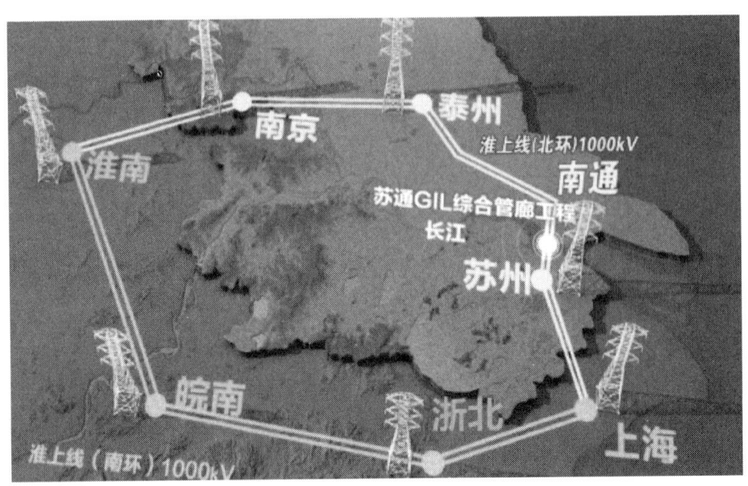

图 1.1　华东地区特高压环网示意图

性不允许而被排除；华能太仓方案需穿越崇明国家级湿地生态保护区，须在宽阔的长江南支江中设立 5 座高塔，且跨越塔高超过 490m，无法满足 380m 的民航飞行和机场净空要求；白峁河方案江中沙群活动频繁，航道易变迁，无法满足航运要求；江阴、张家港护漕港、九龙港、军用码头 4 个方案由于两岸分布大量工业设施，陆上线路无对接和实施的可能，并且与当地城市规划冲突。因此，最终考虑采用苏通过江方案。

苏通过江方案两岸预留有特高压线路走廊，具有电力越江实施的基础条件。南通市电力缺口达 800 万 kW·h。需规划建设特高压南通站，以保证对该地区的可靠供电，采用苏通过江点可以兼顾南通地区电力需求（图 1.2）。

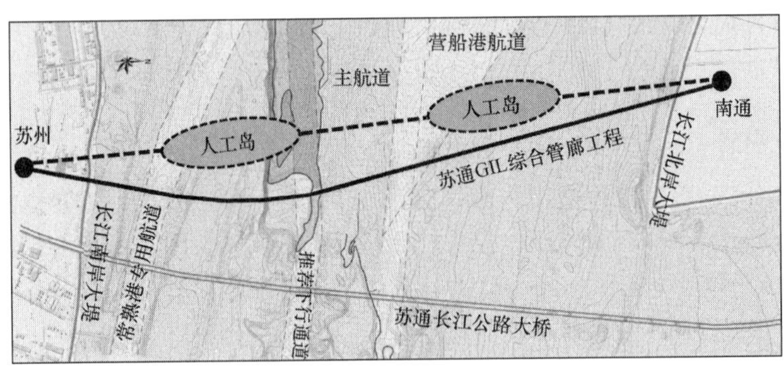

图 1.2　苏通过江点示意图

1.1.3　过江方案论证简述

华东电力设计院于 2009 年开始对本工程进行可研阶段设计，就三种越江方案（电缆方案、架空跨越方案和 GIL 管廊方案）进行了可行性论证。

电缆方案是通过在越江隧道内敷设高压电缆实现电力输送。对于“电缆方案”，国内外已有运行经验的交流输电电缆电压等级最高是 500kV，由于绝缘材料技术问题，在国际上还未研制出电压等级 1000kV 的电缆。“电缆＋隧道过江方案”因电绝缘材料技术无法解决，故在技术上无法实现。

“架空过江方案”拟采用裸导线架空输电方式，可以彻底解决大容量、大电流、高绝缘问题，该方式在特高压交/直流项目中已经积累了十几年的设计、制造和运行经验。同时，采用架空方式过江的大跨越技术，也已经有 50 多年的设计、施工和运行经验，安全可靠、风险可控。可研阶段推荐方案为架空跨越，跨越点位于长江下游黄金水道。为确保通航安全，有关部委要求跨距从 2150m 变更为 2600m，塔高/塔重从约 346m/6000t 增加至 355m/12000t，单个塔基面积约 3 个足球场大，工程静态造价由 18.9 亿元增加至 44.7 亿元，难度和造价均大幅提高。交通、水利部门综合考虑通航安全、航道维护、港口规划、防洪等因素，要求国家电网有限公司开展替代方案（GIL＋管廊过江方案）的研究论证工作。

超高压 GIL 技术在国内外都较为成熟，国内外 500kV 以下电压等级早有应用，世界上最早的项目运行至今已近 40 年，750kV 电压等级 GIL 也有部分工程应用，国内拉西瓦水电站 2009 年投运应用至今。与 GIS（Gas Insulated Switchgear，气体绝缘开关设备）相比，GIL 结构简单，安全可靠性较高，运行事故鲜有报道。特高压 1000kV 的 GIL 国内外也有研究，尤其国内三大厂均已成功开发 1000kV 的 GIL 气体绝缘管道技术［加六氟化硫（SF_6）绝缘气体］，而且已经应用于短距离的变电站进出线段，设备制造上已有保障[3]。目前，中国是世界上唯一实现 1000kV GIS 成功商业运行的国家。可见特高压 GIL 设备的可靠运行是可以得到保证的。虽然该方案投资相对较高，工期略长，但管廊越江方案对通航影响较小，施工和运营期安全性较高。

综上所述，“架空过江方案”和“GIL＋管廊过江方案”均能满足建设要求，且在技术上都可以实现。下文将对两种建设方案进行详细论证，对工期、投资、施工安全、运营维护、社会影响以及工程安全风险等因素进行综合比较，选择最适宜的越江电力输送方式。

1.2 架空跨越方案可行性论证

本项目拟建国内首个长江航道中立塔的大跨越工程，水文、地质等工程条件复杂，且涉及长江航运、防洪、地方规划等复杂的外部条件，工程技术难度大[4]。

长江大跨越结合一般线路的路径走向，全线按同塔双回路设计。北岸锚塔与一般线路包 9 相连，南岸锚塔与一般线路包 10 相连。跨越点位于 G15 沈海高速苏通长江大桥上游、长江澄通河段和长江口河段交界处。

北岸跨越点位于南通市农场二十三大队以南的苏通科技产业园区西南角吹填区，南岸跨越点位于苏州常熟市新港镇常熟电厂东侧平地。如图 1.3 所示，跨越耐张段全长 5.057km，江面宽约 4.7km，采用“耐-直-直-耐”跨越方式，主跨“直-直”档跨越长江主航道。如图 1.4 所示，主跨越档距为 2600m，档距分布为“1187m-2600m-1270m”。南岸岸上锚塔、江中南跨越塔、江中北跨越塔和北岸岸上锚塔距离苏通大桥分别为 721m、1152m、1813m 和 1966m。

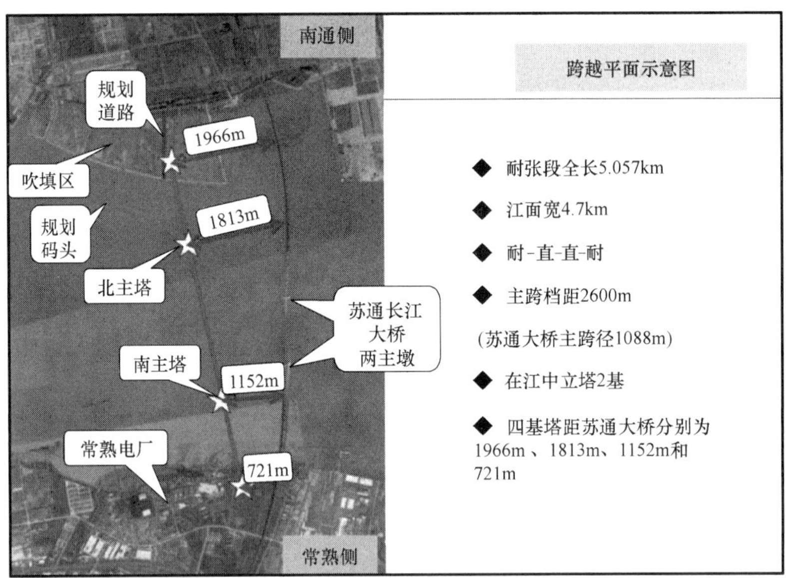

图 1.3　跨越方案平面示意图

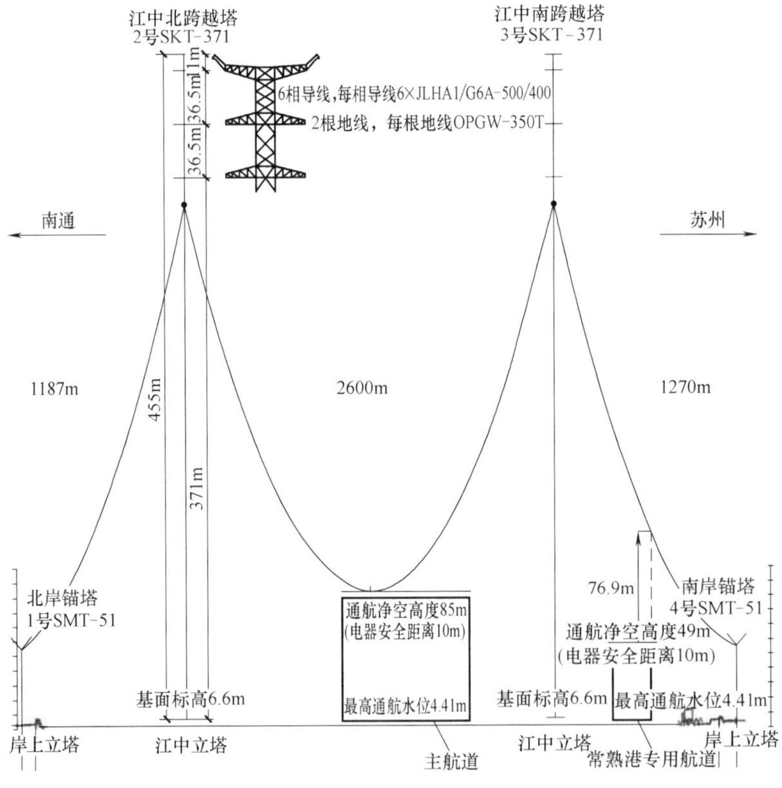

图 1.4　跨越方案断面示意图

1.2.1　架空跨越设计标准及气象条件

本工程气象重现期按照百年一遇水平设计，重要性系数定为 1.1，结构抗震设计按基

本烈度提高一度设防。

本工程的主要气象条件为：基本风速 38m/s、覆冰 15mm（25mm 验算、地线较导线提高 5mm）、最高温度 40℃、最低温度−15℃（表 1.1）。

跨越工程气象条件一览表　　**表 1.1**

计算条件	气温 T(℃)	风速 v(m/s)	覆冰厚度 C(mm)
设计覆冰	−5	15	导 15，地 20
验算覆冰	−5	15	导 25，地 30
最大风速	−5	38	0
最高气温	40	0	0
最低气温	−15	0	0
平均气温	15	0	0
安装情况	−10	10	0
雷电过电压	15	15	0
操作过电压	15	19	0
带电作业	15	10	0
舞动情况	−5	15	5

1.2.2　架空跨越总体设计

1. 导地线选型

由于架空跨越方案具有电力输送容量大、通航跨距要求宽等特点，跨越塔尺寸将远高于同类工程。因此，降低铁塔高度及减少基础根开尺寸将成为降低工程造价及工程风险的最主要措施。在满足输送容量要求和制造条件的前提下，需要尽量增加整根导线的拉重比，以减小导线的弧垂，降低塔高，减小对航道的影响。考虑塔高、荷载及经济性因素，导地线确定为 6×JLHA1/G6A-500/400 型号[5]。选取两种 OPGW-350（T）（导电率 14%IACS）光缆（光纤特性为单模 48 芯）分别与 JLHA1/G6A-500/280 导线及 JLHA1/G6A-500/400 导线进行配合。光缆采用不锈钢管层绞式全铝包钢结构，外层铝包钢单丝直径不低于 3.0mm，光单元为 48 芯光纤（图 1.5）。

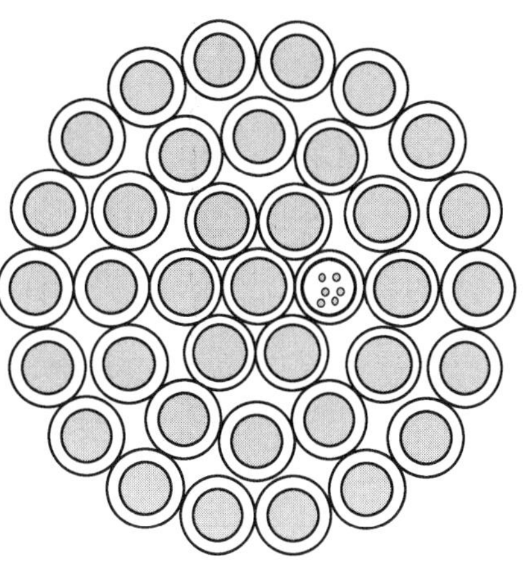

图 1.5　OPGW-350（T）结构图

架空跨越方案不处于舞动区，但考虑到江面过宽，参考邻近的江阴长江大跨越等工程的经验，架空跨越方案采用抗舞设计原则，拟采用弯曲刚度小，易于谐振的 JL/G2A-720/50 和 JL/G1A-400/50 钢芯铝绞线做消振阻尼线。防振锤内移到悬垂线夹处，利用各防振锤功频特性，辅助阻尼线消振，改善悬垂线夹导线出口处微应变。

2. 跨越塔设计

(1) 塔高

考虑通航水位、净空高度、悬垂串长度及各项误差，计算可得直线跨越塔呼称高为 371m，锚塔呼称高为 51m（图 1.6）。

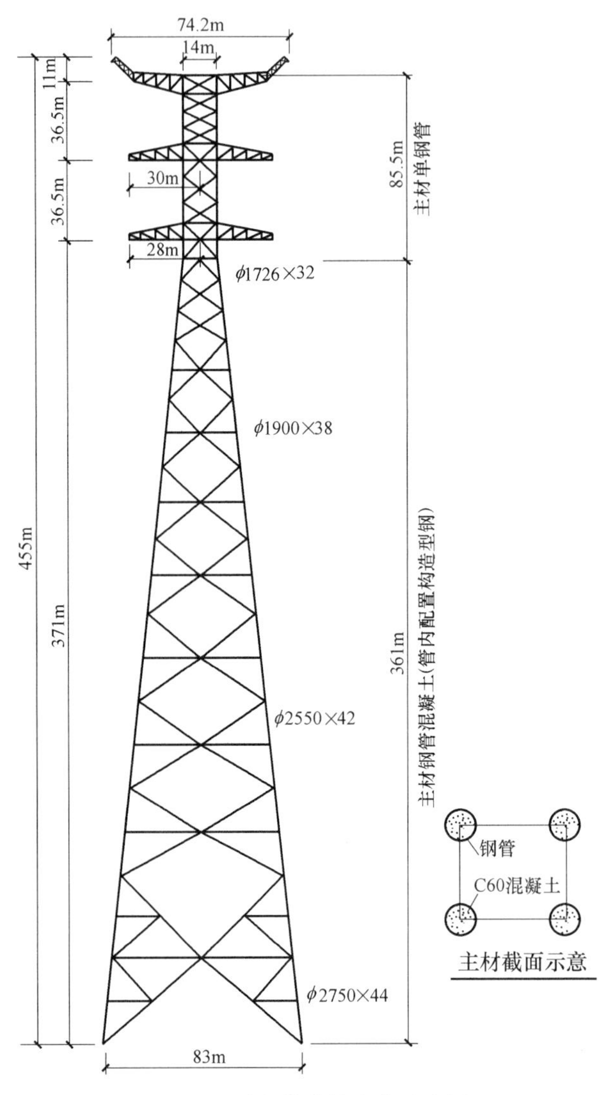

图 1.6　跨越塔结构方案示意图

(2) 杆塔结构

架空越江方案跨越塔及锚塔按双回路设计，考虑两层横担方案结构动力性能不佳、且长期存在突出的悬臂振动问题，推荐采用三层横担导线垂直排列[6,7]。

基于跨越塔设计方案，对具有可行性的四组合纯钢管结构塔型、钢管混凝土结构塔型、内配钢筋、型钢钢管混凝土结构塔型等方案进行了对比分析，综合考虑加工、施工硬件设施，加工、施工组装精度，项目建设工期等一系列因素，推荐跨越塔采用钢筋钢管混凝土（内设构造型钢）方案，管内填充 C60 混凝土。主材选用 Q420C，其他采用 Q345B 和 Q235B。为防止层状撕裂，主管壁厚不小于 40mm 时，Z 向性能（即厚度方向能承受的拉力范围）需满足 Z25 级要求；主管壁厚小于 40mm 时，Z 向性能需满足 Z15 级要求。螺栓应采用 10.9 级螺栓[8-10]。

锚塔按双回路设计，采用钢管结构。根据受力特点，塔身采用矩形布置。

结构连接采用单层带肋刚性法兰，主斜材连接优先选用插板连接。除塔身下部采用防卸螺栓外，其他铁塔螺栓均采取双帽防松措施，以保证安全运营。

（3）塔基

基于北跨越塔基础，通过对灌注桩群桩方案、钢管桩群桩方案及沉井方案进行计算和比选，本工程跨越塔深水基础建议采用灌注桩群桩方案（高桩墩台基础），基础采用176根2.8/2.5m变桩径钻孔灌注桩，桩长123m，间距6.25m[11]。铁塔基础由四个五边形的承台＋系梁组成，整体外轮廓为120m×130m的矩形[12]。根据潮流泥沙物理模型试验结果，选择了“正方形带圆弧”的塔基承台基础平面外形。针对南北塔基水文和地质条件、局部冲刷深度、船撞力标准、波流力大小的不同等情况，对南塔承台系梁宽度、内排桩基根数进行优化设计。南塔基础主承台和封底总厚度11m，采用156根直径2.8/2.5m变截面钻孔灌注桩，桩长106m。岸边锚塔拟采用钻孔灌注桩低桩承台基础，单基锚塔基础由100根桩径1.2m钻孔灌注桩组成，南岸锚塔桩长46m，北岸锚塔桩长51m。

针对苏通长江大跨越工程基础“大水深”“高流速环境”“高桩承台”的特点，建议采用钢吊箱法进行大跨越基础施工[13,14]。

3. 绝缘及防雷设计

（1）绝缘设计

考虑塔高、金具串重量、荷载张力条件以及经济因素，本工程拟推荐导线悬垂、耐张串采用普通盘型瓷质绝缘子，跳线串采用复合绝缘子[15]。综合线路在工频电压、操作过电压、雷电过电压三种工况下的绝缘子片数选择结果：导线悬垂、耐张绝缘子串分别采用4联、8联760kN普通盘形绝缘子（结构高度280mm、爬距700mm），北岸锚塔耐张串采用52片，江中跨越塔悬垂串采用52片，南岸锚塔耐张串采用54片。跳线串采用210kN复合绝缘子，每联1支，结构高度9000mm、爬电距离≥30400mm[16]。

（2）防雷设计

根据《1000kV特高压交流输变电工程过电压和绝缘配合》GB/Z 24842—2009中对特高压大跨越线路雷电性能的规定，同时考虑经济性，最小空气间隙距离可选择10m。

为满足防雷要求，本工程对导地线采取了以下优化设计：①架设双地线；②跨越塔地线对导线保护角采取≤−5°；③锚塔地线对导线保护角采取≤3°；④对跳线保护角采取≤0°；⑤跨越塔导线与导线中心水平位移≥2.0m；⑥导线与地线中心水平位移≥2.0m；⑦锚塔导线与导线中心水平位移≥1.5m；⑧导线与地线中心水平位移≥1.5m。

为提高OPGW的耐雷性能，本工程采用了大直径的外层绞丝，通过增大外层绞丝截面，减少了OPGW雷击断股的可能。

（3）接地设计

耐张塔接地装置采用环形浅埋形式，接地引下线与接地环焊连，四条塔腿通过接地引下线接地[17]。跨越塔立于江中并且水深较大，塔腿和基础接地采用钢筋连接方式。为提高本工程耐雷水平，设计考虑对杆塔接地电阻进行控制，确保杆塔工频接地电阻在5Ω以下。

（4）金具选型

OPGW悬垂串采用双联420kN金具串，单挂点；OPGW耐张串采用双联420kN金具串，单挂点；跳线串采用双联I型210kN复合绝缘子串，与铝管式刚性跳线加两侧软跳线的跳线形式相配套。

4. 辅助设施

(1) 塔组辅助设施

为便于日后高效、方便、安全运行，主要登塔设施采用升降机（特种电梯）。经过比较三种提升方案（一次到顶、中间转换、横担层转换）和咨询专家意见，综合考虑本工程的重要性和可靠性，推荐采用特殊悬挂驱动、单次提升到顶的方式作为跨越塔升降机提升方案。锚塔登塔设施采用简易爬梯方式，并加装防坠落装置。跨越塔需设置障碍物标志。障碍物标志由灯光标志和标志物组成。灯光标志为高塔上设置航空障碍灯，航空障碍灯按塔身俯视与侧视包络线的原则布置。采取高光强警航灯。标志物为安装在两根 OPGW 上的警航球，按航空部门的有关规定执行，间距暂设定为 30m。

(2) 跨越塔监测设备

本工程拟采用 GPS 测量技术和 GBSAR 技术相结合的作业模式对跨越塔群桩基础沉降、差异沉降及水平位移进行跟踪观测。跨越塔群桩基础每个承台设计 2～4 个沉降监测点和 2～4 个水平位移监测点，在施工期与运营期采用 GPS 测量技术和 GBSAR 技术相结合的作业模式对基础竖向沉降及水平位移进行监测。气象监测装置系统由建设单位进行明确。本工程拟在 1 基跨越塔上安装视频/图像、微风振动、导线温度及弧垂、微气象在线监测装置各 1 套，监测装置可通过无线方式进行通信。

(3) 场用电源

考虑电源采用过江电缆方式在行政审批上具有很大的不确定性，架空跨越方案电源推荐采用 OPGW 架空方式：从常熟侧 110kV 吴市变 10kV 侧引接 1 路交流电源，通过大跨越塔 OPGW 地线作为输电导体实现供电，作为供电负荷的主电源。同时，在江中塔上设置蓄电池组作为备用电源，以保证大跨越塔在雷雨季节能持续供电 2 天（包括警航灯、二次设备室暖通负荷、事故照明、二次设备用电负荷、雷达等负荷）。

(4) 附属建筑

附属建筑采用钢筋混凝土框架结构，砌块填充墙，抗震设计按 7 度计算，按 8 度进行构造设防，建筑物直接坐落于铁塔下部的平台上，通过平台上预留的插筋与平台连接，整个辅助建筑为一层，建筑面积 199m^2。

1.2.3 工期及投资测算

1. 预计项目工期

本工程跨越方案建设工期约 39 个月。考虑到前期涉水涉航行政审批可能需要 8～12 个月，总工期预计需 47～51 个月（表 1.2）。

架空跨越方案各个建设阶段预计工期表 **表 1.2**

序号	建设阶段	工期(月)	备注
1	取得行政批复	8～12	含工程选址意见书、环评、水保交通、水利行政批复
2	基础施工	18	含前期准备、施工许可报批
3	组塔施工	18	含钢管内型钢安装、浇筑混凝土
4	架线施工及附件安装	3	含验收消缺
5	总计	47～51	其中建设工期为 39 个月

2. 工程投资测算

采用中华人民共和国交通运输部发布的《公路工程概算定额（上、下册）》JTG/T B06—01—2007，初步测算的工程投资如下：架空方案本体投资 320028 万元，静态投资 446690 万元，动态投资 459229 万元。其中，江中基础部分本体投资为 220228 万元，占工程本体投资 70%。

1.3 GIL 管廊方案可行性论证

作为大跨越的比选方案，GIL 及隧道管廊方案主要论证“两回（六相）1000kV GIL 敷设于地下隧道中穿越长江”的可实施性。依托淮南—南京—上海特高压交流输变电工程中“长江大跨越”基本条件，隧道线位与大跨越路径基本一致，两侧工作井分别布置在两岸锚塔外侧。

1.3.1 电力系统适应性研究

2014 年中国电力科学研究院根据美国 AZZ 提供的 1200kV GIL 初步资料计算了 6km GIL 替代架空线用于苏通过江方案中的系统适应性，研究了特高压 GIL 系统应用的若干关键问题，并给出了相关结论：

（1）苏通过江方案线路中约 6km 采用 GIL 替代架空线，对于小电抗最优阻抗值选取的影响不超过 50Ω，从工程上来说这样的差异比较小，变电站设计阶段可选取预留分接头的中性点小电抗，结合线路最终长度及实测参数进行选取最恰当的档位。

（2）苏通过江方案线路中是否采用 6km GIL 对甩负荷工频过电压影响很小。线路断路器变电站侧不超过 1.3p.u.，线路侧不超过 1.4p.u.，GIL 工频过电压不超过 1.4p.u.，均在标准允许范围内[18]。

（3）苏通过江方案 GIL 配置额定电压为 828kV 避雷器后，合空线、单相重合闸、接地故障清除等暂态过程中，变电站及 GIL 过电压均低于 1.6p.u.，避雷器能耗在允许范围内。

（4）仿真统计结果表明苏通过江方案线路中是否采用 6km GIL 对线路断路器瞬态恢复电压影响很小。开断本项目线路苏州侧故障时，一般情况下线路断路器瞬态恢复电压在标准允许范围内[19]；个别长线开断工况下泰州侧线路断路器瞬态恢复电压可能高于标准允许值，但未超过线路断路器试验耐受值（9kA、2610kV、1.2kV/us）[20]。

（5）若 GIL 装设在线路中部，由于线路阻抗的限制作用，其短路电流水平低于母线短路电流水平。对于苏通过江方案，即使远期苏州站 1000kV 侧短路电流水平上升到 63kA，由于 GIL 至苏州站之间存在 65km 的架空线，流过 GIL 的短路电流也不会超过 30kA。

（6）对于与同塔双回架空线路混架情况，GIL 内部单相故障，线路保护切除故障线路后，由于同塔双回架空线路的耦合作用，故障相仍可能存在感应引起的故障电流。因此，建议在 GIL 两侧部署接地开关，在线路保护切除 GIL 内部故障后，尽快关合 GIL 两侧接地开关，以彻底消除故障点电流。

（7）GIL 对回路间感应电压和电流贡献极小。苏通过江方案线路装设 GIL，并在两端配备地刀条件下，当运行线路潮流不超过 6GW 时，地刀感应电压及感应电流不超过 B 类地刀要求。当潮流超过 6GW 后，停运线路地刀电磁耦合感应电压及感应电流超过 B 类接地刀闸参数。考虑远期发展的不确定性，可考虑接地刀闸开断电磁耦合感应电流能力提高到 40kV、720A，并进行相关设备研发和试验。考虑到近期单回线路输送 6GW 潮流并且需在此条件下投切同塔停运线路接地刀闸的可能性较低，若本期设备研制、试验存在困难，也可暂选用 B 类开关，电网发展到确有需要的情况下再对相应接地开关进行更换。

(8) 建议苏通过江方案 GIL 两端均装设避雷器。为便于工程开展，尽量采用已在特高压工程中大量应用的避雷器，额定电压为 828kV。为减小对系统运行约束，建议苏通过江方案 GIL 及相关设备最高运行电压按不低于 1114kV 考虑。需校核现有 828kV 避雷器能否满足该要求。若该要求不能满足，则需要考虑采取额定电压更高的避雷器，或者对系统运行电压提出约束要求。

(9) 根据 GIL 工作条件，参考相关设备技术规范，提出 GIL 主要额定参数如表 1.3 所示，国内主要厂家特高压 GIL 研发成果均满足该相关参数要求[21,22]。

GIL 主要额定参数表 **表 1.3**

序号	参数名称及单位	参数单位	参数值
1	系统标称电压	kV	1000
2	额定频率	Hz	50
3	额定电压	kV	1150
4	额定电流	A	6300
5	1min 工频耐受电压	kV	1100
6	操作冲击耐受电压	kV	1800
7	雷电冲击耐受电压	kV	2400
8	额定短时耐受电流	kA	63
9	额定短路持续时间	s	2
10	额定峰值耐受电流	kA	170

1.3.2 GIL 管廊建设标准及环境条件

项目位置位于 G15 沈海高速苏通长江大桥上游，线位最近处南岸距苏通大桥约 0.7km，北岸距 G15 沈海高速苏通长江大桥约 2km（图 1.7）。

图 1.7 苏通 GIL 综合管廊与苏通长江大桥位置关系示意图

1. 建设标准

GIL 管廊建筑工程技术标准：隧道等级为一类，耐火等级为一级。隧道内地面出入口及风亭等建（构）筑物标高均高于室外标高 300～450mm，满足城市防洪标高要求。隧道内装修材料除嵌缝材料外，应采用不燃材料。

GIL 管廊结构工程技术标准：结构设计使用年限为 100 年，结构安全等级为一级，工作井基坑工程安全等级为一级。结构按 7 度抗震设防，按 8 度采取抗震构造措施。结构防水等级为二级。混凝土结构允许裂缝开展，裂缝宽度≤0.2mm。结构抗浮按最高地下水位的全部水浮力设计。当不考虑土体摩阻力时，隧道抗浮安全系数≥1.05；当考虑侧向土体摩阻力时，隧道抗浮安全系数≥1.10。

2. 工程区地质水文条件

GIL 管廊工程区地形地貌：隧道所处地貌类型为长江三角洲平原。陆域地势平坦开阔，地面自西向东微倾，两岸向江边低倾。北岸地面标高相对较低，一般为 2.0～3.0m（1985 国家高程基准，以下同），南岸地面标高 4.0m 左右。就微地貌单元而言，属长江河漫滩。

GIL 管廊工程的主要水文条件：工程区地表水主要为长江水体徐六泾段，上接狼山沙水道，下连白茆沙水道，长约 5km，徐六泾江面宽约 5.7km。徐六泾断面 1998 年大洪水后过水断面有所扩大，深槽位置和形态基本稳定。工程区地下水主要为松散岩类孔隙水。

GIL 管廊工程的主要地质条件：地基持力层及其影响深度范围内均为第四系冲洪积地层。工程场地（以长江大跨越为中心外延 200km 范围内）位于扬子断块区的下扬子断块上，断裂发育，按断裂走向可分为北东向、北北东向、近东西向和北西向 4 组。

1.3.3　GIL 管廊总体设计

1. 隧道初步越江方案

拟建隧道采用盾构法施工，隧道自南岸工作井始发，下穿苏通长江河段，实际河面平均宽度约 4.5km，河床最大水深超过 50m，航运条件良好。隧道穿越地层以粉细砂及粉质黏土地层为主，隧道最大水压约 0.798MPa（考虑历史最高水位 4.85m），盾构隧道里程长度约 5.5km。

2. GIL 设备备选方案

与 GIB 母线（GIB，Gas Insulated Bus，气体绝缘母线）相比，GIL 内部结构简单、安装更为灵活、单位造价更低，即使在绝缘子破裂情况下仍能保证 SF_6 气体不外泄，性能优良，运行可靠，因此，本次跨江电力输送工程选择 GIL 系统。

目前，国内特高压 GIL 的主要厂家是西开电气、平高集团和新东北电气，均采用纯 SF_6 气体绝缘。三个厂家的特高压 GIL 主要结构和设计参数均能满足建设需求（表 1.4）。

3. 电气布置方案

（1）地面设备布置

GIL 管廊南岸和北岸电气设备按对称布置考虑，形式一致。根据系统过电压研究，GIL 两端需设置避雷器。考虑设备检修，GIL 两端设置接地开关（设置带电显示器，保证接地开关操作），采用 GIB 设备，布置在套管正下方。根据二次要求，GIL 两端设置电流互感器，采用光 CT，考虑布置在管母线上，下阶段将进行详细论证。

各厂家特高压 GIL 参数一览表　　　　表 1.4

序号	参数名称	参数单位	生产厂家		
			西开电气	平高集团	新东北电气
1	额定电流	A	8000	8000	8000
2	标准直线单元母线长度	m	15	12	12
3	标准直线单元母线运输质量	kg	3000	1200	1400
4	壳体连接方式	—	法兰连接	法兰连接	法兰连接
5	壳体外径	mm	900	896	896
6	法兰外径	mm	1080	1065	1080
7	相间距(三相垂直布置)	mm	1500	1500	1400
8	最下层相距地面尺寸(三相垂直布置)	mm	1000	1000	940
9	气室长度	m	60	90	120
10	单位长度发热功率(8000A)	W/m	220.8	275	323.2
11	水平敷设时支架间距	m	10	12	12
12	左右双列布置时两回 GIL 中心距	m	6.5	6.5	6.8

地面电气主设备呈一字形布置在线路正下方，为减小 1100kV GIL 套管受力，回路连接采用管母线，由避雷器和支柱绝缘子固定支撑，管母线与套管接线端子通过软连接金具相连。

隧道工作井和地面建筑物布置在两回出线设备中间。整体布置考虑 GIL 标准段运输需求，设置运输道路和消防环道。考虑 GIL 设备试验预留场地，围墙内占地 141m×88m，征地面积按 145m×92m 考虑。地面电气总布置情况如图 1.8 所示。

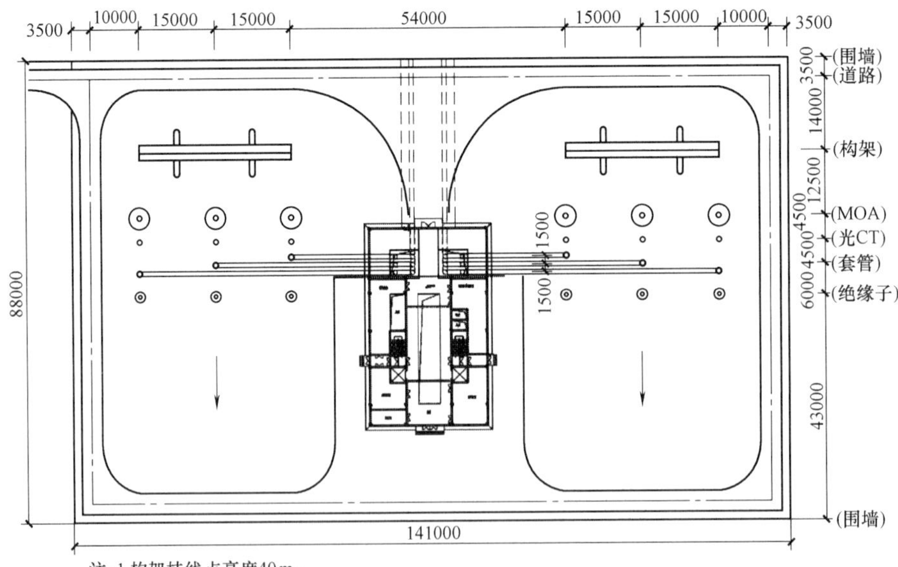

图 1.8　地面电气总布置

根据现场踏勘，GIL 管廊南岸始发井和地面设施场地布置在常熟电厂东侧、大桥展览馆南侧的空地区域。GIL 管廊北岸接收井和地面设施场地布置在东方大道东侧、新江堤北侧的空地区域（图 1.9）。

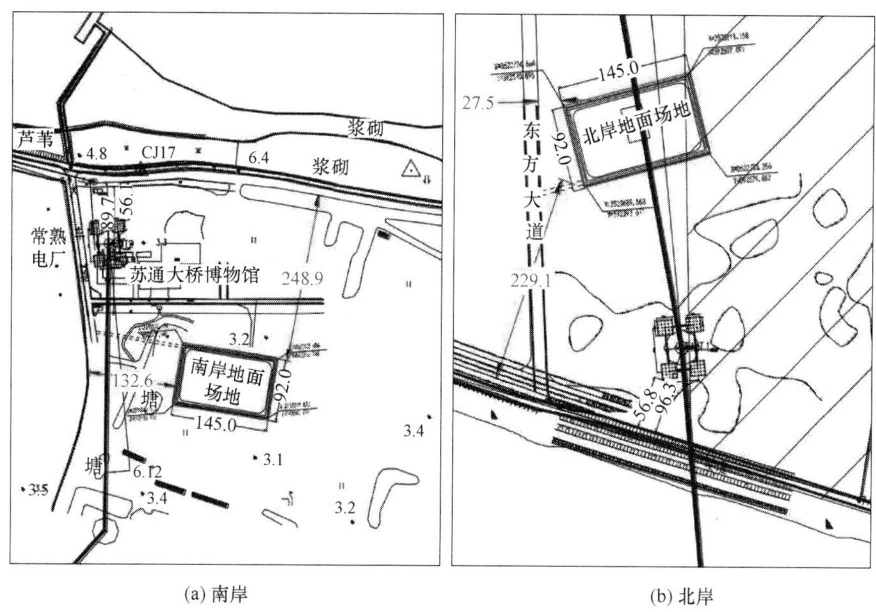

(a) 南岸　　(b) 北岸

图 1.9　两岸地面场地位置示意图

(2) 隧道内 GIL 布置

两回 GIL 管道采用垂直方式布置，可分开布置在管廊两侧，也可集中布置在管廊中央，经过与设备厂家沟通，为便于 GIL 安装检修，推荐采用分开布置在管廊两侧方式。

根据国内三大高压开关厂提供的特高压 GIL 初步参数，考虑安装维修的便捷性，两回 GIL 中心距离按 6500mm 考虑，GIL 管道间距 1500mm，下层 GIL 管道距离地面约 1000mm，结合管廊结构和辅助设施要求，GIL 的布置如图 1.10 所示。

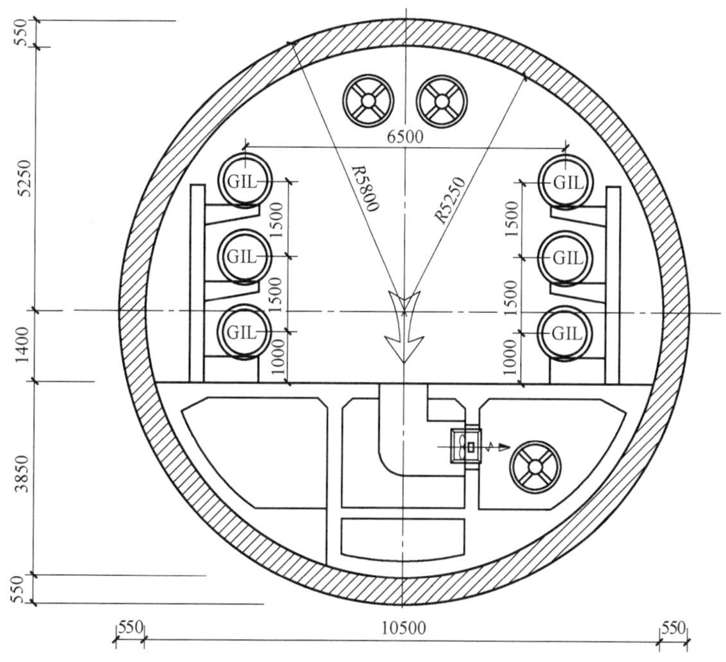

图 1.10　管廊内 GIL 布置示意图

(3) 二次保护

根据目前在特高压工程中运用较为成熟的线路继电保护原理，GIL 管廊考虑的继电保护配置方案如下：

全线路 GIL 及架空混合线路作为完整线路，按每回完整线路配置目前运用成熟的常规线路继电保护，在变电站两侧配置相应的线路保护，每回线路配置两套线路保护。每套线路保护以分相电流差动保护作为全线速动的主保护，再配以三段式距离和零序电流保护作为后备保护。主保护和后备保护部分为常规线路保护部分。除此之外，再辅以 GIL 段内故障检测作为全线路继电保护的补充手段，即：GIL 段内按每回线路配置两套线路保护。在 GIL 段的两侧按每回线路各配置两套线路保护装置，作为全线路保护的附加保护或辅助保护。保护仅需采集 GIL 段线路每相电流，不需要采集线路电压，保护方案采用分相电流差动保护原理。GIL 两侧设备等同配置，不分主从站。

GIL 段内线路保护部分需要对双回线的架空线变为 GIL 段前以及从 GIL 段又变回为架空线后两转换处分相配置光纤式电流互感器，并且双回线采用相同配置。考虑到 GIL 段内的保护配置方案是作为全完整段线路保护的一种补充保护手段，为便于与线路保护的双重化配置相配套，配置双套光纤电流互感器以实现完全双重化方案。光纤电流互感器设备选择及安装方案由电气一次专业完成，二次专业配置合并单元 8 套，GIL 两段每回线各两套，每段设 2 柜装各两套。

在地面上建筑房间内配置保护设备及保护通信接口设备，保护设备通过光纤与合并单元通信，再通过 GIL 段内光纤实现两侧保护之间的通信，构成一套完整的分相电流差动保护，实现对 GIL 段内故障检测，为了便于运行管理并简化配置方案，GIL 两侧设备等同配置，不设主从站，相互之间不相互转送检测结果信息。

另外，还需配置 8 套保护通信接口设备，该通信接口设备与同时配置的 GIL 段内保护设备进行通信接口，将保护检测的结果传送至与 GIL 相连的全线路对应侧变电站。一方面，通过变电站侧的通信接口设备接收信息，并将信息解码后通知线断路器重合闸。如果是 GIL 段内发生故障，在线路断路器发出重合闸命令之前，解码信息将发出命令进行重合闸闭锁阻止断路器重合，并将线路单相跳闸改为全线三相跳闸，使得故障线路退出运行。另一方面，通过变电站与运检中心之间的通信网络，将 GIL 段故障信息告知运检中心人员进行故障隔离之后进一步处理。

地面建筑房间内也可配置 GIL 段全系统监测设备，GIL 段内的线路保护相关部分将保护检测结果转送给该系统监测设备，并通过该系统监测设备和运检中心间网络，将 GIL 段故障信息向运检中心人员发布，以便尽快安排后续处理。

当 GIL 段内配有状态监测设备时，可以对 GIL 段参数监测结果按恶化情况进行分级，GIL 段监测参数恶化到严重级，即使不是在 GIL 段内部发生故障（如：在架空线路上发生故障，但 GIL 段内恶化情况较严重，不适于架空线路重合闸再次带电冲击），也可将该严重警告级信息接入上面配置的通信接口设备，一并传送至全线路两侧对应的变电站内进行重合闸闭锁。GIL 段两侧保护设备间的通信光缆由通信专业考虑，地面建筑房间内的保护设备、保护通信接口设备、通信设备与变电站侧、运检中心间网络通信，也由通信专业考虑。

(4) 交、直流电源

考虑到电压降限制，按 GIL 两端分别设置 380V 交流电源系统设计，各负责约 3km 范围内

的负荷供电，南岸和北岸分别就近引接两路 35kV（或 20kV、10kV）站外电源，经干式变压器降压后分别接入 380V 母线。隧道内相隔一定距离设置电源箱，就近引接相应回路。

二次部分采用两套蓄电池 110V 供电，初步考虑蓄电池容量为 300Ah。拟考虑布置于 GIL 每侧的地面建筑房间内，用于向地面建筑房间内二次设备、光纤合并单元等供电，也用于向 UPS 供电。

通信部分单独考虑蓄电池组，南岸设置 4 组，北岸设置 2 组，用于通信设备供电。

（5）地面辅助建筑

GIL 管廊辅助建筑共两幢，分南岸和北岸，结构形式一致，均为框架结构，地下两层，地上两层。南北岸辅助建筑布置为对称布置。火灾危险性为戊类，耐火等级二级。轴线尺寸 37.9m×23.4m，单幢建筑面积约 $1774m^2$。设置两部楼梯供疏散使用，可供运行检修时使用。GIL 吊装孔尺寸为 21m×4.4m，设置两部 5t 悬挂式起重机。地上一层设置高低压开关柜室、站用变压器室及通风机房，二层设置计算机室、通风机房、会议室及办公室等。

4. GIL 安装方案

（1）竖井安装方案

根据国内三大高压开关厂提供的初步方案，竖井内 GIL 安装主要通过地面房间的行车进行，中间区域可根据需要设置平台，自下而上安装（图 1.11）。

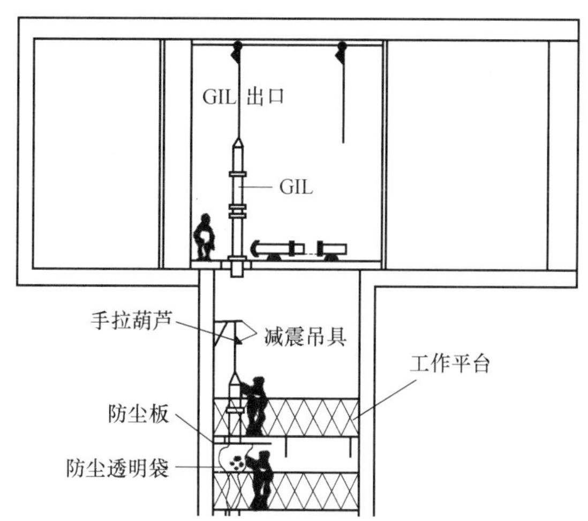

图 1.11 竖井内 GIL 安装示意图

（2）隧道安装方案

苏通过江方案 GIL 管线长，安装工程量大，精度要求高，考虑后期故障拆卸维修和再次安装，不建议采用常规的简易吊车和吊链安装方式，暂按液压叉车方式考虑（图 1.12）。

图 1.12 用于 GIL 安装的液压叉车

1.3.4 工期及投资测算

1. 预计项目工期

本工程跨越方案建设工期约 48 个

月。考虑到前期专题评估及核准、勘察及施工准备工作可能需要6～8个月，总工期预计需54～56个月（表1.5）。

GIL管廊方案各建设阶段预计工期表　　表1.5

序号	建设阶段	工期（月）	备注
1	前期准备	6～8	含前期专题评估及核准、勘察及施工准备工作
2	土建工程施工	40	含隧道工作井基坑施工、隧道掘进（单侧掘进）施工、辅助系统水暖安装
3	电气安装及调试	8	含电源系统建设、GIL管线安装、地面1000kV设备安装、二次系统设备安装
4	总计	54～56	其中建设工期为48个月

2. 工程投资测算

初步测算工程投资如下：GIL管廊方案静态投资482000万元。其中，土建工程造价为189000万元，占工程投资的38%；GIL设备费用为224000万元，占工程投资的45%（表1.6）。

GIL管廊方案基本造价估算（静态）表　　表1.6

序号	费用组成	工程估算（万元）	备注
1	土建工程造价（含结构内容）	189000	占38%
2	1100kV GIL及1000kV其他设备	224000	占45%
3	电气工程安装费用	6000	
4	辅助系统（包含电源系统、电气二次及水暖、在线监测系统等）	15000	
5	前期可研、专题评估费	8000	
6	勘察设计费用	15000	
7	科研课题经费（含工程试验新增设施等）	20000	
8	征地及站外配套	5000	
9	合计	482000	

1.4 综合经济技术对比分析

1.4.1 架空跨越方案总结

（1）全线按同塔双回路设计，两座江中跨越塔呼称高371m，全高455m，铁塔根开83m，采用钢管混凝土结构。两座双回路锚塔呼称高51m，全高112m，采用钢管塔结构。跨越塔需在江中立塔，采用钻孔灌注桩高桩墩台基础，灌注桩由四个五边形的承台+系梁联系成基础整体。基础外轮廓为120m×130m的矩形，四周倒直径10m的圆角，承台迎水面优化为弧形。岸上锚塔采用普通钻孔灌注桩低桩承台基础。

（2）考虑跨越塔高、荷载及经济性因素，导线拟采用特高强钢芯高强铝合金绞线JL-HA1/G6A-500/400，每相6分裂。2根地线均采用光缆OPGW-350T，铝包钢绞线。

从技术层面来看，架空跨越方案在电缆及配套设备制造、跨越塔施工等方面没有制约性的技术问题，具备可应用条件。

（3）关于项目建设工期，塔组及塔基施工建设过程约占总工期的70%，预计总工期为47～51个月，其中施工工期约为39个月。

（4）关于项目的总建设费用，跨越塔基础施工是主要组成部分，约占总投资的70%。总投资初步静态估算为44.7亿元人民币。

1.4.2 GIL 管廊方案总结

(1) 超高压 GIL 技术在国内外都较为成熟。与 GIS 相比，GIL 结构简单，运行安全可靠性较高，国内外 750kV 及以下电压等级 GIL 早有应用案例。特高压 1000kV 的 GIL 国内外也有研究，尤其国内三大厂均已成功开发并将在特高压变电站工程中得以挂网运行测试，GIL 布设在技术层面不存在问题。

(2) 除了电压级别为特高压，GIL 管廊方案的另一个特点为超深越江。从现状来看，无论是设计经验还是施工水平均很成熟。管廊外径为 11.70m，与目前常用的公路、铁路水下隧道相比，属于中等规模，目前设计施工水平可以满足建设要求。管廊长度约为 5.5km，独头掘进长度较长。拟建工程所穿越的地层为粉土、粉砂等软土地层，基于以往工程经验来看，管廊施工过程中可能遇到的问题可以得到解决。从技术层面来看，GIL 管廊方案在特高压 GIL 选型与制造、电力系统适应性、工程方案可行性等方面没有制约性的技术问题，具备可应用条件。

(3) 关于项目建设工期，管廊本体及两端工作井建设过程约占总工期的 70%，预计项目总工期为 54～56 个月，其中施工工期约为 48 个月。

(4) 关于项目的总建设费用，GIL 与管廊是主要组成部分，约占总投资的 80%。总投资初步静态估算为 48.2 亿元人民币。

1.4.3 比选结果

架空跨越方案及 GIL 管廊方案在技术上均可行。对架空方案和 GIL 管廊方案按工期、投资、施工安全、运营维护、社会影响以及工程风险等方面综合比较见表 1.7。

架空方案与管廊方案综合比选　　表 1.7

序号	项目	架空方案	管廊方案
1	工期	建设工期约 39 个月，考虑到前期涉水、涉航行政审批可能需要 8～12 个月，总工期预计需 47～51 个月	建设工期约 48 个月，考虑到用地预审、工程选址意见、环评及水保评估等工作前期准备约 6～8 个月，总工期预计 54～56 个月(可能存在优化空间)
2	投资 (静态投资)	446690 万元(含 VTS 雷达站建设、码头搬迁补偿，未包含对航道影响可能存在的后期赔偿费用)	估算为 496000 万元(未包含照明、通风、巡检等日常运行费用)
3	施工难度	(1)风的因素，6 级风以上江上施工作业将被停止； (2)江中施工还受浪、雾、潮天气影响，基础有效施工天数约为 270 天/年，组塔有效施工天数不到 200 天/年； (3)基础施工和架线施工对通航有影响	(1)近江软土地基深井基坑施工风险； (2)盾构掘进过程中遇到特殊地质条件和未探明障碍物等风险，产生的额外费用高； (3)深水状态下管廊施工风险大
4	运行维护	(1)有运行规程； (2)运检时坐船穿越专用航道风险	(1)无运行规程； (2)与架空方案相比，增加了日常巡检工程量，管廊内部辅助系统的运行要求高，维护量大

续表

序号	项目	架空方案	管廊方案
5	社会影响	(1)影响南通港通海港区岸线规划； (2)塔基可能引起专用航道局部冲淤； (3)对南通 VTS 系统影响、对徐六泾水文站赔偿、对常熟侧海事码头搬迁补偿	地面引接区需永久占地
6	工程安全风险	目前运行的大跨越工程未发生过断线、掉串、倒塔等事故，极端恶劣天气条件或故障下对外部环境造成安全风险主要表现为可能的覆冰掉冰以及对线下船舶造成影响	极端条件下的故障仅对电力系统内部产生影响，基本不对其他产生影响

GIL 管廊方案与架空跨越方案建设工期均能满足相关部委提出的通航时间要求。GIL 管廊方案较架空跨越方案的工期和投资都略高。

GIL 管廊方案与架空跨越方案在施工技术上均可实现。架空跨越方案施工过程受江面天气影响较大，在有关部门要求变更跨距后，塔高、塔重、塔基体积都有较大增加，施工难度大幅提高。GIL 管廊方案施工过程不受天气和通航影响，便于组织施工，但工程区具有地质条件复杂、水压高的特点，因此需要详实的勘测数据以规避施工风险。

GIL 即使在绝缘子破裂情况下仍能保证 SF_6 气体不外泄，因此 GIL 管廊方案安全性较好。相比架空跨越方案，GIL 管廊运营维护不影响通航，但巡检工作量和人工巡检难度都较大，需要研究采用机器巡检替代人工巡检方案。

GIL 管廊方案相比架空跨越方案对周边影响较小，仅需建立永久性电力附属建筑。而架空跨越方案对周边岸线规划及航道均有不同程度的影响。

综上所述，GIL 管廊方案造价略高，但对长江航道、通航影响相对较小，施工安全等因素相对可控，对现有设施影响较小。因此，最终决定采取 GIL 管廊作为本工程跨江方式。

1.5 本章小结

通过对淮南—南京—上海特高压交流输变电工程中南京至上海段的 9 个过江点位置进行分析对比，确定苏通过江点方案可行。确定过江点后，从电力适应性及设计施工技术两方面详细论证了“架空跨越”及“GIL 管廊”方案的可行性，两种方案均可以满足电力输送要求，且在技术上都可以实现。

通过对“架空跨越”及“GIL 管廊”两种方案进行了工期、投资、施工难度、社会影响、运营维护方面的综合对比分析，确定采取 GIL 管廊作为本工程跨江方式。

参考文献

[1] 张景锋，蒋玉坤. 创新攻坚打造 GIL“梦工程”[J]. 中国电力企业管理，2019（30）：28-29.

[2] 董谷媛，万磊. 创新特高压[J]. 国家电网，2016（11）：54-56.

[3] 李鹏，颜湘莲，王浩，等. 特高压交流 GIL 输电技术研究及应用[J]. 电网技术，2017，41（10）：3161-3167.

[4] 张亚东，刘明俊，李晓磊. 失控船舶碰撞输电线路水中跨越塔概率研究 [J]. 交通科学与工程，2016，32 (4)：80-86，104.

[5] 温作铭，叶鸿声，王彬，等. 1000kV 苏通长江大跨越输电线路导线选择 [J]. 电力建设，2014，35 (4)：70-75.

[6] 陈俊帆. 格构式圆截面塔架静风三分力系数的研究 [D]. 重庆：重庆大学，2016.

[7] 游溢，晏致涛，陈俊帆，等. 圆钢管格构式塔架气动力的数值模拟 [J]. 湖南大学学报（自然科学版），2018，45 (7)：54-60.

[8] 赵爽，晏致涛，李正良，等. 基于风洞试验的苏通大跨越输电塔风振系数研究 [J]. 建筑结构学报，2019，40 (11)：35-44.

[9] 赵爽，晏致涛，李正良，等. 1000kV 苏通大跨越输电塔线体系气动弹性模型设计与分析 [J]. 振动与冲击，2019，38 (12)：1-8.

[10] 赵爽，晏致涛，李正良，等. 1000kV 苏通大跨越输电塔线体系气弹模型的风洞试验研究 [J]. 中国电机工程学报，2018，38 (17)：5257-5265，5323.

[11] 李媛媛，俞瑾，曹平周. 超大直径钻孔灌注桩成桩过程的钢护筒受力分析 [J]. 三峡大学学报（自然科学版），2018，40 (1)：4-58.

[12] 俞越中，朱海峰，吴珠峰，等. 苏通长江大跨越输电塔基础施工平台的结构选型研究 [J]. 陕西电力，2017，45 (6)：50-54.

[13] 杨晓梅，陈建荣，黄士君，等. 巨型中空深水电塔基础钢吊箱设计 [J]. 中国港湾建设，2017，37 (8)：64-67，96.

[14] 朱海峰，赵超，黄涛. 超大型深水电塔基础钢吊箱施工技术 [J]. 中国水运（下半月），2017，17 (6)：325-327.

[15] 陈允，崔博源，黄常元，等. 特高压 GIL 用绝缘子材料寿命试验及预测 [J]. 高电压技术，2020，46 (12)：4106-4112.

[16] Chen WJ，Li P. The new technological developments of UHV AC power transmission equipment [C]//2016 IEEE International Conference on High Voltage Engineering and Application (ICHVE). IEEE，2016：1-6.

[17] Du N，Xu WJ，Xiang Z T，et al. Research on key technical problem of system commissioning of sutong GIL utility tunnel project [C]//2020 5th Asia Conference on Power and Electrical Engineering (ACPEE). IEEE，2020：1928-1932.

[18] 中华人民共和国工业和信息化部. 工频高电压测量系统校准规范：JJF（机械）1044—2020 [S]. 北京：机械工业出版社，2020.

[19] ANSI/IEEE C37.011-2011. Guide for the application of transient recovery voltage for AC high-voltage circuit breaker [S]. USA：US-ANSI，2011.

[20] 班连庚，孙岗，项祖涛，等. 特高压苏通综合管廊工程 GIL 系统工作条件 [J]. 电网技术，2020，44 (6)：2386-2393.

[21] 刘泽洪，王承玉，路书军，等. 苏通综合管廊工程特高压 GIL 关键技术要求 [J]. 电网技术，2020，44 (6)：2377-2385.

[22] 刘泽洪，韩先才，黄强，等. 长距离、大容量特高压 GIL 现场交流耐压试验技术 [J]. 高电压技术，2020，46 (12)：4172-4181.

第2章 特高压GIL越江管廊勘测设计

经过前期初步线路设计，预计越江隧道长度约5400m，最大埋深约80m，横截面直径约12m，且越江线路存在下穿长江大堤、江底冲槽、有害气体地层等风险点，具有隧道埋深大、施工水压高、地质条件复杂等特点。为了规避施工风险，降低施工造价，需要详实的勘测数据为施工设计方案提供支撑。针对隧道段位于长江水域的特点，开展了以船上为主的勘测作业方式，采用浅地层剖面探测、旁侧声纳探测、单波束水深测量、海洋高精度磁法探测、水域地震反射波勘探、面波勘探、地质雷达探测以及实时导航定位等多种先进技术进行综合物探及钻探，获取了江底地形分布情况以及后续岩土工程设计所需的水文地质参数。为根据江底地形和地层分布选择合适的跨越路线和设计方案，尽量降低施工风险提供勘测资料。

2.1 地质勘测

2.1.1 勘测的特点和难点

苏通GIL综合管廊工程地质条件复杂，盾构穿越地层具有石英含量高、渗透性强、水压高和富含有害气体等特点，勘察设计难度大，风险高。长江天险带来的气象条件差、通航密度高等给水上勘察作业带来困难，需要采用先进的海洋探测设备和探测方法，查明江底障碍物、地形和地层分布及有害气体分布等情况。

1. 隧道越江宽度大

由于隧道穿越长江宽度达到5000m，并且长江水位变化不定。因此，服务于隧道线位设计是勘测作业的重点，水下隧道最好不要穿过褶皱、断裂以及岩溶发育区段，可在水平岩层内穿行，但不宜布置于陡倾斜岩层中。若隧道洞口坐落在河流两岸，应尽可能与不良地质区段隔离，设定高程应规避洪水倒灌洞口。隧道洞口与河流永久稳定岸坡的间距通常≥30m。

本次勘测作业中，相关人员积极与航道、防汛主管部门交流，结合相关规定编制了勘测计划，在明确地段水流方向、流速及航道要求等信息的基础上，通过调度勘探船只和搭建江上作业平台，采用浅地层剖面探测、旁侧声纳探测、海洋高精度磁法探测、水域地震反射波勘探、面波勘探、地质雷达探测等先进物探手段，同时利用GPS RTK实时导航定位，不断强化航行轨道规范性，解决了水下障碍物调查及全断面地层划分等技术难题，形成了地下障碍物和地层解译高精度探测技术；在水上平台上进行钻探和取芯，开展有害气体探测、原位试验和室内试验等工作，获取管廊区域地层物理力学参数。

2. 隧道段河势演变复杂

采用盾构法施工的水下隧道工程不仅要坐落于河流冲刷深度以下，也应选用单层厚、强度大、结构完整性优良的地层作为隧道顶板。苏通 GIL 综合管廊隧道埋深大，河床水位深，水流湍急且稳定性极差，拟定线位方案下穿长江冲槽，河势演变相对复杂。

2.1.2 勘测作业范围及主要内容

苏通 GIL 综合管廊工程测量和岩土工程勘察工作包括北岸（南通）、南岸（苏州）引接站和管廊隧道三个部分。采用的测量手段包括单波束水深测量、旁侧声纳法、GPS 导航等。水下地形测量范围为苏通 GIL 综合管廊断面上下游各约 2km 水域范围内。采用的勘察方法包括浅层地震反射波法、浅层剖面法、高精度磁测法、面波、地质雷达、钻探取土、双桥及孔压多桥静力触探试验、扁铲侧胀试验、旁压试验、抽水试验、有害气体勘测、地温测试、波速测试、土壤电阻率测试、室内试验等。其中，钻探工程量如表 2.1 所示。

钻孔、取样和封孔工作量一览表 **表 2.1**

序号	勘察项目		计量单位	施工图实际工作量			合计
				南岸	隧道段	北岸	
1	工程地质钻探		m/孔数	708/13	8633.6/132	940/14	10422.6/159
2	水文地质钻探		m/孔数	445.5/11	—	379.0/11	824.5/22
3	勘探孔封孔		孔数	25	132	25	182
4	取样	原状土样	件	270	2461	292	3023
		扰动土样	件	101	2023	235	2359
		地下水样	组	3	9	3	15

1. 勘察作业范围

根据工程地质分区原则，勘察区域可划分为四个区段：

第一段为南岸始发井至常熟港专用航道区段（DK0＋0～DK0＋650），包括长江南岸陆域、长江大堤、潮间带至常熟港专用航道南缘；

第二段为常熟港专用航道至长江深槽南缘区段（DK0＋650～DK1＋780），包括常熟港专用航道、长江深槽南段非通航河道、长江深槽南缘；

第三段为主航道区段（DK1＋780～DK3＋150），为长江中心地段，包括长江深槽北缘、长江主航道（下行推荐航道、下行深水航道、分隔带、上行深水航道、上行推荐航道）、营船港专用航道；

第四段为主航道北缘至接收井区段（DK3＋150～DK5＋468），包括长江主航道北缘、潮间带、长江北大堤、北岸陆域至北岸（南通）接收工作井。

各区段勘察钻孔分布如图 2.1～图 2.4 所示。

2. 工程测量

根据设计要求，在可行性研究、初步设计和施工图设计阶段分别对两岸引接站、管廊

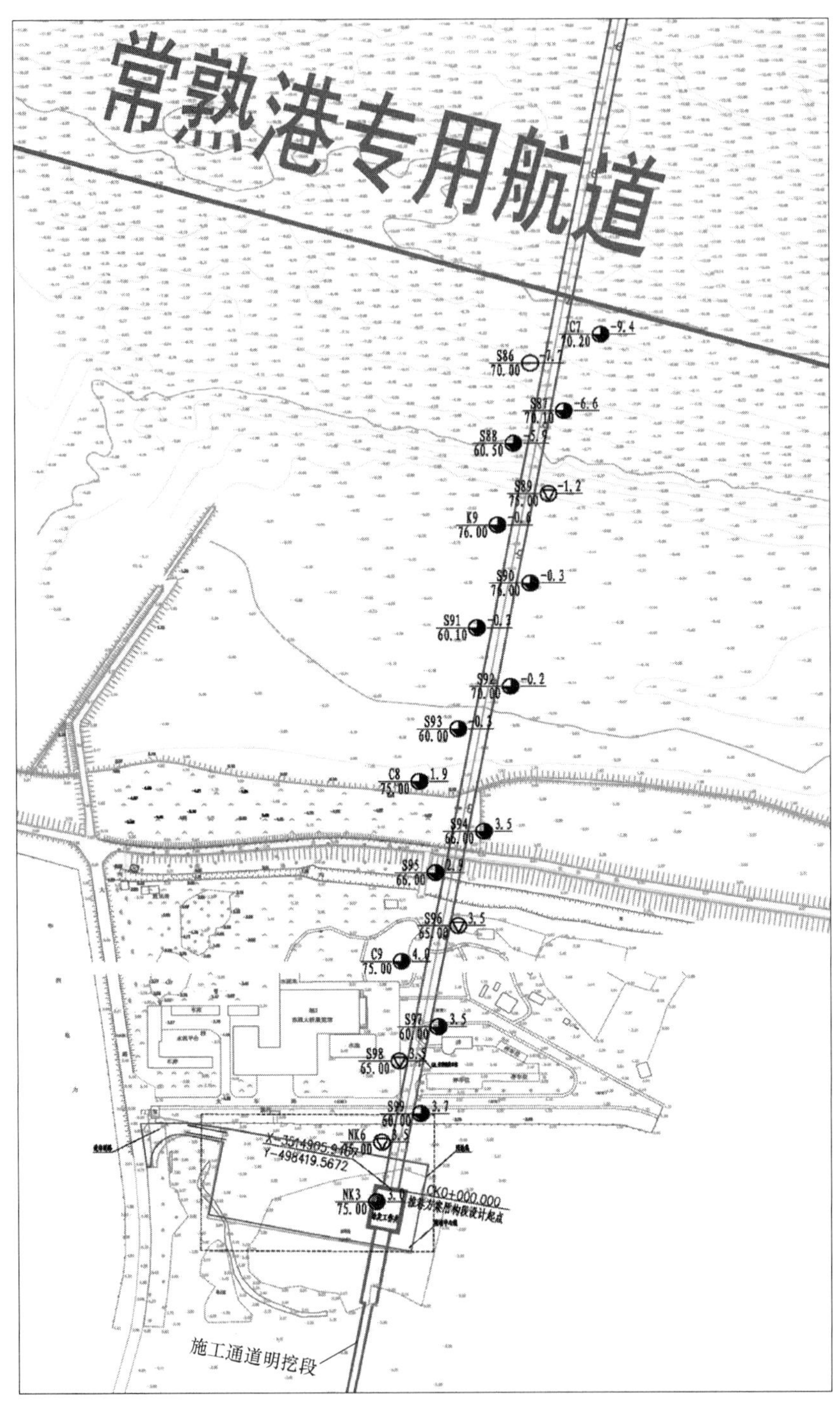

图 2.1 第一段（DK0＋0～DK0＋650）线位及钻孔分布图

水域、陆域和苏通大桥桥墩区水域地形进行测量。测量工作从 2016 年 1 月份开始至 2017 年 3 月份结束，历时 14 个月，共完成 1∶1000 陆域地形图 1.2km^2，1∶1000 水域地形图 7.1km^2，1∶2000 水域地形图 1.4km^2，1∶5000 水域地形图 27km^2，总测量面积 36.7km^2。

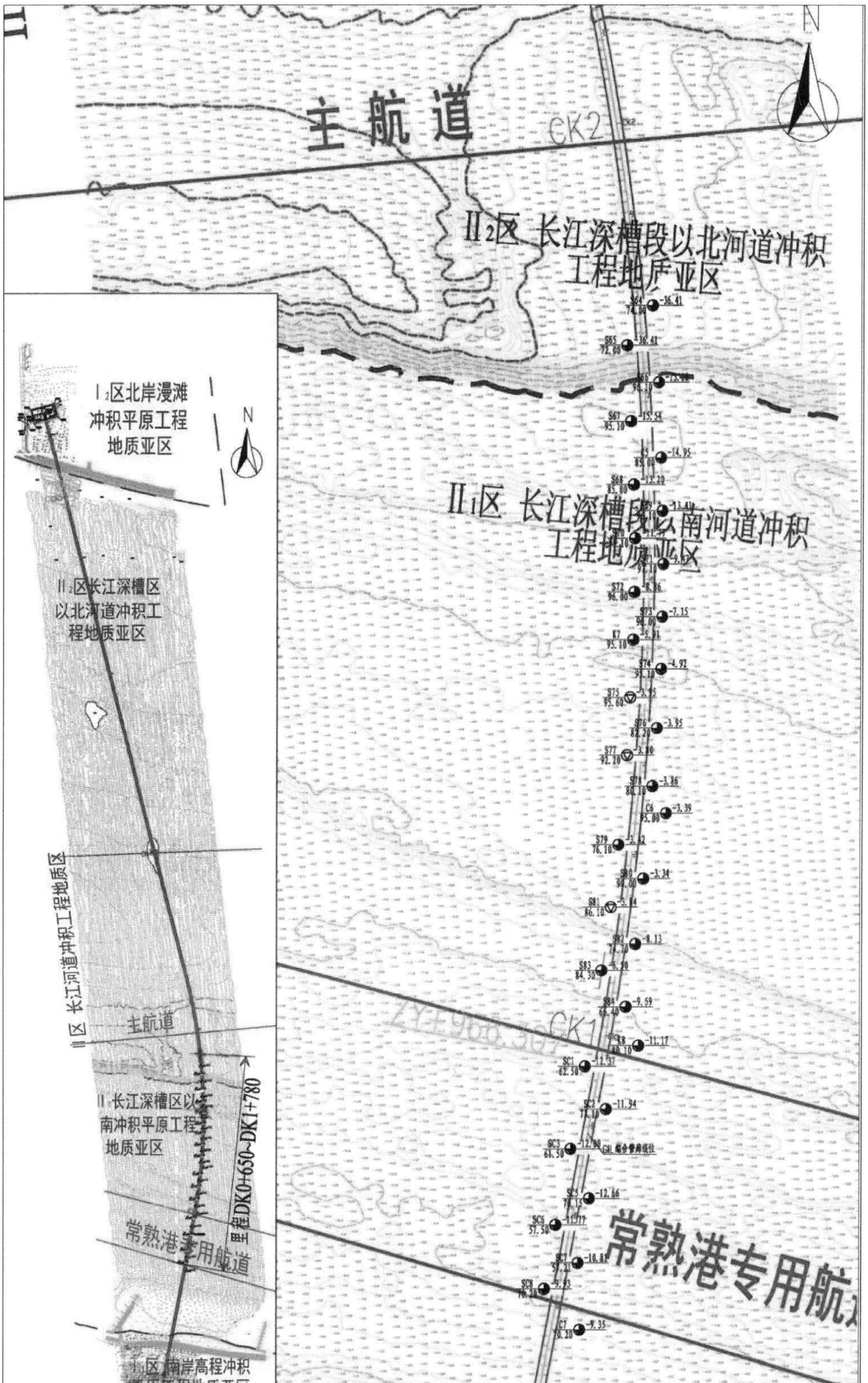

图 2.2　第二段（DK0＋650～DK1＋780）线位及钻孔分布图

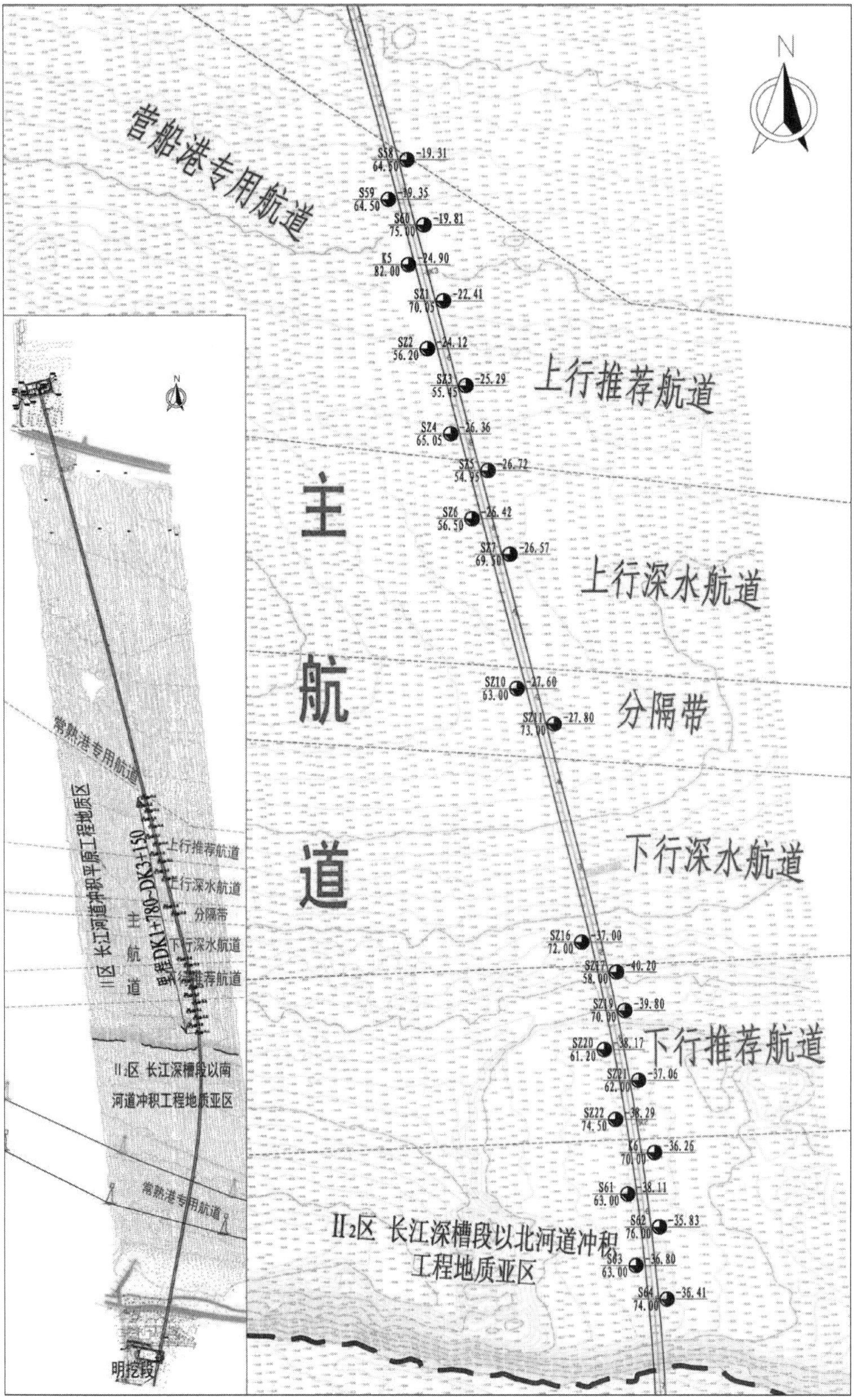

图 2.3 第三段（DK1＋780～DK3＋150）线位及钻孔分布图

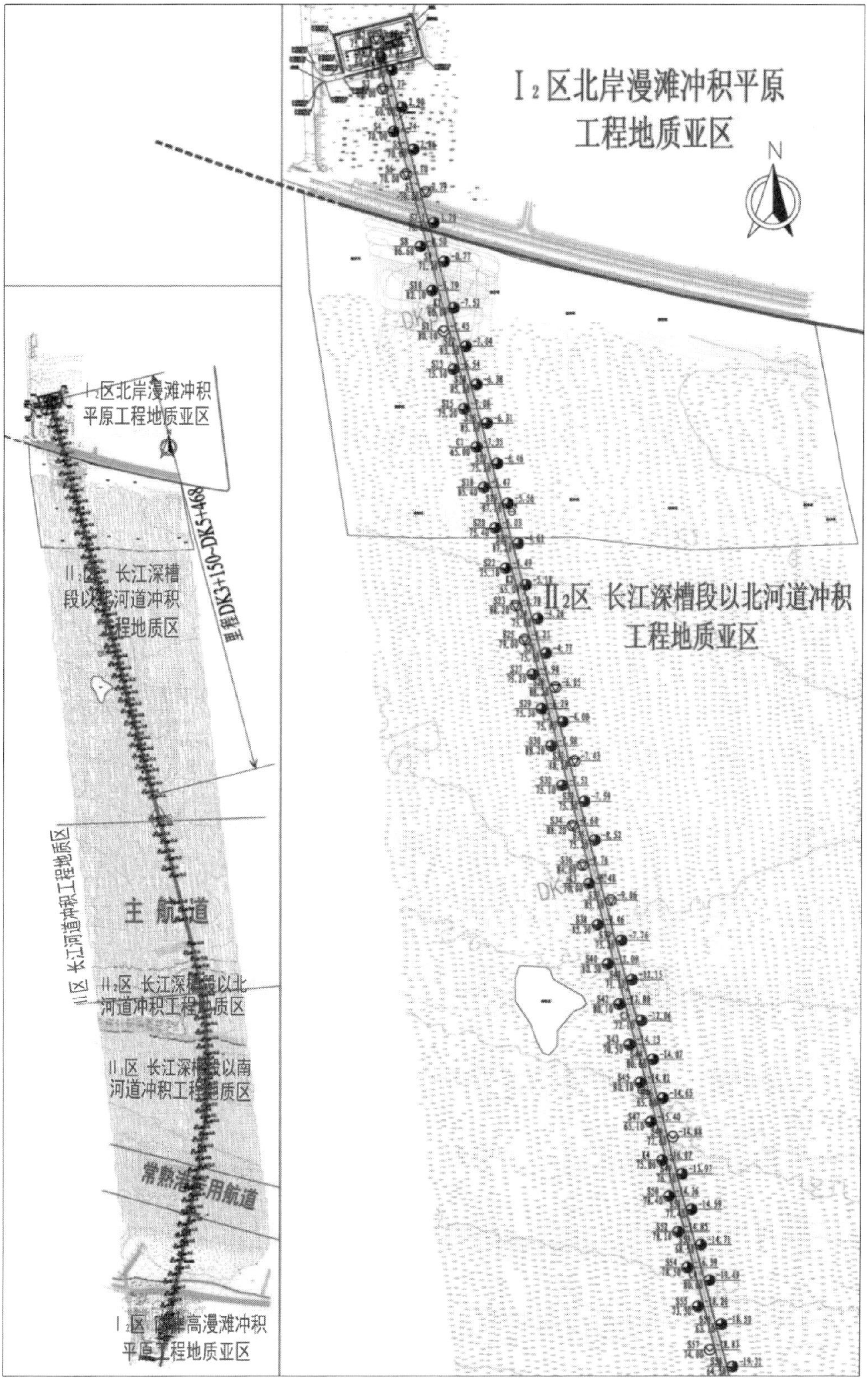

图 2.4　第四段（DK3＋150～DK5＋468）线位及钻孔分布图

跨长江的水准测量距离达到 4.5km，测量精度难以保障。为了满足测量要求，建立了高精度控制网，采用跨江高程传递测量方法，解决了测站晃动条件下的三角高程测量难题，突破了常规水准测量中 3.5km 的跨距极限[1,2]。测量结束后进行两次复测，结果（表 2.2）表明，高精度控制网稳定、可靠，达到了国家有关规范和技术设计要求，可以满足工程建设需求。

高精度控制网测量误差 表 2.2

项目	控制要素	第一次复测（2017.06）	第二次复测（2018.02）	控制标准
平面	对岸相邻控制点 最弱相对点位中误差	ST02-ST05 0.2mm	ST07-ST08 0.5mm	对岸间相邻控制点 点位中误差≤8mm
	同岸侧相邻控制点 最弱相对点位中误差	ST02-ST04 0.6mm	ST08-ST10 0.4mm	同岸侧相邻控制点 点位中误差≤6mm
	贯通误差	m=2.9mm	m=3.4mm	—
	轴线相对中误差	1/200 万	1/170 万	轴线相对中误差 不低于 1/30 万
高程	常熟侧 水准网每千米高差中误差	0.40mm	0.05mm	满足二等水准精度要求(2mm)
	南通侧 水准网每千米高差中误差	0.27mm	0.14mm	满足二等水准精度要求(2mm)

采用单波束水深测量设备和导航系统对管廊区域左右 2km 范围进行水下地形测量，水下典型地形如图 2.5 所示。采用旁侧声纳法探测了水下障碍物及江底地形地貌情况。测量作业组克服了往来船只密集对信号干扰、梅雨季节大风浪、工期紧等困难，捕捉最佳测量时段，按期完成了管廊隧道水下地形图测量和资料整理。

(a) 凹槽

(b) 沙坡

(c) 沙沟

图 2.5 水下典型地形图

3. 水域勘察

水域勘察工作涉及长江通航、汛期等多方面因素限制，经海事部门通航安全性评估论证，在保证施工与行船安全前提下才可完成本期水上勘察工作。

(1) 水域勘察作业船及配套船只情况

水域勘察先后投入了 4 艘作业船（表 2.3）。护航船只包括：拖轮（“锦通 19”“锦通 15”和“锦通 1”等）、警戒艇（“海宇 6”和“海宇 8”）和交通艇（“海宇 8”和“永新 3”）。长江上海航道局负责航标配布工作，通过增设、移动航标，改变航道宽度走向，划出勘察作业安全区域（图 2.6）[3]。

水域勘察作业船基本情况表 表 2.3

序号	船名	船长 (m)	船宽 (m)	型深 (m)	空载吃水 (m)	总吨位 (t)	总功率 (kW)
1	大运 008	35.2	7.00	2.45	0.55	173	101.6
2	豫周口货 0219	43.9	11.00	2.20	0.60	348	179.3
3	盐捞 8	36.7	12.00	2.70	1.31	417	272.0
4	姜港联 0988	47.4	11.55	1.80	0.50	437	144.8

(a) 航标布设船

(b) 航标

图 2.6 航标布设船及航标布设情况

(2) 施工平台定位

本次钻探采用船载平台作业方式（图 2.7），用槽钢焊接单侧钻探施工平台，四周用钢管作为防护栏。钻孔采用 GNNS 进行定位，仪器平面误差为 1mm，配备锚艇将锚送出到孔位上下游，通过船上安装的机械铰锚机将锚绳拉紧，然后通过调整锚绳长度将平台移动到孔位。

(a) 勘测作业船(盐捞8)

(b) 作业平台

图 2.7 水域勘测作业船及作业平台

（3）钻探

钻机选用无锡探矿机械厂生产的 GXY-1/GXY-2 型钻机，最大钻深可达 300m，配备 160/40 型水泵，钻进时采用 ϕ108mm 岩芯管全断面采集岩芯。钻孔后采用 63.5kg 吊锤、76cm 落距进行标准贯入试验。为减小江水对钻进的影响，在钻探平台上首先安装隔水管系统，即钻进外套管，采用带外接箍的 ϕ178/139mm 厚壁套管作为外套管，对水深流急处再下一层 ϕ146mm 内套管，内层套管入土深度需超过 10m，以保证钻探作业不受涨落潮影响。

（4）取样

钻探深度内地层以冲积成因的砂层为主，为防止孔内坍塌，采用山东高阳产膨润土与水配制成一定密度的均质泥浆，通过泥浆泵灌入孔内，形成反向渗透效果，在钻孔壁形成泥皮。对不同地层，采用不同取样方法。淤泥质土层采用 ϕ100mm 敞口薄壁取土器压入式采取原状土样，一般黏性土层用 ϕ108mm 对开式厚壁取土器压入式或锤击式采取原状样，粉土及砂性土层采用环刀式取砂器采集原状样（图 2.8）。所有原状样均即时蜡封并于两日内送达现场试验室，送样过程中采取减震措施避免扰动。扰动样一般在标贯器中采取。

(a) 薄壁取土器

(b) 取砂器

图 2.8　现场取样工具

（5）有害气体检测

采用四合一气体检测报警仪（图 2.9）对每个钻孔均进行了甲烷（CH_4）、一氧化碳（CO）、氧气（O_2）和硫化氢（H_2S）等气体浓度检测（图 2.10），并对检查结果进行记录。

（6）地温检测

由于隧道埋深较大，在勘察作业过程中，采用钻孔法测量地温，利用电阻式井温仪对孔内水温按 1m 间距从上至下进行测量，通过测得水温随深度的线性变化间接得出地温。

（7）勘探孔封孔

考虑到勘探钻孔已深入承压含水层，潜在的通道可能造成隧道掘进阶段突涌水，给盾

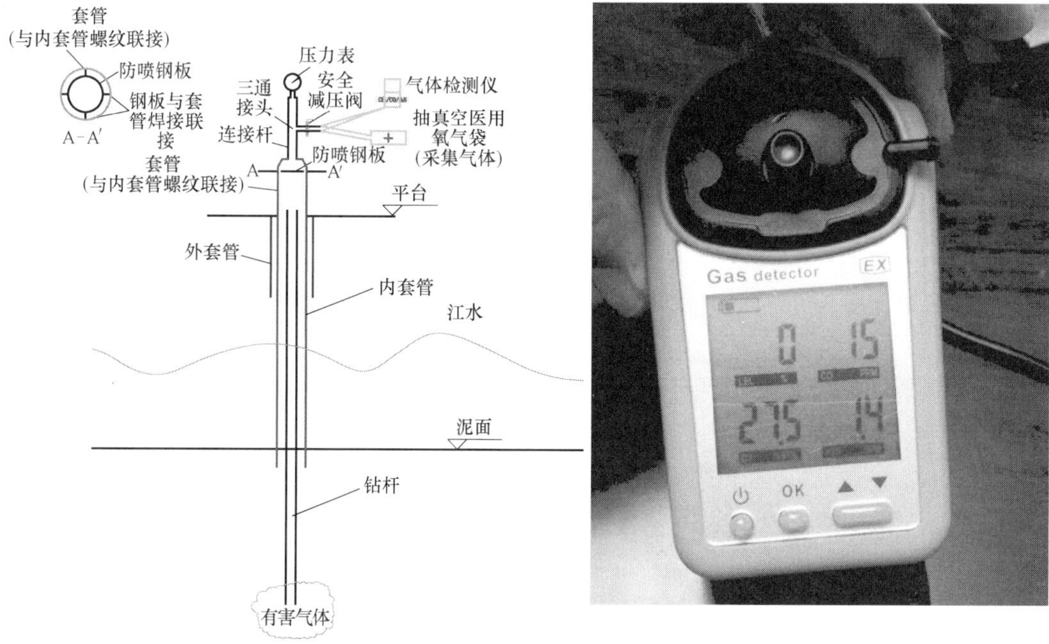

(a) 有害气体钻孔检测方法　　(b) 有害气体报警仪

图 2.9　有害气体钻孔检测

(a) S72钻孔喷出气体　　(b) S73钻孔喷出气体　　(c) S83钻孔气体压力测量

图 2.10　有害气体勘察

构施工带来极大的安全隐患。因此，需要阻断各个含水层之间的竖向联系。通过将钻探封孔作为质量控制重点，钻探结束后采用工程钻机通过钻杆将水和水泥按照（0.5～0.7）：1的配合比泵入孔底，由孔底起封，封至孔口。水泥用量按每10m钻孔使用50kg水泥浆的标准进行控制。

（8）水域综合物探

考虑测区的地球物理条件，采用水域浅层地震反射波法查明测区内、中部地层分布，采用浅地层剖面法探测水下浅部地层分布情况，采用旁侧声纳法探测水下障碍物及江底地形地貌情况，采用水域高精度磁法探测水下浅部及沉积物中具有铁磁性的障碍物。根据测区磁场的分布特征，探测废弃构筑物、沉船及埋于江底沉积地层中的金属物体。

以上四种物探方法各有优点和不足，采用综合物探方法可以取长补短、互相补充、互相验证。既可划分地层，又可提高探查精度及可靠性，总体工作量满足工程需要（表 2.4）。

水域物探工作量一览表 **表 2.4**

类别	项目	设计工作量（m）	有记录测线的总长度（m）
水域物探	水域地震反射波法	19200	28560
	浅地层剖面法	55400	50565
	水域高精度磁法	112000	110000
	旁侧声纳法	55400	50565
测量定位	物探点定位	航程实时定位	

4. 原位测试

采用了静力触探试验、标贯试验、旁压试验、单孔波速试验、扁铲侧胀试验等多种原位测试方法，总体测试工作量如表 2.5 所示。

原位测试工作量 **表 2.5**

序号	项目	计量单位	施工图实际工作量			合计
			南岸始发井	隧道	北岸接收井	
1	静力触探试验	m/孔数	900/22	1347.1/20	750/14	2997.1/56
2	标贯试验	次	102	1944	293	2339
3	超重型动力触探	m	—	239.4	—	239.4
4	单孔波速试验	m/孔数	—	231.1/3	—	231.1/3
5	孔内抽水试验	组	4	—	4	8
6	旁压试验	点/孔	—	47/7	38/3	85/10
7	扁铲侧胀试验	孔	3	—	3	6

（1）静力触探

采用 25t 全液压传动的静力触探车，首先将触探车吊装至甲板，以作业船的排水量为反力，利用船身自带的勘探操作通道，下双层套管，采用孔压、双桥静力触探。量测记录采用 DY2014 型静力触探仪，使用前对探头按规程进行标定。

（2）标准贯入试验

采用 63.5kg 落锤，落距为 76cm，自动脱钩，自由下落。每次试验前均进行清孔。

（3）超重型动力触探试验

超重型动力触探采用 120kg 吊锤、100cm 落距，自动脱钩，自由下落，连续贯入。每次试验前均进行清孔，试验后按位置采取扰动样。

（4）单孔波速测试

选择具有代表性的钻孔进行剪切波速试验，测试深度为 60～100m，测点间距为

1.0m。水上采用XG-I悬挂式波速测井仪，由CH1、CH2通道接收的横波传播时间T_1、T_2，两接收道时间差$\Delta T=T_1-T_2$，地层S波速度$V_S=\Delta L/\Delta T_S$，由此计算测点横波速度。

（5）旁压试验

采用PY-4型预钻式旁压仪进行旁压试验，利用可侧向膨胀的旁压器对孔壁周围土体施加均匀的横向压力，使孔壁周围土体发生径向变形直至破坏，通过量测压力与径向变形的关系推算地基土力学参数。

（6）十字板剪切试验

采用电测式钢环十字板剪切仪，板头规格50mm×100mm，板厚3mm。试验在淤泥质粉质黏土中进行，试验点间距1.0m，测定了原位应力下黏性土的不排水抗剪强度和灵敏度。

2.2　工程及水文地质条件

2.2.1　工程地质条件

1. 地形地貌及工程分区

苏通GIL综合管廊工程位于长江下游三角洲平原近前缘地带，陆域及水域部分地貌单元分别为长江河漫滩和河床。根据工程地质分区原则，可以划分为2个工程地质区、4个工程地质亚区，各个分区的具体描述如表2.6所示。

不同工程地质分区的地质水文情况　　表2.6

区	亚区	地貌形态	主要地层岩性	不良地质作用	地下水	工程地质评价
Ⅰ	$Ⅰ_1$	南岸高漫滩，地面高程3.5m，相对高差0.5～1m，南岸大堤高约7m。地面自西向东微倾，由岸向江边低倾	松散状人工填土，第四系全新统流塑状态淤泥质粉质黏土，软—可塑状态；黏性土，稍密、中密状态；粉土，中密—密实状态；粉细砂，中密—密实状态	上部存在液化土层③$_2$粉砂、有害气体	淤泥质粉质黏土中含上部滞水；粉质黏土、粉土中含潜水；粉细砂、中粗砂层中含承压水	上部淤泥质粉质黏土、黏性土、粉土承载力较低。中下部细砂和中粗砂层承载力相对较高。地下水丰富，均属极易坍塌变形的围岩
	$Ⅰ_2$	北岸漫滩，地面高程2.5～3.5m，相对高差0.5～1.5m，北岸大堤高约4.3m	表层为厚度2～10m的粉细砂，松散—稍密状态；粉质黏土混砂，中密状态；粉土，中密—密实状态；粉细砂，密实状态	上部存在可能液化土层①$_1$粉细砂、①$_2$粉砂夹粉土、①$_3$粉砂	上部粉细砂中含潜水；粉细砂、中粗砂中含承压水	上部粉土、粉细砂承载力较低，中下部粉细砂和中粗砂层承载力相对较高，地下水丰富，均属极易坍塌变形的围岩
Ⅱ	$Ⅱ_1$	长江深槽段以南河床，江水由西向东径流	河床以深槽为界，南部地段顶部为淤泥质粉质黏土、粉质黏土混粉土、粉土和粉砂层，河床中、下部为第四系上更新统粉细砂、中粗砂，密实状态	上部存在可能液化土层③$_2$粉砂、有害气体	地表为长江江水；顶部黏性土含潜水，下部粉土层含承压水。砂层中为潜水，与江水有直接水力联系	上部黏性土层承载力较低，中下部粉细砂和中粗砂承载力相对较高，地下水极为丰富，均属极易坍塌变形的围岩

续表

区	亚区	地貌形态	主要地层岩性	不良地质作用	地下水	工程地质评价
Ⅱ	$Ⅱ_2$	长江深槽段以北河床、江水由西向东径流	河床以深槽为界，北段顶部为新沉积的粉细砂，松散状态；河床中、下部为第四系上更新统粉细砂、中粗砂，密实状态	中上部存在可能液化土层$①_1$粉细砂、$①_3$粉砂	地表为长江江水；顶部粉细砂含潜水，下部砂层含承压水，与江水有直接水力联系	上部砂层承载力较低，中下部粉细砂和中粗砂承载力相对较高，地下水极为丰富，均属极易坍塌变形的围岩

2. 地基土的构成与分布特征

越江隧道深度范围内均为第四系地层：

隧道第一段DK0＋0～DK0＋650（始发井至常熟港专用航道区段）由南岸陆域进入长江水域，跨越$Ⅰ_1$亚区（长江南岸高漫滩冲积平原工程地质亚区）和$Ⅱ_1$亚区（长江深槽段以南河道冲积工程地质亚区），松散层巨厚，具有河口、浅海相沉积物特点；

隧道第二段DK0＋650～DK1＋780（常熟港专用航道至长江深槽南缘区段）位于长江深槽段以南河道冲积工程地质亚区（$Ⅱ_1$亚区），松散层巨厚，具有河口、浅海相沉积物特点；

隧道第三段DK1＋780～DK3＋150（主航道区段）位于主航道，属$Ⅱ_2$亚区（长江深槽以北河道冲积工程地质亚区），松散层巨厚，具有河口、浅海相沉积物特点；

隧道第四段DK3＋150～DK5＋468（主航道北缘至接收井区段）由长江主航道北缘水域进入北岸陆域，跨越$Ⅱ_2$亚区（长江深槽段以北河道冲积工程地质亚区）和$Ⅰ_2$亚区（长江北岸漫滩冲积平原工程地质亚区），松散层巨厚，具有河口、浅海相沉积物特点。

3. 地层性质特征

越江隧道深度范围内均为第四系地层，根据揭露地层的地质年代、成因、岩性、埋藏条件及其物理力学特性等进行工程地质地层划分，具体划分如表2.7所示。

地层划分表 **表2.7**

地层时代	南岸始发井至常熟港专用航道区段（DK0＋0～DK0＋650）	常熟港专用航道至长江深槽南缘区段（DK0＋650～DK1＋780）	主航道区段（DK1＋780～DK3＋150）	主航道北缘至接收井区段（DK3＋150～DK5＋466）
第四系全新统冲洪积地层（Q_4^{al+pl}）	⓪填土	—	—	⓪填土
	②粉质黏土	—	—	②粉质黏土
	$③_1$淤泥质粉质黏土	$③_1$淤泥质粉质黏土	$①_1$粉细砂	$①_1$粉细砂
	$③_2$粉砂	$③_2$粉砂	$①_3$粉砂	$①_3$粉砂
	$③_3$淤泥质粉质黏土	$③_3$淤泥质粉质黏土	—	—
	$③_4$粉质黏土与粉砂互层	$③_4$粉质黏土与粉砂互层	—	—
	$③_5$淤泥质粉质黏土	—	—	—
	$③_6$粉质黏土	—	—	—
	$④_1$粉质黏土混粉土	$④_1$粉质黏土混粉土	$④_1$粉质黏土混粉土	$④_1$粉质黏土混粉土
	$④_2$粉土	$④_2$粉土	—	—

续表

地层时代	南岸始发井至常熟港专用航道区段（DK0+0～DK0+650）	常熟港专用航道至长江深槽南缘区段（DK0+650～DK1+780）	主航道区段（DK1+780～DK3+150）	主航道北缘至接收井区段（DK3+150～DK5+466）
第四系上更新统冲洪积地层（Q_3^{al+pl}）	⑤$_1$ 粉细砂 ⑤$_2$ 细砂 ⑥$_1$ 中粗砂 ⑥$_1$ 中粗砂 ⑥$_{1-1}$ 粉砂 ⑥$_{1-2}$ 粉质黏土 ⑦粉细砂 ⑦$_1$ 粉质黏土 ⑦$_2$ 中粗砂 ⑧$_1$ 中粗砂 ⑧$_{1-1}$ 粉质黏土 ⑧$_2$ 粉细砂			

4. 不良地质作用

根据现场勘察和调查结果，越江隧道主要的不良地质作用表现在以下几方面：

（1）软土

区内普遍分布有厚层淤泥质粉质黏土，各软土层前期固结压力与自重压力基本相当，为正常固结土，具有高含水率、大孔隙比、低强度、高压缩性等不良工程地质特性。且软土还具有低渗透性、触变性和流变性等特性，使得始发井和接收井基坑围护难度提高[4,5]。

（2）流砂、管涌

对基坑起影响作用的地下水主要为潜水和承压含水层。场地内稳定地下水位埋深浅、水量大，基坑开挖时需考虑因地下水作用所产生的流土、流砂、管涌、基底涌土、冒水以及由此引起的基坑边坡失稳等不良地质问题。

（3）砂土液化

工程场地浅部分布有粉砂层，经液化判别该层为中等液化土层。桩基承载力应考虑砂土液化影响，将液化土层极限侧阻力乘以土层液化折减系数计算单桩极限承载力标准值。

（4）有害气体

根据调查，场地邻近取水工程曾发现有害气体，并对工程造成不利影响。越江隧道勘察设计过程中也发现了有害气体，主要成分为甲烷（CH_4）、硫化氢（H_2S）和一氧化碳（CO）等。有害气体成团块状、囊状局部集聚，分布极不均匀，具有连通性差、气压差异较大等特点，对盾构隧道施工影响较大。

2.2.2 水文地质条件

1. 地下水特征

越江隧道工区气候温暖湿润，降雨量充沛，地势平坦，有利于大气降水入渗补给。地表水资源十分丰富，地下水与江水发生直接的水力联系。地下水水位主要受大气降水和地表水体的影响，并与长江水形成密切的补排关系，呈季节性变化。根据含水层岩性、埋藏条件及地下水赋存条件、水力特征等，区内地下水分为潜水和承压水。

（1）潜水

潜水主要赋存于浅部的填土、粉质黏土、淤泥质粉质黏土、粉砂等地层中。由于黏性土中多夹粉土和粉砂薄层，水平渗透系数明显大于垂直渗透系数。主要接受大气降水和地表水体的入渗补给，径流以侧向运动为主，主要消耗途径是蒸发和侧向径流排泄。

（2）承压水

承压含水层与江水位有较为密切的水力联系；且各段承压含水层之间无良好隔水层，水力联系较为密切。主要接受浅部含水层入渗和江水的侧向补给，径流以侧向运动为主，主要排泄方式为侧向径流排泄。

2. 场地水、土的腐蚀性评价

根据《岩土工程勘察规范》GB 50021—2001（2009 年版）附录 G 的规定，苏通 GIL 综合管廊隧道管片外侧接触地下水，管片内侧暴露在大气中，水可以通过渗透或毛细作用在隧道内壁蒸发，环境类型定为Ⅰ类。

在抽水试验中对每个含水层各取 1 组地下水样进行化学分析；在长江高、中、低潮情况下分别取样，共采集了 3 组江水样，获取了地下水与长江水的主要化学指标。根据国家标准《岩土工程勘察规范》GB 50021—2001（2009 年版）判定地下水、土及长江江水对混凝土结构有微腐蚀性，在长期浸水环境下可对钢筋混凝土结构中的钢筋造成微腐蚀。

3. 水的化学特征

地下水化学类型为 HCO_3-Mg 型水，矿化度 504～1389mg/L，pH 值 7.13～7.86，总硬度 206～472mg/L，主要表现为暂时硬度。

长江水化学类型为 HCO_3-Mg 型水，矿化度 170.3～364.0mg/l，pH 值 6.6～9.0，总硬度 128～160.8mg/L，主要表现为暂时硬度。

4. 结构所处的环境类别及其作用等级

根据国家标准《混凝土结构耐久性设计规范》GB/T 50467—2008 第 3.3.1 条、第 3.3.2 条对不同类别环境的作用等级进行划分。

（1）一般环境

根据水位观测资料以及结构埋深和水位关系，本工程环境条件特征为永久的静水浸没环境，环境作用等级为Ⅰ-A。

（2）冻融环境

根据常熟地区 1981～2010 年统计的最冷月平均气温为 4.2℃，该工程为纯地下段，不属于冻融环境。

（3）海洋氯化物环境

本区间为纯地下段，所处环境条件为大陆水下区或土中区，Cl^- 含量小于 100mg/L，不属于海洋氯化物环境、不属于除冰盐环境，除冰盐等其他氯化物环境作用等级为Ⅳ-C。

（4）化学腐蚀环境

根据本区间水腐蚀性分析结果，越江隧道不属于化学腐蚀环境和大气污染环境。

2.3 岩土工程分析与评价

根据场地工程地质条件，针对越江隧道工程特点，对周侧地基土指标进行分析、评价，为主要岩土参数（颗粒粒径分布、地层土矿物成分组成、砂土密实度、地基土承载力、地下水压力、有害气体分布、地温、静止侧压力系数、波速等）提供建议值。

2.3.1 物理力学参数

物理力学参数试验共测试了3023件原状样和2359件扰动样，测试项目包含剪切强度、压缩特性、颗粒分析、密度、孔隙比、液塑限等，地层的物理力学性质指标见表2.8～表2.10。

2.3.2 水文参数

通过开展抽水试验和室内渗透试验获取水文参数，为盾构施工提供依据（表2.11）。南岸（苏州）引接站和北岸（南通）引接站各布置4组抽水试验井。每组抽水试验均进行3次降深的抽水试验，并对各含水层及江水进行水位同步观测，获取了各含水层实测渗透系数。对钻探所取原状土样进行室内渗透试验，获得地层的水平渗透系数和垂直渗透系数。测试结果显示，抽水试验测定的渗透系数普遍大于室内渗透试验一个数量级，说明地层导水裂隙发育，地下水补给通道顺畅，补给充足，盾构施工过程中建议采用抽水试验实测渗透系数作为设计输入。

2.3.3 矿物成分组成

石英、长石等硬质矿物容易造成刀盘刀具磨损，其含量直接影响刀盘刀具设计、换刀作业频率等盾构施工关键问题。通过采集原状土样进行矿物成分鉴定，获取了各种类型地层的主要矿物成分（表2.12）。测试分析结果表明，苏通GIL综合管廊隧道沿线长距离穿越砂层的石英含量平均值超过40%，最高可达75%。预计刀盘刀具磨损严重，设计规划阶段需要对刀盘设计和刀具选型需予以重视。

2.3.4 其他工程设计参数

静止侧压力系数通过三轴试验和直剪慢剪试验获得，剪切波速值通过单孔波速试验获得（表2.13）。水平抗力系数的比例系数由规范查得，基床反力系数依据规范查表得到并通过旁压试验验证。地层承载力特征值与压缩模量通过对室内土工试验、现场原位测试（静力触探试验、标准贯入试验）结果进行综合分析获得。砂土的密实程度通过天然孔隙比结合标准贯入试验、双桥静力触探试验、孔内波速试验等原位测试结果综合确定。

2.3.5 有害气体与地温

1. 有害气体调查

本次施工图阶段勘察，在第二区段（DK0＋650～DK1＋780）长江深槽段以南区（Ⅱ_1亚区）的S72、S73、S83号勘察钻孔中发现有害气体。因此，结合隧道沿线地层和

表 2.8

地层物理性质指标一览表（一）

土层名称及编号	界限粒径(范围/平均值)(mm)					界限系数(范围/平均值)	
	有效粒径 d_{10}	中间粒径 d_{30}	平均粒径 d_{50}	限制粒径 d_{60}	限制粒径 d_{70}	不均匀系数 C_u	曲率系数 C_c
①$_1$ 粉细砂	0.036～0.042/0.039	0.081～0.089/0.085	0.109～0.115/0.112	0.123～0.128/0.126	0.140～0.143/0.142	3.0～3.4/3.2	1.5
①$_2$ 粉砂夹粉土	0.014	0.054	0.078	0.098	0.122	7.0	2.1
①$_{2-1}$ 粉质黏土夹粉土	—	0.017	0.041	0.055	0.062	—	—
①$_3$ 粉砂	0.028～0.058/0.043	0.078～0.093/0.086	0.107～0.118/0.113	0.122～0.131/0.127	0.139～0.146/0.143	2.3～4.4/3.4	1.1～1.8/1.5
③$_2$ 粉砂	0.012～0.015/0.014	0.051～0.054/0.053	0.083～0.089/0.086	0.101～0.106/0.104	0.120～0.124/0.122	6.7	1.7
③$_3$ 淤泥质粉质黏土	—	0.011	0.021	0.028	0.036	—	—
③$_4$ 粉质黏土与粉砂互层	—	0.019	0.050	0.061	0.072	—	—
③$_5$ 淤泥质粉质黏土	—	0.009	0.018	0.024	0.032	—	—
③$_6$ 粉质黏土	—	0.011	0.020	0.026	0.034	—	—
④$_1$ 粉质黏土混粉土	—	0.011～0.014/0.013	0.022～0.029/0.025	0.029～0.040/0.034	0.037～0.053/0.044	—	—
④$_{1-1}$ 粉细砂	0.030～0.035/0.033	0.064～0.070/0.067	0.092～0.099/0.096	0.112～0.114/0.113	0.132～0.137/0.135	3.2～3.8/3.5	1.0～1.4/1.2
④$_2$ 粉土	0.008～0.010/0.008	0.019～0.027/0.024	0.035～0.051/0.045	0.046～0.061/0.054	0.056～0.074/0.064	6.1～7.0/6.6	1.1～1.4/1.2
⑤$_1$ 粉细砂	0.021～0.056/0.032	0.071～0.181/0.104	0.101～0.303/0.157	0.117～0.329/0.175	0.135～0.355/0.195	4.5～6.0/5.5	1.8～2.6/2.1
⑤$_{1-1}$ 粉土	0.008～0.010/0.009	0.019～0.036/0.027	0.042～0.061/0.052	0.053～0.070/0.062	0.059～0.087/0.074	5.9～8.4/7.1	1.1～1.9/1.6
⑤$_{1-2}$ 中粗砂	0.083～0.092/0.088	0.166～0.209/0.188	0.350～0.431/0.391	0.522～0.624/0.573	0.770～0.930/0.850	6.3～6.8/6.6	0.6～0.8/0.7
⑤$_2$ 细砂	0.067～0.070/0.068	0.100～0.106/0.103	0.126～0.139/0.133	0.141～0.159/0.150	0.158～0.184/0.171	2.1～2.3/2.2	1.0～1.1/1.1
⑤$_{2-1}$ 中粗砂	0.097	0.244	0.420	0.582	0.861	6.0	1.1
⑥$_1$ 中粗砂	0.093～0.103/0.097	0.206～0.283/0.241	0.397～0.605/0.507	0.557～0.904/0.752	0.847～1.385/1.159	6.0～9.0/7.8	0.7～0.9/0.8
⑥$_{1-1}$ 粉砂	0.055～0.078/0.065	0.097～0.104/0.101	0.130～0.144/0.135	0.149～0.175/0.157	0.174～0.221/0.187	2.2～2.7/2.4	0.8～1.1/1.0
⑦粉细砂	0.060～0.064/0.062	0.100～0.103/0.101	0.130～0.139/0.134	0.147～0.161/0.154	0.168～0.190/0.179	2.4～2.5/2.5	1.0～1.1/1.1
⑦$_2$ 中粗砂	0.086～0.117/0.100	0.172～0.384/0.262	0.328～0.917/0.575	0.439～1.372/0.848	0.642～2.139/1.328	5.1～11.8/8.1	0.7～0.9/0.8
⑧$_1$ 中粗砂	0.075～0.093/0.083	0.168～0.216/0.193	0.415～0.474/0.444	0.652～0.748/0.694	1.019～1.223/1.130	7.0～9.4/8.5	0.6～0.8/0.7
⑧$_2$ 粉细砂	0.057～0.068/0.063	0.099～0.107/0.103	0.140～0.145/0.143	0.166～0.169/0.168	0.203～0.204/0.203	2.5～2.9/2.5	1.0
⑧$_4$ 中粗砂	0.095～0.103/0.099	0.307～0.332/0.320	0.737～0.799/0.768	1.063～1.099/1.081	1.527～1.544/1.536	10.3～11.6/11.0	0.9～1.0/1.0

地层物理性质指标一览表（二）　　表 2.9

土层名称及编号	质量密度 ρ(g/cm^3)	天然孔隙比 e	液限 w_L(%)	塑限 w_P(%)	塑性指数 I_P	液性指数 I_L
⓪填土	1.93	0.814	35.6	22.1	13.5	0.48
①$_1$ 粉细砂	1.95～1.98/1.97	0.694～0.729/0.712	—	—	—	—
①$_3$ 粉砂	1.92～1.99/1.96	0.676～0.788/0.732	—	—	—	—
②粉质黏土	1.89	0.880	34.6	22.3	12.3	0.72
③$_1$ 淤泥质粉质黏土	1.76～1.82/1.803	0.988～1.245/1.080	31.4～36.9/34.5	20.5～23.2/22.2	10.9～13.7/12.3	1.08～1.59/1.29
③$_2$ 粉砂	1.89～1.91/1.90	0.799～0.856/0.828	—	—	—	—
③$_3$ 淤泥质粉质黏土	1.79～1.81/1.800	1.047～1.093/1.070	32.1～34.6/33.4	21.2～22.6/21.9	10.8～12.0/11.4	1.30～1.43/1.37
③$_4$ 粉质黏土与粉砂互层	1.88	0.877	28.1	18.6	9.5	1.51
③$_5$ 淤泥质粉质黏土	1.79	1.070	34.8	22.7	12.1	1.14～1.16/1.15
③$_6$ 粉质黏土	1.83	0.984	35.0	22.9	12.1	0.89
④$_1$ 粉质黏土混粉土	1.8～1.95/1.843	0.721～1.014/0.937	33.3～34.4/34.0	21.9～22.9/22.5	10.5～12.3/11.4	0.96～0.98/0.97
④$_{1-1}$ 粉细砂	1.82～1.92/1.87	0.758～0.979/0.869	35.4	22.6	12.8	0.75
④$_2$ 粉土	1.77～2.01/1.88	0.646～0.970/0.825	28.4～30.4/29.4	19.7～21.5/20.5	8.7～9.0/8.9	0.29
⑤$_1$ 粉细砂	1.94～2.00/1.96	0.656～0.714/0.687	—	—	—	—
⑤$_{1-1}$ 粉土	1.81～1.86/1.835	0.889～0.957/0.929	28.3～30.2/29.2	19.1～20.6/19.9	8.6～9.7/9.3	—
⑤$_{1-2}$ 中粗砂	2.01～2.04/2.03	0.498～0.539/0.519	—	—	—	—
⑤$_{1-3}$ 粉质黏土	1.89～1.98/1.94	0.655～0.910/0.783	36.5	22.8	13.7	0.85
⑤$_2$ 细砂	1.98～2.08/2.01	0.414～0.653/0.579	—	—	—	—
⑥$_1$ 中粗砂	2.02～2.10/2.06	0.434～0.508/0.466	—	—	—	—
⑥$_{1-1}$ 粉砂	1.89～2.10/2.00	0.486～0.680/0.60	—	—	—	—
⑥$_{1-2}$ 粉质黏土	1.93～1.96/1.943	0.776～0.835/0.810	31.2～33.1/32.3	19.7～20.5/20.0	12.0～13.2/12.5	0.66～0.83/0.76
⑦粉细砂	2.00～2.04/2.02	0.566～0.614/0.586	—	—	—	—
⑦$_1$ 粉质黏土	1.95～1.99/1.963	0.695～0.789/0.757	31.1～31.7/31.5	19.6～20.6/20.2	11.1～11.5/11.3	0.51～0.74/0.65
⑦$_2$ 中粗砂	2.02～2.11/2.1	0.348～0.486/0.437	—	—	—	—
⑧$_1$ 中粗砂	2.05～2.10/2.073	0.414～0.479/0.444	—	—	—	—
⑧$_{1-1}$ 粉质黏土	1.95～1.96/1.96	0.796～0.799/0.798	31.2～34.9/33.1	19.8～20.6/20.2	13.1～14.3/13.7	0.58～0.68/0.63
⑧$_2$ 粉细砂	2.03～2.04/2.04	0.537～0.598/0.568	—	—	—	—
⑧$_{2-1}$ 粉质黏土	1.93～1.94/1.94	0.820～0.832/0.826	34.7～35.1/34.9	21.9～23.9/22.9	10.8～13.2/12.0	0.53～0.54/0.54
⑧$_4$ 中粗砂	2.09～2.13/2.11	0.393～0.423/0.408	—	—	—	—

表 2.10

地层力学性质指标一览表

土层名称及编号	泊松比 μ	标准贯入试验参数		固结快剪试验参数		无侧限抗压强度		
		标贯实测击数 N(击)	超重型动探击 N_{120}(击)	c(kPa)	φ(°)	原状 q_u(kPa)	重塑 q_u'(kPa)	灵敏度 s_t
①$_1$ 粉细砂	0.37	6	—	3.2～4.9/4.1	31.3～34.7/33.0	—	—	—
①$_3$ 粉砂	0.34	9～17/13	—	1.9～5.1/3.5	32.1～32.4/32.3	—	—	—
②粉质黏土	0.36	—	—	13.0	24.7	20.5	6.8	3.0
③$_1$ 淤泥质粉质黏土	0.35～0.39/0.38	3～5/4	—	4.9～15.9/9.7	21.1～27.3/23.6	26.5～47.0/36.8	6.5～9.7/8.1	4.1～4.7/4.4
③$_2$ 粉砂	0.32	6	—	3.1～4.0/3.6	29.2～29.3/29.3	—	—	—
③$_3$ 淤泥质粉质黏土	0.35	3～4/4	—	10.3～11.6/11.0	10.0～23.2/16.6	21.10～30.83/25.97	4.40～9.47/6.94	3.77～5.80/4.79
③$_4$ 粉质黏土与粉砂互层	0.35	4	—	5.3	28.2	—	—	—
③$_5$ 淤泥质粉质黏土	0.35	3～6/5	—	8.8～12.8/10.8	20.4～23.8/22.1	37.1	6.8	5.5
③$_6$ 粉质黏土	0.33	—	—	12.1	23.6	35.1	6.0	5.9
④$_1$ 粉质黏土混粉土	0.32～0.35/0.33	7～17/10	—	1.7～9.8/5.8	20.9～33.1/25.8	61.40	11.40	5.4
④$_{1-1}$ 粉细砂	0.33～0.35/0.34	12～28/20	—	1.5～12.1/6.8	21.2～29.7/25.5	—	—	—
④$_2$ 粉土	0.31～0.33/0.32	20～24/22	—	1.5～7.4/3.7	26.1～29.7/27.5	—	—	—
⑤$_1$ 粉细砂	0.28～0.31/0.30	32～43/40	—	3.3～3.9/3.7	31.0～31.9/31.5	—	—	—
⑤$_{1-1}$ 粉土	0.31～0.33/0.32	11～18/15	—	3.9～7.0/5.8	27.2～29.8/28.1	—	—	—
⑤$_{1-2}$ 中粗砂	0.25～0.33/0.29	47～56/52	6	4.8～6.3/5.6	34.9～35.4/35.2	—	—	—
⑤$_{1-3}$ 粉质黏土	0.28	16～52/34	4	4.1～17.4/10.8	23.3～33.3/28.3	—	—	—
⑤$_2$ 细砂	0.26～0.37/0.29	41～83/58	4～8/7	0.6～4.6/3.3	32.5～34.9/33.7	—	—	—
⑥$_1$ 中粗砂	0.24～0.33/0.29	40～53/44	4～9/7	2.8～6.6/4.6	33.8～36.8/35.2	—	—	—
⑥$_{1-1}$ 粉砂	0.27	40～53/45	8～10/9	2.7～7.0/5.0	31.6～36.2/33.2	—	—	—
⑥$_{1-2}$ 粉质黏土	—	—	—	14.8	22.5	—	—	—
⑦粉细砂	—	45～57/50	10～13/11	3.4～4.2/3.8	32.1～33.4/32.8	—	—	—
⑦$_1$ 粉质黏土	—	11～15/13	5	10.0	29.1	—	—	—
⑦$_2$ 中粗砂	—	35～57/45	7～18/11	3.8～5.9/4.8	32.6～41.0/35.7	—	—	—
⑧$_1$ 中粗砂	—	39～54/45	11～16/45	2.4～3.9/3.4	33.0～33.9/33.6	—	—	—
⑧$_{1-1}$ 粉质黏土	—	—	—	9.5	27.8	—	—	—
⑧$_2$ 粉细砂	—	40～57/49	17	2.7	36.7	—	—	—
⑧$_{2-1}$ 粉质黏土	—	19	—	2.7	36.7	—	—	—
⑧$_4$ 中粗砂	—	45～52/49	7～13/10	4.8～8.5/6.7	35.6～40.1/37.9	—	—	—

地层水文性质指标一览表 表 2.11

土层编号及名称	两岸含水层类型		两岸现场抽水井试验实测渗透系数(cm/s)		室内渗透试验	
	南岸	北岸	南岸	北岸	水平渗透系数 k_h(cm/s)	垂直渗透系数 k_v(cm/s)
①$_1$ 粉细砂	—	—	—	—	5.1E-04～9.7E-04/7.4E-04	2.5E-04～4.6E-04/3.6E-04
①$_2$ 粉砂夹粉土	—	—	—	—	6.2E-05	5.5E-05
①$_3$ 粉砂	—	—	—	—	2.9E-04～4.0E-04/3.5E-04	1.2E-04～1.6E-04/1.4E-04
②粉质黏土	潜水	上段承压水	4.4E-03	4.0E-03	2.0E-06	1.0E-06
③$_1$ 淤泥质粉质黏土	—	—	—	—	9.0E-07～4.9E-06/2.9E-06	4.0E-07
③$_2$ 粉砂	—	—	—	—	7.3E-04	5.5E-04
③$_3$ 淤泥质粉质黏土	—	—	—	—	1.6E-06	1.6E-07
③$_4$ 粉质黏土与粉砂互层	—	—	—	—	2.2E-04	1.5E-04
③$_5$ 淤泥质粉质黏土	—	—	—	—	4.6E-06	3.3E-06
③$_6$ 粉质黏土	—	—	—	—	2.5E-05	2.3E-06
④$_1$ 粉质黏土混粉土	—	—	—	—	5.8E-06～2.9E-04/1.0E-04	4.1E-06～3.31.2E-04/4.1E-05
④$_{1-1}$ 粉细砂	—	—	—	—	3.6E-05～2.6E-04/1.5E-04	1.0E-05～9.0E-05/1.5E-04
④$_2$ 粉土	上段承压水	—	3.3E-03	—	7.9E-05～2.6E-04/1.4E-04	2.3E-05～9.0E-05/4.8E-05
⑤$_1$ 粉细砂	中段承压水	下段承压水	5.9E-03	7.3E-03	1.2E-04～2.8E-04/2.0E-04	1.0E-04～2.0E-04/1.5E-04
⑤$_{1-1}$ 粉土	—	—	—	—	3.3E-05～7.5E-05/4.7E-05	2.0E-05～3.3E-05/2.4E-05
⑤$_{1-2}$ 中粗砂	下段承压水	下段承压水	1.1E-02	1.3E-02	1.8E-03	1.1E-03
⑤$_{1-3}$ 粉质黏土	—	—	—	—	5.5E-04	2.9E-04
⑤$_2$ 细砂	中段承压水	—	5.9E-03	—	1.9E-04～5.1E-04/3.6E-04	2.4E-04～3.1E-04/2.7E-04
⑥$_1$ 中粗砂	—	—	—	—	3.6E-04～1.8E-03/7.5E-04	2.7E-04～1.1E-03/5.6E-04
⑥$_{1-1}$ 粉砂	—	—	—	—	4.7E-05～9.4E-04/3.4E-04	6.1E-05～2.3E-04/1.5E-04
⑦粉细砂	—	—	—	—	3.6E-04～7.7E-04/5.6E-04	1.5E-04～5.2E-04/3.6E-04
⑦$_1$ 粉质黏土	—	—	—	—	1.6E-05	8.8E-06
⑦$_2$ 中粗砂	—	—	—	—	1.6E-04～4.3E-04/3.2E-04	1.3E-04～3.1E-04/2.5E-04
⑧$_1$ 中粗砂	—	—	—	—	3.1E-05～3.6E-04/1.8E-04	6.0E-05～5.2E-04/2.4E-04
⑧$_2$ 粉细砂	—	—	—	—	2.2E-04～3.9E-04/3.1E-04	3.6E-05～1.1E-04/7.3E-05
⑧$_{2-1}$ 粉质黏土	—	—	—	—	1.0E-08	1.0E-08
⑧$_4$ 中粗砂	—	—	—	—	4.0E-04～6.0E-04/5.0E-04	2.4E-04～5.6E-04/4.0E-04

地层主要矿物成分组成一览表

表 2.12

土层编号及名称	矿物成分分析(范围区间/平均值)(%)						
	石英	长石	云母	白云石	方解石	绿泥石	其他
①$_2$ 粉砂夹粉土	44.1	39.3	0.0	2.5	4.8	9.3	0.0
①$_{2-1}$ 粉质黏土夹粉土	55.9～58.1/57.0	22.7	0.0	3.2	3.5	13.6	0.0
①$_3$ 粉砂	41.0～63.8/48.1	26.2～39.3/32.8	0.0～5.3/2.7	2.5～5.7/4.1	3.3～4.8/4.1	6.8～9.3/8.1	0.0～0.7/0.4
③$_2$ 粉砂	51.8～58.3/55.1	23.0	4.6	6.2	7.9	2.3	1.1
③$_4$ 粉质黏土与粉砂互层	42.9～49.6/46.7	17.0	0.6	2.2	2.2	13.1	0.2
④$_1$ 粉质黏土混粉土	37.9～59.8/52.6	19.3～20.1/19.8	1.1～3.8/2.1	3.5～6.5/5.3	2.3～4.7/3.9	8.7～18.1/13.9	0.0～13.3/4.6
④$_2$ 粉土	50.2～59.8/55.5	28.8	2.3	7.9	2.0	3.3	0.4
⑤$_1$ 粉细砂	46.8～72.8/58.6	21.8～24.3/23.5	1.2～3.6/2.5	1.2～7.3/5.5	3.4～4.9/4.1	4.5～6.2/5.4	0.8～2.3/1.3
⑤$_{1-1}$ 粉土	45.7～61.1/55.2	16.8～19.8/17.6	2.9～4.0/3.7	5.6～6.8/6.5	5.2～5.3/5.2	9.8～13.7/10.8	0.8～6.4/5.0
⑤$_{1-2}$ 中粗砂	59.8～81.6/73.7	14.5	2.2	4.7	1.7	3.5	0.4
⑤$_2$ 细砂	56.3～81.0/65.9	19.6～21.3/20.5	1.5～3.4/2.1	4.0～6.1/4.8	3.4～6.1/4.3	3.3～3.9/3.6	0.1～1.0/0/6
⑥$_1$ 中粗砂	62.4～82.8/72.6	18.8～22.1/20.6	1.5～4.4/2.6	2.2～2.8/2.6	0.6～3.4/1.5	0.5～3.6/1.6	0.3～0.5/0.4
⑥$_{1-1}$ 粉砂	67.3～82.8/75.1	7.3～22.1/14.7	3.0～4.4/3.7	2.8～4.8/3.8	0.6～1.6/1.1	0.5～5.2/2.9	0.3～1.2/0.8

地层岩土工程设计参数一览表

表 2.13

土层编号及名称	旁压试验		单孔波速试验	综合取值				
	水平基床系数 K_h(MPa/m)	竖向基床系数 K_v(MPa/m)	剪切波速 (m/s)	静止侧压力系数 k_0	水平抗力系数的比例系数(MN/m^4)	地基承载力特征值 f_{ak}(kPa)	压缩模量 E_S(MPa)	综合判定砂土密实程度
⓪填土	—	—	—	—	6	120	5	—
①$_1$ 粉细砂	10	9	120	0.58	8	130	8	松散
①$_2$ 粉砂夹粉土	12	11	130	—	8	160	7	稍密—中密
①$_{2-1}$ 粉质黏土夹粉土	10	9	—	—	10	120	5	—
①$_3$ 粉砂	12	11	140	0.52	—	160	18	中密

续表

土层编号及名称	旁压试验		单孔波速试验	综合取值				
	水平基床系数 K_h(MPa/m)	竖向基床系数 K_v(MPa/m)	剪切波速(m/s)	静止侧压力系数 k_0	水平抗力系数的比例系数(MN/m^4)	地基承载力特征值 f_{ak}(kPa)	压缩模量 E_S(MPa)	综合判定砂土密实程度
②粉质黏土	—	—	—	0.56	6	90	4	—
③$_1$ 淤泥质粉质黏土	6	5	—	0.53～0.63/0.60	10	60	3	—
③$_2$ 粉砂	15	12	170	0.47	8	130	6	松散—稍密
③$_3$ 淤泥质粉质黏土	7.5	6.5	—	0.53	12	70	3	—
③$_4$ 粉质黏土与粉砂互层	15	12	—	0.55	10	110	10	—
③$_5$ 淤泥质粉质黏土	8	7	—	0.54	14	70	4	—
③$_6$ 粉质黏土	20	14	—	0.49	8～16/10	100	6	—
④$_1$ 粉质黏土混粉土	19.7～20.0/19.9	15～17/16	—	0.48～0.54/0.51	14	125～140/133	8～10/9	—
④$_{1-1}$ 粉细砂	26	23	260	0.49～0.54/0.52	8～20/14	160	19.5	中密
④$_2$ 粉土	17.0～18.9/18.0	17～18/18	240～260/247	0.45～0.49/0.46	18～35/22	130～200/148	15～33/20	稍密—中密
⑤$_1$ 粉细砂	25.8～29.7/28.3	25	260～300/280	0.38～0.45/0.42	16	—	12～33/26	密实
⑤$_{1-1}$ 粉土	22.0～22.9/22.6	20	240～280/267	0.45～0.48/0.47	30	120	8～13/11	稍密—中密
⑤$_{1-2}$ 中粗砂	40	36	330～340/355	0.21～0.34/0.28	8	400～450/425	50	密实
⑤$_{1-3}$ 粉质黏土	20	15	—	0.39	20	140	5	—
⑤$_2$ 细砂	37.8～38.5/38.3	37	280～320/295	0.23～0.39/0.33	—	250～260/255	35～45/40	密实
⑤$_{2-1}$ 中粗砂	—	—	300	—	40	400	34	密实
⑥$_1$ 中粗砂	40.4	40	300～340/317.5	0.21～0.32/0.27	19	420～460/445	45～50/48	密实
⑥$_{1-1}$ 粉砂	28	27	300	0.37	—	250～260/255	36～45/41	密实
⑥$_{1-2}$ 粉质黏土	—	—	—	—	—	120～220/173	8～28/18	—
⑦粉细砂	—	—	350～400/367	—	—	300～350/317	44～50/46	密实
⑦$_1$ 粉质黏土	—	—	—	—	—	260～280/267	17～24/19	—
⑦$_2$ 中粗砂	—	—	420	—	—	470～500/480	44～50/46	—
⑧$_1$ 中粗砂	—	—	440	—	—	460	48	密实
⑧$_2$ 粉细砂	—	—	—	—	—	—	—	密实
⑧$_4$ 中粗砂	—	—	—	—	—	—	—	密实

地貌单元情况，对地层具有良好储盖条件的区段（DK0+0～DK1+780）进行了有害气体补勘。补勘结果显示，DK0+0～DK1+0 段的静探遇气率高达 75%；而 DK1+0～DK1+780 段的静探遇气率高达 100%，钻探遇气率为 14.3%（图 2.11）。

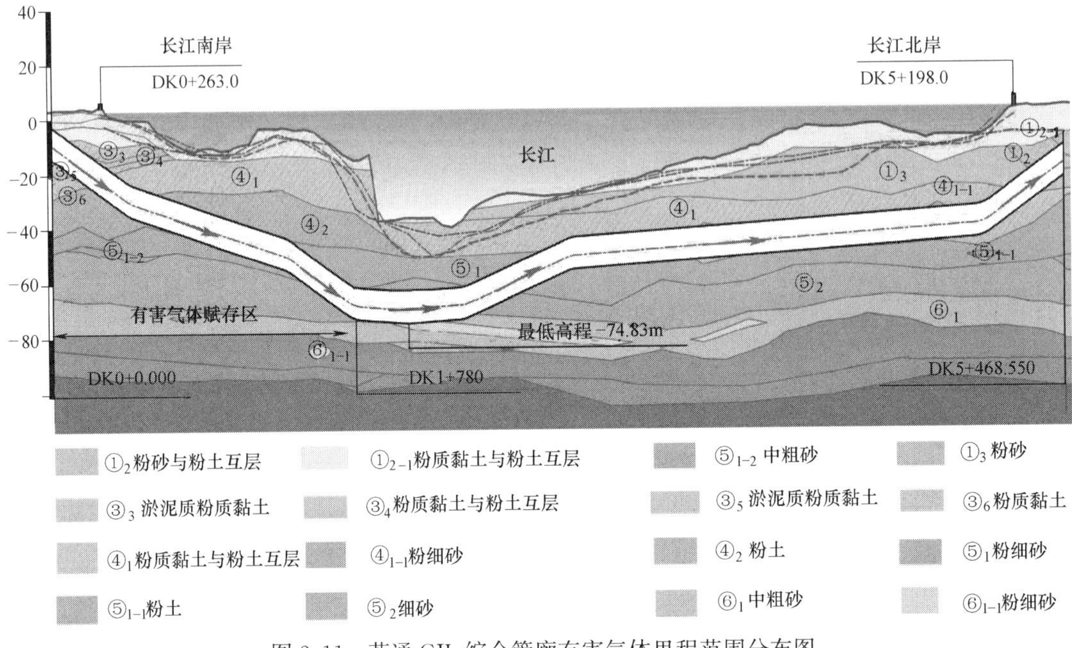

图 2.11　苏通 GIL 综合管廊有害气体里程范围分布图

有害气体分布地层为④$_1$ 粉质黏土混粉土、⑤$_1$ 粉细砂、⑦$_2$ 中粗砂层（图 2.12）。在 S83 号钻孔中取得有害气体样品进行室内试验分析，确定有害气体主要成分为甲烷（CH_4）占比（85%～88%）、氮气（N_2）占比（8%～10%）、氧气（O_2）占比（2%～

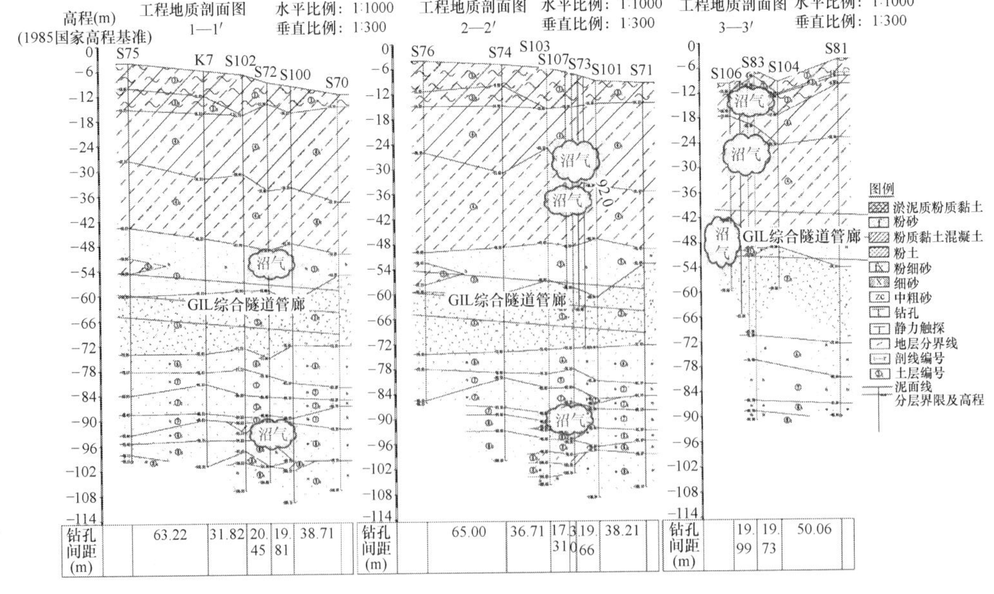

图 2.12　有害气体地层分布示意图

3%），符合典型生物成因浅层气特征，可判定为生物成因浅地层天然气。S83 号钻孔实测的关井气体压力为 0.25～0.30MPa，计算可得气体压力不大于其上覆水土压力之和，属正常压力范围。有害气体呈扁豆体状、团块状、囊状局部集聚分布，静探孔实测单一储气点最大储量约为 5.0m^3。根据气体储存深度和钻探过程中泥水喷发情况分析，部分储气点气体压力及储气量高于实测值。因有害气体分布地层的下部以砂层为主，且水气贯通性较好，气体具有向盖层底部集中趋势[6]。

2. 地温检测

由于隧道埋深较大，在勘察过程中采用钻孔法测地温，利用电阻式井温仪通过测量钻孔水温测定土体温度。选取隧道南段 C6 号和北段 2C1 号两个钻孔位置，进行扫孔钻进至 90m 和 100m，采用“锐界”系列地下水液位、温度自动记录仪，对孔内水温按 1m 间距从上至下进行测量，获取水温随深度的线性变化间接测得地温。检测结果显示，地温随深度的变化在 1℃左右，C6 号地温变化范围 17.7～18.8℃，2C1 号地温变化范围 18.8～19.5℃，整体表现为随着深度增加地温呈阶梯式增加趋势（图 2.13）。测试点中未发现地温异常区域，盾构区间上下洞径范围内地温基本恒定。

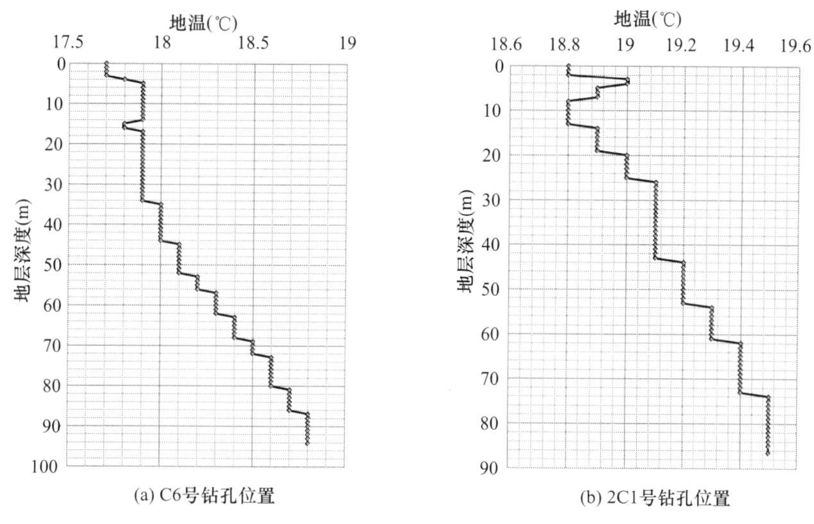

图 2.13　地温随深度变化曲线

2.4　管廊线位设计

由于已经确定苏通管廊过江方案，且电网其他区段已按规划实施建设，因此南岸（苏州）引接站、北岸（南通）引接站址已经确定，线位起终点基本稳定，调整局限于江中段且幅度有限。

2.4.1　隧道路线待选方案

1. 工作井位置确定

越江隧道距离长、盾构断面大，为保证汛期及快速施工阶段管片箱涵及时供应、最大限度缩短盾构设备进场及组装时间，场地布置规划时采取“以空间换时间”的方针，使始发工作井位置尽量靠近物流运输中心，南岸始发井紧邻常熟电厂重件码头，便于盾构机和管片运输进场。始发井西侧为常熟电厂及苏通大桥展览馆，东侧为空旷规划用地，距离长江大堤约 300m（图 2.14）。北岸接收井距离长江大堤约 300m（图 2.15），西侧为江苏韩通赢吉重工有限公司，右侧为规划的“航母世界”旅游文化项目用地，采用人工吹填地基。

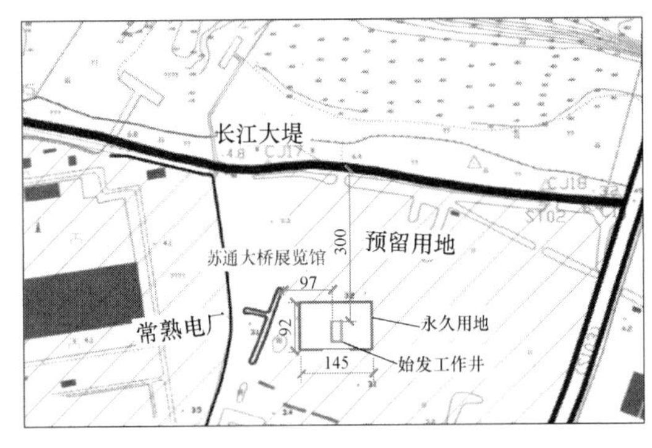

图 2.14　南岸始发井选址布置示意图

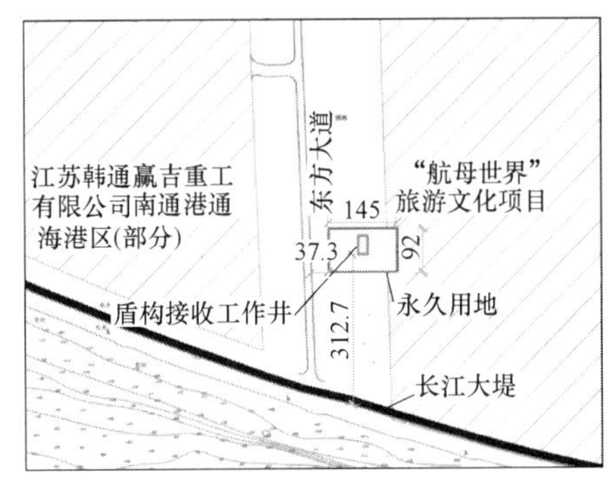

图 2.15　北岸接收井选址布置示意图

2. 平面线位方案

根据工作井位置、线位与江中深槽的关系，拟定如下三条线位（图 2.16）：

线位一：避开深槽宽口部分，结合预估河势发展情况，线位设定从深槽窄口部分通过，槽宽约 50m，现状河床底标高约为－42m，盾构隧道里程长度 5468.5m，平曲线半径 2000m；

线位二：取为两个工作井之间直线通过，该线位直穿最宽最深冲槽，槽宽约 400m，现状河床底标高约为－50m，盾构隧道里程长度 5375.0m；

线位三：绕过整个－40m 主深槽区，现状河床底标高－38m，盾构隧道里程长度 5765.5m，平曲线半径 1500m[7]。

考虑到相比线位一，线位三河床标高仅抬高约 4m，但隧道长度增加了 297m，且距离既有苏通大桥仅约 180m，线位处于苏通大桥桥墩冲刷区影响范围内，存在安全隐患；相比线位二，线位三的安全性和经济性均处劣势，故不考虑线位三。后面将结合纵断面线形设计、安全性、经济性及技术难度等方面对线位一和线位二进行比选。

2.4.2　纵断面线形设计

1. 纵断面控制因素

通航水域下构筑物埋置深度要考虑两个方面条件：一是确保船舶在通过水下建筑物所在水域时的航行安全，二是确保水下建筑物自身的安全。苏通 GIL 综合管廊埋深主要考虑河床冲刷深度、远期规划航道标高、船舶应急抛锚安全深度、抗浮稳定性及安全施工覆土要求等方面因素。

（1）河床冲刷深度

根据苏通 GIL 综合管廊工程开展的河势演变、泥沙数学模型、动床物理模型等专题研究成果，结合长江其他工程动床模型试验成果，取百年一遇冲刷深度 5m，深槽扩幅槽

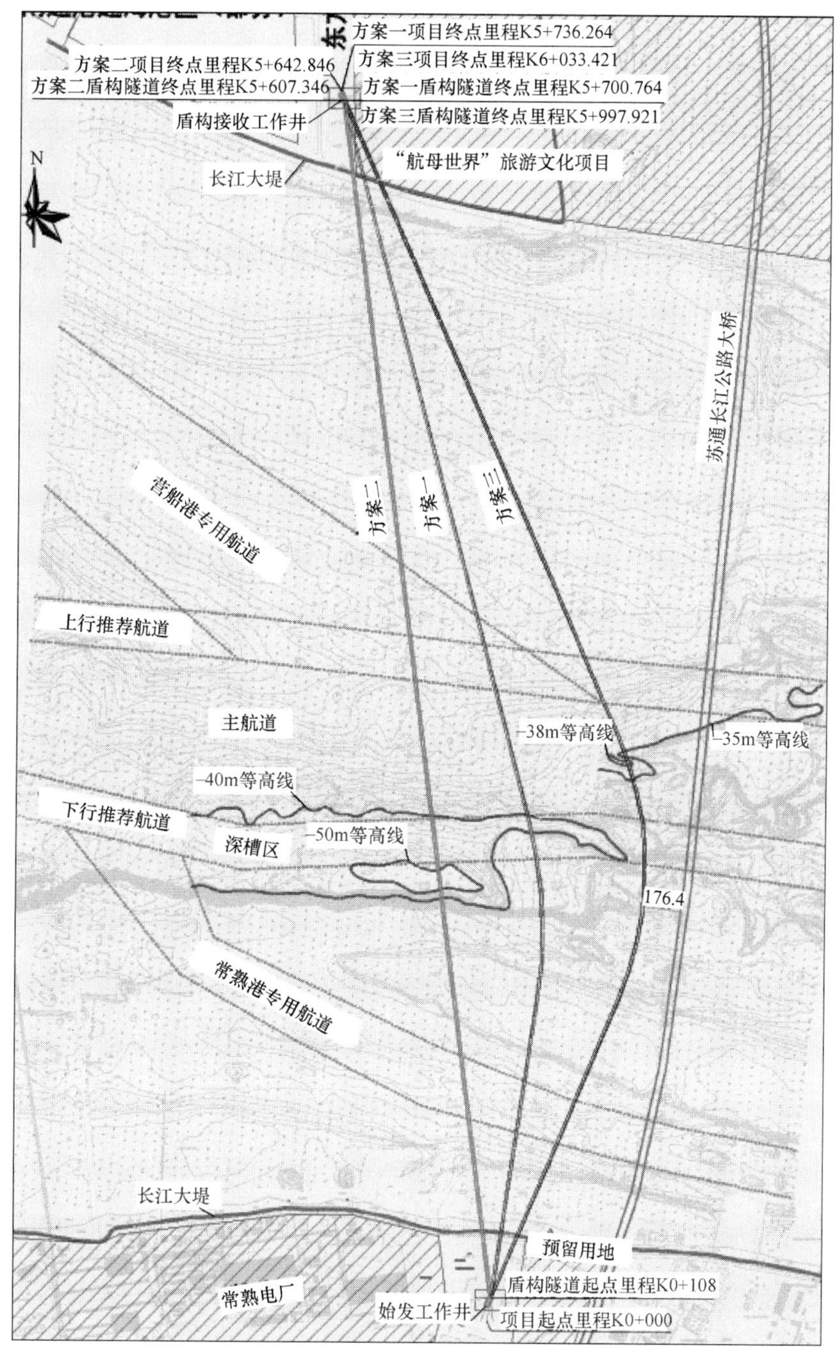

图 2.16 三种方案的平面线位示意图

两侧各取 300m。对于线位一而言，断面最低点底标高为－57.0m（深槽稳定性分析成果），对于线位二而言，断面最低点底标高为－63.6m（物理模型试验成果）。

（2）远期规划航道标高

根据《长江干线通航标准》JTS 180—4—2015 水下过河建筑物顶部设置深度不得小于远期规划航道底标高以下 4m。同时还需考虑局部河床下切、航行船舶紧急抛锚等影响。据此要求，线位一隧道结构顶标高应不高于－58.0m，线位二应不高于－68.0m。

（3）船舶应急抛锚对覆土的要求

对于苏通 GIL 综合管廊工程而言，隧道结构上覆地层为粉细砂，船舶应急抛锚时，隧道上部最小覆土厚度取 5.0m，线位一隧道结构顶标高应不高于－68.6m，线位二结构顶标高应不高于－62.0m。

（4）抗浮稳定性及施工安全覆土要求

为满足施工最小安全覆土要求，同时满足河床最低点包络线以下运营期隧道的抗浮稳定性要求，隧道最小覆土厚度取为河床最低点包络线以下 5.0m，百年一遇冲刷条件下最小覆土厚度应≥1.0D（D 为洞径）。线位一隧道结构顶标高应不高于－59.0m，线位二应不高于－67.0m。

2. 线位一纵断面

根据上述限制要求，设计线位一最大纵坡 3.1%，结构最低点底标高－71.7m（图 2.17），经过冲刷槽宽 650m，槽底标高－47m（百年一遇）（图 2.18）。

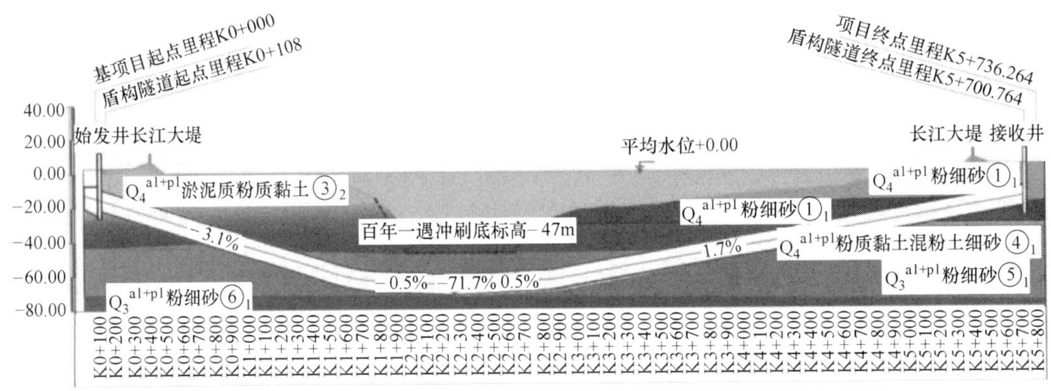

图 2.17　线位一纵断面示意图

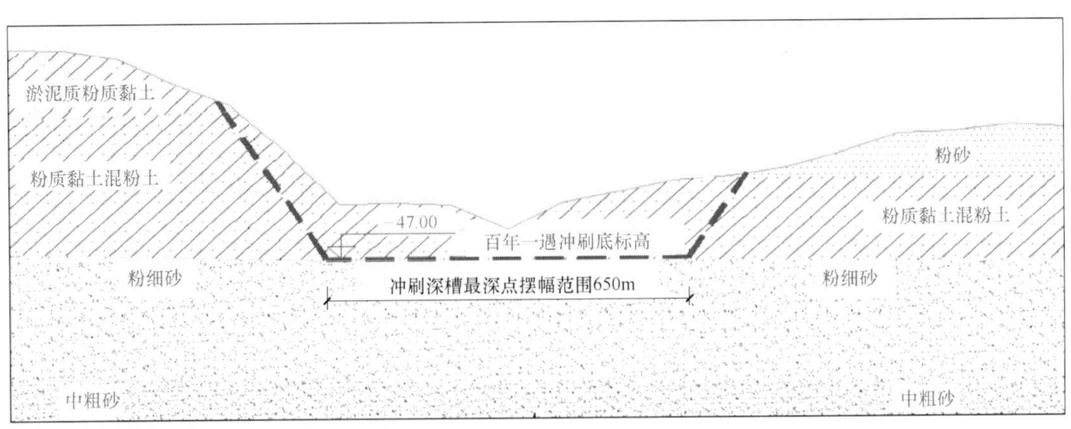

图 2.18　线位一冲槽形态（百年一遇）

3. 线位二纵断面

根据上述限制要求，设计线位二最大纵坡 3.8%，结构最低点底标高－80.6m（图 2.19），经过冲刷槽宽 1000m，槽底标高－55m（百年一遇）（图 2.20）。

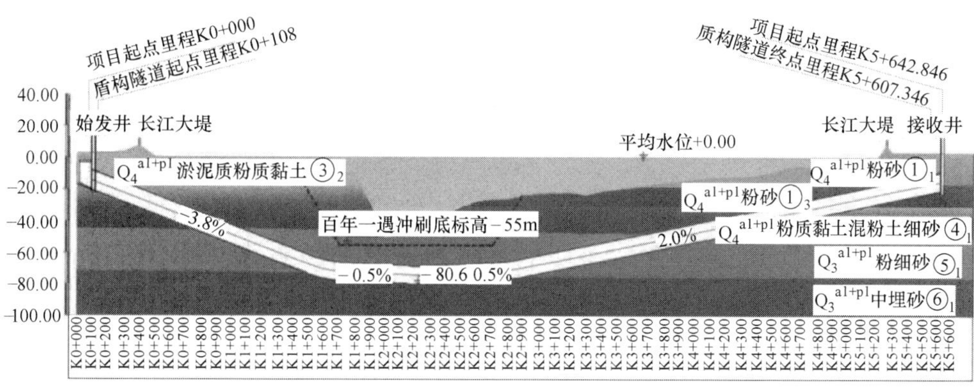

图 2.19 线位二纵断面示意图

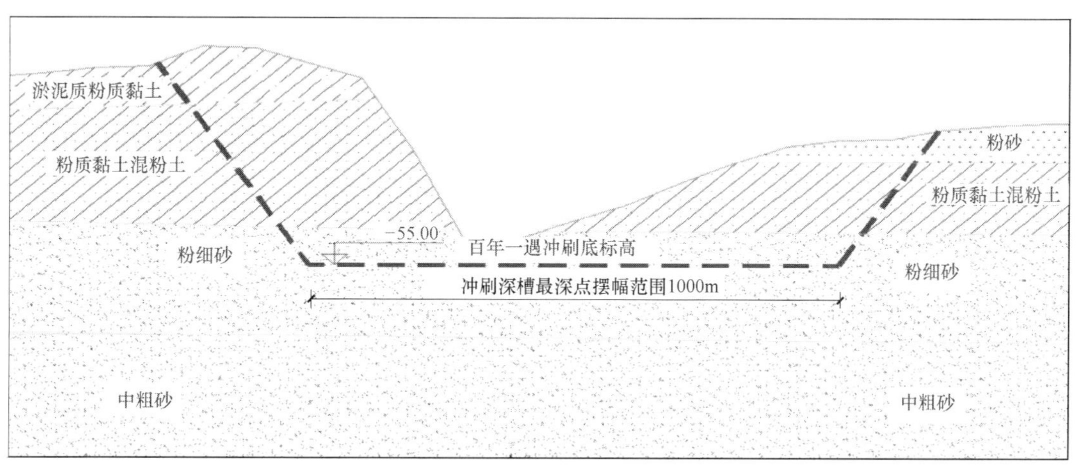

图 2.20 线位二冲槽形态（百年一遇）

4. 线位一、二纵断面主要特征

线位一、线位二纵断面主要特征归纳如表 2.14 所示。

线位一、线位二纵断面主要特征对比分析 表 2.14

序号	项目	线位一	线位二
1	盾构段长度（m）	5468.5	5375.0
2	平面控制因素	苏通大桥展览馆（水平净距 32.13m）	苏通大桥展览馆（水平净距 9.97m）
3	最低点标高（m）	−74.83	−80.93
4	最大水压力（bar）	7.98	8.58
5	水压大于 6bar 段长度（m）	1621	1796
6	水压大于 7bar 段长度（m）	1034	996
7	水压大于 8bar 段长度（m）	0	596
8	穿越砂层段长度（m）	3703	4497
9	$N>50$ 砂层段长度（m）	3330	3700
10	施工期深槽覆土（m）	21.30	17.60
11	施工期江中最小覆土（m）	16.20	15.60
12	施工期江中最大覆土（m）	42.86	55.50

线位一水压大于 6bar、7bar、8bar 段的长度为 1621m、1034m、0m，线位二为 1796m、996m、596m。线位一穿越标贯值 50 以上的密实砂层长度为 3330m，线位二为 3700m[8]。

2.4.3 线位比选

1. 盾构机选型

结合线位一、二的具体特征，两者在盾构机选型方面的需求基本一致，选择线位二时盾构机承受的水土压力略大。盾尾均采用 4 道钢丝刷＋1 道钢板束＋1 道止浆板＋1 道冷冻管的密封形式，主轴承均采用唇形密封，外密封 4 道，内密封 2 道。通过向盾构设备制造厂家询价，线位二的盾构机采购费约比线位一高 1000 万元。

2. 隧道结构及防水设计

通过选取线位一和线位二的典型断面，采用梁弹簧模型与均质圆环模型进行结构计算分析。由于隧道地质条件的局部差距，不同计算断面的内力互有高低。总体而言，线位一和线位二隧道的平均配筋量基本相当。

线位一和线位二的最大水压分别为 0.80MPa 和 0.86MPa，从管片防水设计上来说属于同一量级，防水设计方案基本相同。环缝和纵缝拟采用两道防水，外侧使用三元乙丙弹性密封垫＋聚醚聚氨酯弹性体，内侧使用三元乙丙弹性密封垫。

3. 盾构掘进施工和工期

线位方案对盾构掘进和项目工期的影响主要体现在如下几方面：

（1）刀具更换与工期

盾构机在标贯值 50 以上的密实砂层［如：⑤$_2$ 细砂（N＝70.3）、⑥$_1$ 中粗砂（N＝68.2）等］中掘进时刀具磨损急剧增加。参照以往类似工程经验，盾构机在普通砂土地层中平均每掘进 800m 一般需要进行一次换刀，而在标贯值超过 50 的密实砂层中平均每掘进 300m 一般需要进行一次换刀。采用常压换刀方式全轨迹更换一次刀具需要约 20d 时间，而采用饱和气压带压换刀全轨迹更换一次刀具需要约 60d 时间。

实际操作中由于越靠近外圈的刀具行程越长，磨损越严重，一次换刀并非全轨迹（约 80 把）全部更换，平均每次需要更换 30%～50%的常压刀具。常压换刀按每把刀具更换综合费用约 3 万元测算，平均每次常压换刀费用约 100 万元。线位一在标贯值 50 以上的密实砂层中掘进长度约为 840m；线位二在标贯值 50 以上的密实砂层中掘进长度约为 1220m；线位二比线位一需多更换 1 次刀具，施工工期延长 7～10d，换刀费用增加约 100 万元；而线位一比线位二掘进距离长 115m，掘进工期增加约 10d。因此，线位一和线位二的整体工期基本相当。

（2）泥水分离难度

③$_6$ 粉质黏土、④$_1$ 粉质黏土混粉土和④$_2$ 粉土地层中颗粒粒径小于 0.045mm 的黏粒含量平均含量超过 50%，盾构掘进过程中会造成废浆处理量大，工程成本增加等问题。线位一在③$_6$ 粉质黏土、④$_1$ 粉质黏土混粉土和④$_2$ 粉土地层中掘进长度约 2800m；线位二在③$_6$ 粉质黏土、④$_1$ 粉质黏土混粉土和④$_2$ 粉土地层中掘进长度约 3080m。线位二废浆处理费用比线位一高约 350 万元。

（3）高水压施工风险方面

对于高水压盾构隧道掘进风险，通过对纵断面进行对比可知：6.0bar 以上水压盾构掘进长度，线位二比线位一长 384m；7.0bar 以上水压盾构掘进长度，线位二比线位一长 260m；8.0bar 以上水压盾构掘进长度，线位二为 592m，线位一为 0m（表 2.15）。因此，高水压条件下掘进距离线位二明显长于线位一，且线位二需要在 8.0bar 水压条件下进行 1～2 次换刀。

高水压条件下不同线位中盾构掘进长度对比表 **表 2.15**

序号	项目	线位一	线位二
1	6.0bar 以上水压掘进长度(m)	1397	1781
2	7.0bar 以上水压掘进长度(m)	732	992
3	8.0bar 以上水压掘进长度(m)	0	592

目前国内在 6.0～7.0bar 水压条件下已成功进行了多次常压换刀作业，并具有带压作业经验。但在 7.0bar 以上水压条件下进行常压换刀作业经验较少，带压作业经验更少。高水压条件下，带压进舱作业或更换盾尾刷风险较高。综上所述，线位二施工风险略高于线位一。

4. 运营维护

由于线位一和线位二的隧道长度差别很小，因此运营期通风、排水、照明、防灾等方面的差别也很小，需要重点关注河床冲刷对隧道安全的影响。两个线位纵断面设计方案均能满足专家评审意见中提出的百年一遇冲刷条件下隧道抗浮稳定性、20 万吨海轮抛锚等特殊情况下的隧道安全要求。

5. 线位比选综合意见

综合盾构机选型、隧道结构和防水设计、掘进难度及工期、施工风险、工程造价、运营维护等因素，尽管线位一工程造价相对较高，但是线位一与既有施工经验和实例更接近，施工风险相对较小，可以采取应急预案措施保证结构安全，综合各方面因素考虑选择线位一。

2.4.4 隧道路线最终方案

1. 平面设计

隧道起点里程 DK0+000，南岸接 108m 长明挖隧道（含始发工作井）用于盾构始发安装后配套设施，向北下穿苏通大桥展览馆东侧（水平净距 32.13m），随后下穿南岸长江大堤进入长江河道，下穿常熟港专用航道后在江底采用 2000m 半径平曲线，过渡穿越既有－40m 深槽区向北走行（距离－50m 深槽约 320m），依次下穿长江主航道及营船港专用航道，北岸接 35.5m 长明挖隧道（含接收工作井）用于盾构拆解和 GIL 接入（图 2.21），盾构段总长度 5468.5m。

2. 纵断面设计

线路出南岸始发工作井以 5.0%的大坡度下行 420m，后接 2.35%的坡度下行 850m，后继续以 5.0%、0.5%的坡度下行，坡长分别为 360m、300m 至隧道最低点（最低点位置隧道结构顶面标高－63.23m、底面标高－74.83m），后相继以 0.5%、3.1%的坡度上行 300m、580m 后接 0.5%的上坡，坡长 2119m，最后以 5%的上坡，坡长 549m 到达北岸接收井（图 2.22）。

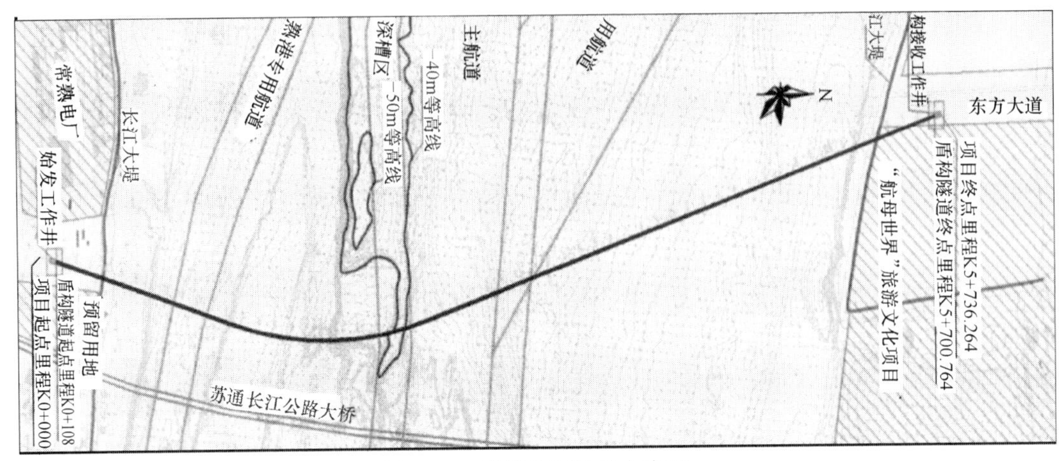

图 2.21　隧道平面设计方案图

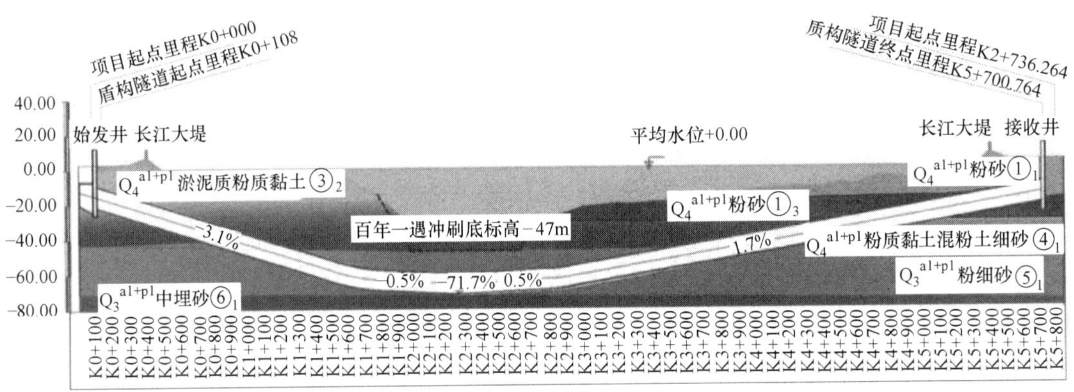

图 2.22　隧道纵断面设计方案图

2.5　管廊结构及抗震设计

2.5.1　结构设计

由于工程具有大直径、长距离掘进、高水压、地质及河势复杂等特点。本节对工程总体设计成果，如平纵断面、横断面布置、隧道结构等关键技术问题进行了分析，其设计标准、工作思路、创新理念、建设经验等可以为类似工程提供参考[9]。

1. 横断面设计

管廊横断面采用圆形布置，分上下两个部分。为便于 GIL 运输安装和检修维护，两回 GIL 管道分别垂直布置在管廊上层两侧。管廊下层两侧预留两回 500kV 电缆廊道，中间箱涵设置人员巡视通道。根据特高压 GIL 设备外形尺寸，考虑安装维修，结合 500kV 电缆、管廊结构、通风辅助设施等布置要求，确定隧道内径为 10.5m，管片外径为 11.6m（图 2.23）[10]。

2. 管片设计

考虑地质及水文条件，结合结构安全性，苏通 GIL 综合管廊工程采用 C60 单层钢筋

混凝土管片，内径 10.5m，外径 11.6m，管片厚度 0.55m，幅宽 2.0m（图 2.24）。管片采用“7+1”分块方式，通用楔形环，楔形量 36mm，满足施工纠偏需求。管片结构采用错缝拼装方式，环缝设置 22 根 M40 斜螺栓，纵缝设置 24 根 M36 斜螺栓。为增强环间抗剪能力，减少环间变形，在衬砌环缝设置 22 个分布式凹凸榫[11,12]。

根据不同水土压力，设计了 A、B、C 三种不同配筋的管片型号，其中 A 型管片含钢量最低（145kg/m^3），B 型管片含钢量居中（162kg/m^3），C 型管片含钢量最高（185kg/m^3），隧道管片整体平均含钢量 167.7kg/m^3。

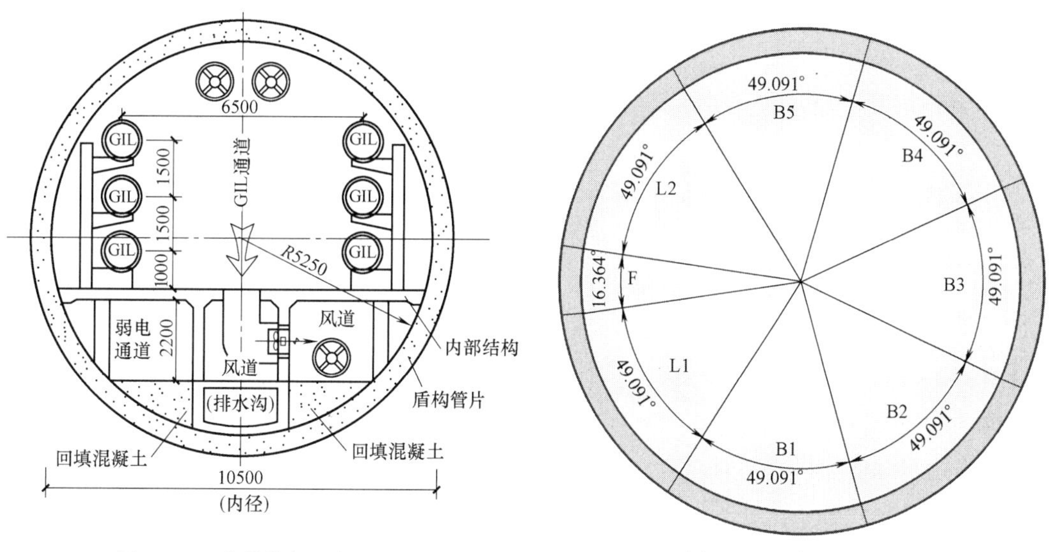

图 2.23 隧道横断面布置图

图 2.24 衬砌环布置图

3. 盾构内部结构设计

管片内部结构采用“中间预制箱涵+两侧现浇车道板”形式（图 2.25）。中间箱涵高度 4.15m，顶宽 4.0m，纵向长度 1.33m，箱涵纵向采用螺栓连接。

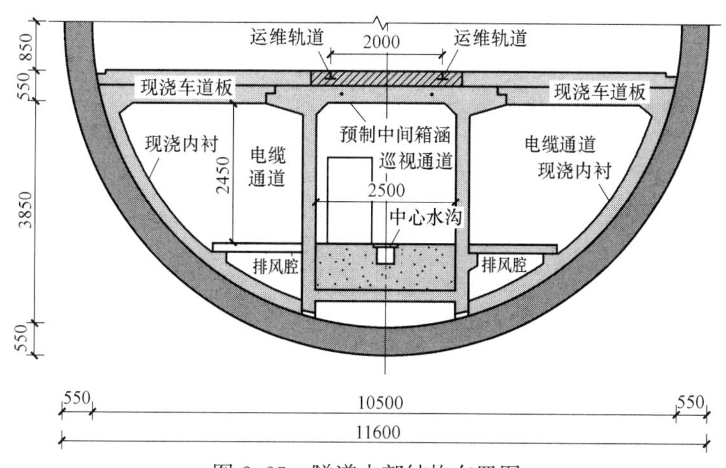

图 2.25 隧道内部结构布置图

4. 工作井设计

（1）盾构始发井与接收井埋深

考虑到苏通 GIL 综合管廊功能的特殊性，为保证项目运营期周围环境安全，隧道始发井及接收井埋深暂取为 12.9m，约 1.1 倍洞径（图 2.26）。

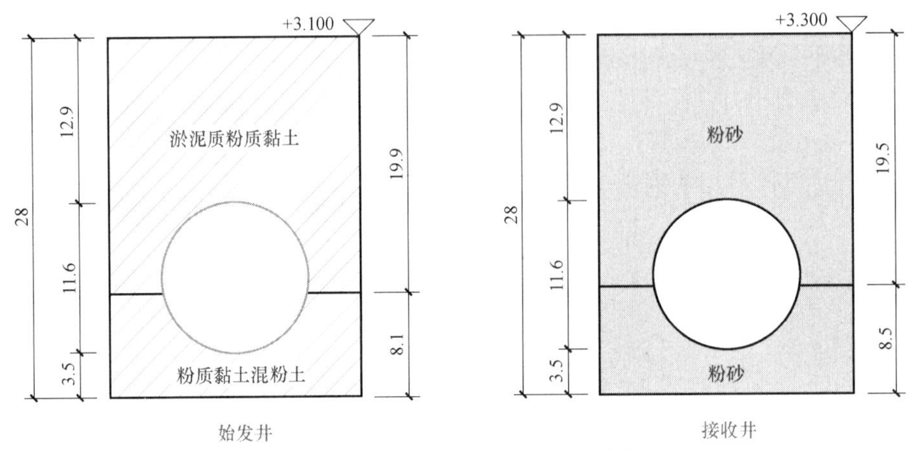

图 2.26　盾构始发井及接收井地质剖面图

（2）工作井结构

南北两岸工作井结构一致，平面外包尺寸为 35.5m×21.0m，场地标高＋0.0m（绝对标高＋3.3m），底板埋深约为 26m，基坑深度约 28m。考虑工作井的使用功能，结合围护支撑体系的布置，沿工作井深度方向布置多道环梁，在上缘设置一道大型的环梁，盾构底部由工作井底板提供大刚度支护，共同形成合理的空间受力体系。沿工作井竖向在内衬墙内设置暗柱，构成竖向框架体系（图 2.27）。工作井采用逆作法施工，地下连续墙与主体结构侧墙形成叠合墙结构，共同受力[13]。

2.5.2　抗震设计

1. 抗震设防标准及原则

抗震设防类别为甲类，按 8 度设防并采取构造措施。抗震计算按一百年基准期超越概率 10％的地震动参数计算，并按超越概率 2％的地震动参数进行校核。结构抗震设计主要考虑结构整体安全，允许出现裂缝和塑性变形，应具有必要的强度和良好的延展性。由于地震波长通常小于隧道区间长度，地下结构纵向将产生不同相位变形。此外，隧道沿线地层突变处、不同形状和刚度的结构连接处均存在一定变形。需要在刚度突变处、埋深突变处及地质突变处设置变形缝，允许其在一定限度内变形。

2. 物理模型试验

同济大学在设计过程中完成了对工作井和盾构隧道连接段进行的 1∶20 物理模型试验（图 2.28）。

根据物理模型试验结果，所有试验工况均在盾构隧道-工作井对接环缝位置出现最大环缝张开量，100 年超越概率 10％条件下的最大环缝张开量为 1.3mm，100 年超越概率 2％条件下的最大环缝张开量为 2.3mm（图 2.29）。隧道与工作井相接的 6 环地震响应较为明显，环缝张开量较大。

西南交通大学利用多功能盾构隧道结构体加载装置，对苏通 GIL 管廊管片结构开展原型加载试验，通过管片衬砌结构的内力、变形、纵缝张开、螺栓应变和主筋应变等指标研究了围压、环间通错缝方式对管片衬砌结构的影响[14-17]。

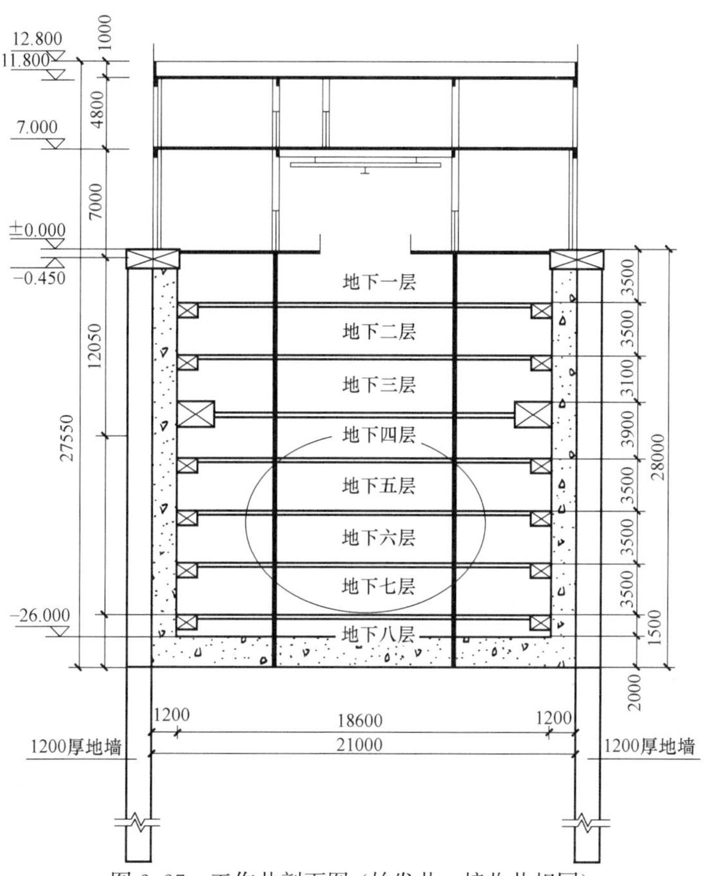

图 2.27 工作井剖面图（始发井、接收井相同）

(a) 装填土

(b) 模型拼装

(c) 模型埋置

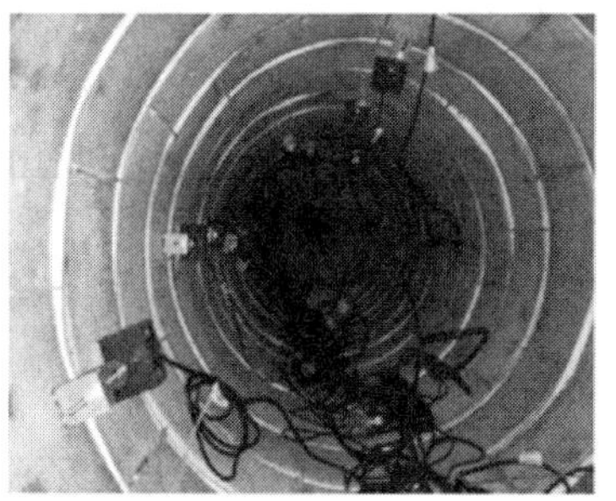

(d) 传感器安装

(e) 纵向钢丝预紧

(f) 模型土回填

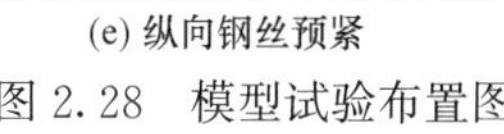

图 2.28 模型试验布置图

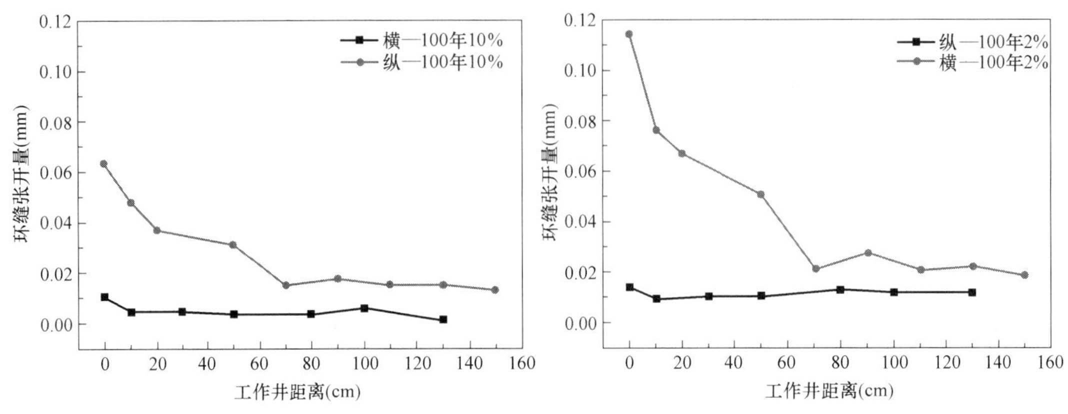

图 2.29 不同工况条件下的环缝张开量

3. 总体抗震设计

通过进行 100 年超越概率 10%工况和 100 年超越概率 2%工况下隧道纵、横向地震响应计算，结合物理模型试验成果，7 度设防烈度地震工况下隧道结构满足强度验算要求，7 度设防烈度地震工况下和罕遇地震工况下结构横向变形量满足变形限值和防水要求。

(1) 隧道段抗震构造

在盾构隧道与竖井连接的第二环、第四环、第八环、第十六环及地质变化相对剧烈位置设置柔性减震钢管片（大变形环），可采用屈曲约束支撑实现地震工况下管环的有限变形。

(2) 管片与竖井连接处减震构造

管片与地连墙之间充填减震泡沫，首环管片与洞口结构之间采用弹性密封垫进行防水，并实现柔性连接。

(3) 管片抗震构造

结合模型试验结果，针对抗震计算受力较大位置如工作井端头、地层过渡段，采用了端头加固、管片掺加钢纤维等加固措施。针对管片接头处使用高强螺栓连接，在管片环缝面设置分布式凹凸榫和橡胶垫板等构造措施（图 2.30、图 2.31）提高隧道段抗震能力。

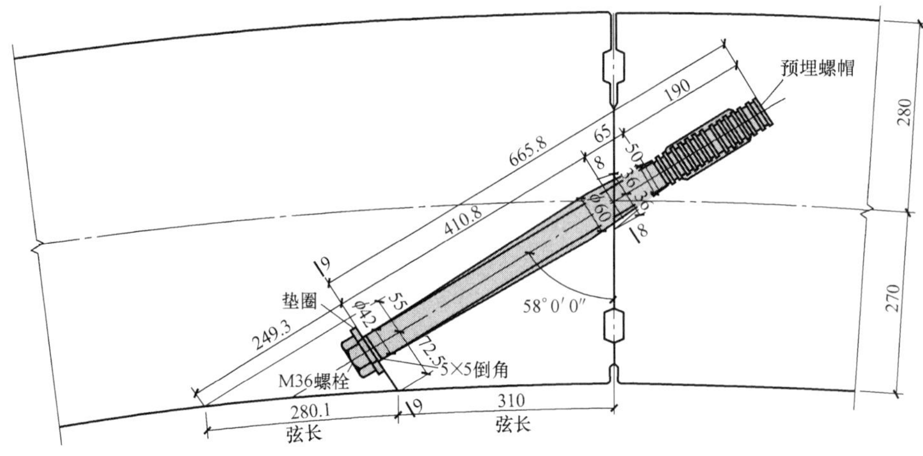

图 2.30 管片纵向连接构造图

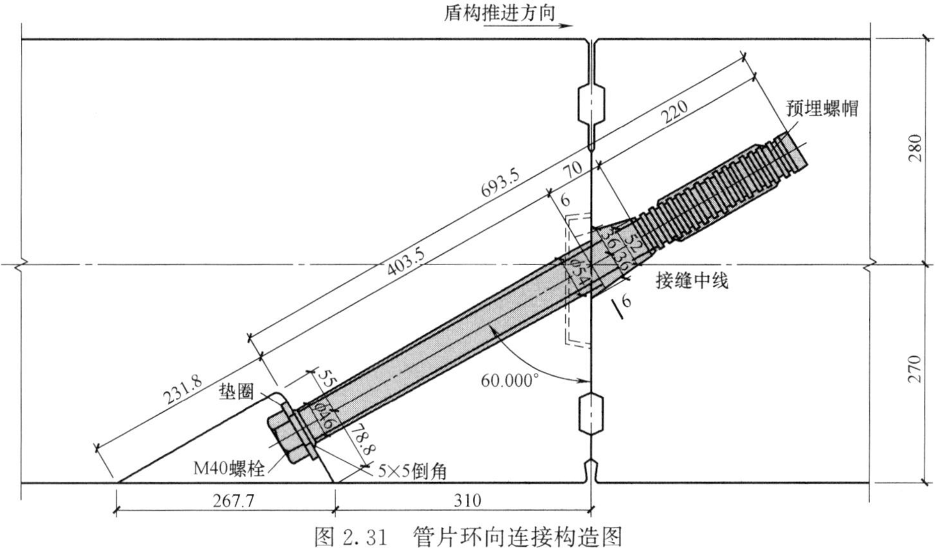

图 2.31　管片环向连接构造图

2.6　本章小结

本章主要介绍了苏通越江方案的勘测作业范围和技术手段，对勘察获取的地层物理力学参数、水文参数、不良地质分布、原位试验结果进行了评价分析。工程场地内第四系全新统及晚更新统沉积层厚度一致、层序完整、无活动断裂构造。地震基本烈度为 7 度，属于地震地质条件相对较好的稳定性场地。盾构掘进主要穿越地层⑤$_1$ 粉细砂为中等渗透性地层，建议采用抽水试验实测渗透系数作为设计输入。盾构掘进过程中长距离穿越高石英含量致密砂层，预计盾构刀盘和刀具磨损大。在长江深槽南段区（Ⅱ$_1$ 亚区）发现有害气体，其中甲烷（CH_4）占比（85%～88%）、氮气（N_2）占比（8%～10%）、氧气（O_2）占比（2%～3%），为生物成因浅地层天然气，成团块状、囊状局部集聚分布，实测气体压力为 0.25～0.30MPa。盾构穿越各岩土层地层结构及岩土工程特性详见表 2.16。

盾构段各岩土层地层结构及岩土工程特性　　表 2.16

时代成因	地层代号	地层名称	状态	工程特性
Q_4^{al+pl}	①$_1$	粉细砂	松散	中等压缩性,液化土,易流砂,工程性能差,Ⅵ级围岩
	①$_2$	粉砂夹粉土	稍密—中密	中等压缩性,液化土,易流砂,Ⅵ级围岩
	①$_{2-1}$	粉质黏土夹粉土	软塑	中等偏高压缩性,低强度,工程性能差,Ⅵ级围岩
	①$_3$	粉砂	中密	中等压缩性,Ⅵ级围岩
	③$_1$	淤泥质粉质黏土	流塑	高压缩性,低强度,工程性能差,Ⅵ级围岩
	③$_2$	粉砂	松散—稍密	中等压缩性,液化土,易流砂,Ⅵ级围岩
	③$_3$	淤泥质粉质黏土	流塑	高压缩性,低强度,工程性能差,Ⅵ级围岩
	③$_4$	粉质黏土与粉土互层	可塑	中等偏高压缩性,强度较低,Ⅵ级围岩
	③$_5$	淤泥质粉质黏土	流塑	高压缩性,低强度,高塑性,工程性能差,Ⅵ级围岩
	③$_6$	粉质黏土	软塑	中等偏高压缩性,高塑性,强度较低,Ⅵ级围岩
	④$_1$	粉质黏土混粉土	软塑	中等压缩性,强度较低,Ⅵ级围岩
	④$_{1-1}$	粉细砂	中密	低压缩性,Ⅵ级围岩
	④$_2$	粉土	稍密—中密	中等压缩性,易喷砂、冒水,Ⅵ级围岩

续表

时代成因	地层代号	地层名称	状态	工程特性
Q_3^{al+pl}	⑤$_1$	粉细砂	密实	低压缩性，富含地下水，Ⅵ级围岩
	⑤$_{1-1}$	粉土	中密—密实	低压缩性，Ⅵ级围岩
	⑤$_{1-2}$	中粗砂	密实	低压缩性，Ⅵ级围岩
	⑤$_{1-3}$	粉质黏土	可塑	中等压缩性，Ⅵ级围岩
	⑤$_2$	细砂	密实	低压缩性，富含地下水，Ⅵ级围岩
	⑤$_{2-1}$	中粗砂	密实	低压缩性，富含地下水，Ⅵ级围岩
	⑥$_1$	中粗砂	密实	低压缩性，富含地下水，自稳性差，Ⅵ级围岩
	⑥$_{1-1}$	粉砂	密实	低压缩性，富含地下水，自稳性差，Ⅵ级围岩

基于江底区域勘测成果，从盾构机选型、隧道结构和防水设计、掘进难度及工期、施工风险、工程造价、运营维护等方面对三条越江隧道线位方案进行对比分析。线位三的盾构掘进距离最长，与既有苏通大桥仅距离约 180m，处于苏通大桥桥墩冲刷区影响范围内，隧道存在安全隐患。线位二盾构掘进距离最短，且直穿－50m 江底深槽区，相比线位一，线位二在 6.0bar 及以上水压下掘进距离长 384m，在黏土层掘进距离长 280m，施工风险和泥水分离难度都有增加。综合上述各方面因素考虑，确定采用线位一作为最终方案。

根据隧道电力布置，结合地层物理力学参数、水文地质参数及原位试验测试结果，完成了隧道内部结构、管片、工作井设计以及抗震设计内容，满足施工期和运营期安全需求。

参考文献

[1] 孙良育，姚麒麟，陈文祥. 苏通 GIL 综合管廊首级高精度控制网建立的原则与实施 [C] //第十九届华东六省一市测绘学会学术交流会暨 2017 年海峡两岸测绘技术交流与学术研讨会. 济南，2017.

[2] 陈文祥，孙良育，陈纪峰，等. 长距离跨江高程传递在苏通 GIL 综合管廊工程中的应用 [J]. 电力勘测设计，2017 (S1)：112-117.

[3] 孙涛，陈福广. 安全为计主动出击——南通海事全力保障苏通 GIL 管廊工程建设 [J]. 中国海事，2017 (3)：68-69.

[4] 赖浩然，黄常元，刘学增，等. 超载对淤泥质地层隧道结构受力性能影响分析——以苏通 GIL 综合管廊越江盾构隧道为例 [J]. 现代隧道技术，2018，55 (5)：88-96.

[5] 刘学增，韩先才，黄常元，等. 粉土层越江盾构隧道结构受力演化分析和安全评价方法——以苏通 GIL 综合管廊为例 [J]. 隧道建设（中英文)，2018，38 (10)：1612-1620.

[6] Tang S H，Zhang X P，Liu Q S，et al. Control and prevention of gas explosion in soft ground tunneling using slurry shield TBM [J]. Tunnelling and Underground Space Technology，2021：113.

[7] 王庶懋，何乃福，王虎，等. 苏通 GIL 综合管廊盾构法地面变形特征及预测研究 [J]. 电力勘测设计，2022 (5)：39-45.

[8] 付政康. 盾构法施工综合管廊关键技术研究型研究 [D]. 淮南：安徽理工大学，2017.

[9] 喻新强，肖明清，袁骏，等. 苏通 GIL 综合管廊长江隧道工程设计 [J]. 电力勘测设计，2020 (7)：2-7.

［10］ 石湛．国内首座1000kV交流特高压输变电水底大直径盾构电力隧道总体设计［C］//第七届全国运营安全与节能环保的隧道及地下空间学术研讨会．贵阳，2016：268-275.

［11］ 石湛．大直径水下盾构电力隧道管片结构设计［J］．科学技术创新，2019（5）：115-116.

［12］ 黄常元，孙文昊，涂新斌，等．苏通GIL综合管廊环间接头螺栓选型研究［J］．电力勘测设计，2020（10）：61-65，75.

［13］ 郑国栋．城市综合管廊盾构法施工设计及技术操作［J］．科技创新与应用，2021，11（18）：84-86.

［14］ Cao S，Feng K，Liu X，et al．Experimental investigation of the shear mechanism on mortise and tenon segment lining［J］．China Journal of Highway and Transport，2021，34（9）：273-84.

［15］ 郭文琦，封坤，苏昂，等．围压对错缝拼装管片衬砌结构力学性能的影响［J］．中国公路学报，2021，34（11）：200-210.

［16］ 梁坤，封坤，肖明清，等．水压作用对通缝拼装管片结构力学性能的影响研究［J］．岩土工程学报，2019，41（11）：2037-2045.

［17］ 苏昂，封坤，王宁华，等．苏通GIL综合管廊工程盾构隧道管片结构安全性评估［J］．隧道建设（中英文），2020，40（9）：1314-1323.

第3章　盾构机选型及基本性能分析

3.1　盾构机选型及比选原则

3.1.1　盾构机选型原则

与传统的人工开挖、明挖施工、浅埋暗挖等工法不同，盾构法施工主要依靠盾构机作为载体。因此，盾构机选型是决定安全高效施工的重要环节。盾构机选型主要针对工程特点及难点、隧道设计参数、施工工艺及条件、施工规范及标准要求，同时结合工程地质及水文地质条件选定盾构机的结构形式、驱动方式、主要技术参数、后配套配置，并根据要求等进行基本性能分析[1]。如表 3.1 所示，通过借鉴国内外大直径隧道盾构机选型及施工技术与经验[2]，综合考虑工程地质条件、隧道设计参数等因素的影响，从安全性、可靠性、适用性、经济性、先进性等角度进行分析[3]，选用合适的盾构机型可以确保隧道安全高效掘进。

国内外盾构工程案例　　表 3.1

名称	直径(m)	时间(年)	地质条件	最大水压(bar)	盾构选型
春风路隧道	15.80	2021	粗粒花岗岩、片岩、变质砂岩、砾砂等	5.9	土压平衡盾构
狮子洋隧道	13.61	2020	淤泥质砂层、石英砂岩、泥质板岩等	1.7	泥水平衡盾构
成都地铁 17 号线 1 号工程	8.60	2019	密实卵石土层、中密卵石土层、中密—密实粉细砂等	1.0	土压平衡盾构
南京和燕路隧道	15.07	2019	砂层、角砾岩、灰岩、砂岩等	7.9	泥水平衡盾构
西雅图 SR99 隧道	17.45	2018	—	—	土压平衡盾构
西安地铁 14 号线	6.00	2018	粉质黏土、中砂、砂砾等	3.0	土压平衡盾构
武汉和平大道南延工程	15.91	2018	粉质黏土、粉砂质泥岩、石英砂岩等	4.0	泥水平衡盾构
太原铁路枢纽西南环线东晋隧道	12.14	2018	以粉土、中砂、粉质黏土、新黄土、砾砂	1.0	土压平衡隧道
济南黄河隧道	15.76	2018	粉质黏土、细砂、钙质结核	6.5	泥水平衡盾构
武汉地铁 8 号线	12.51	2017	粉细砂、强风化砾岩、圆砾、中粗砂岩等	5.7	泥水平衡盾构

续表

名称	直径（m）	时间（年）	地质条件	最大水压（bar）	盾构选型
南京地铁 10 号线	11.60	2013	淤泥质土、粉质黏土、粉土、粉细砂、中粗砂等	6.5	泥水平衡盾构
成都地铁 2 号线	6.14	2009	黄土、粉质黏土、粗砂等	0.2	土压平衡盾构
南京长江隧道	14.93	2009	黏土、淤泥、粉细砂、卵砾石	7.5	泥水平衡盾构

3.1.2 盾构机类型比较

在水压较高的软土地层中通常采用密封式盾构进行隧道施工，主要包括泥水平衡式和土压平衡式两种类型（图 3.1）。其中，土压平衡盾构主要由刀盘、主驱动、推进系统、螺旋输送机、皮带输送机等部分组成，通过刀盘切削的渣土填充土仓，借助液压缸推力对作业面加压，以确保隧道掌子面稳定。盾构掘进过程中切削的土体通过螺旋输送机以及皮带输送机排出至地面。通过控制排土量与开挖量相适应（即：掘进过程中始终维持开挖量与排土量平衡），确保土仓内部土压力稳定在预设范围内。

(a) 土压平衡盾构

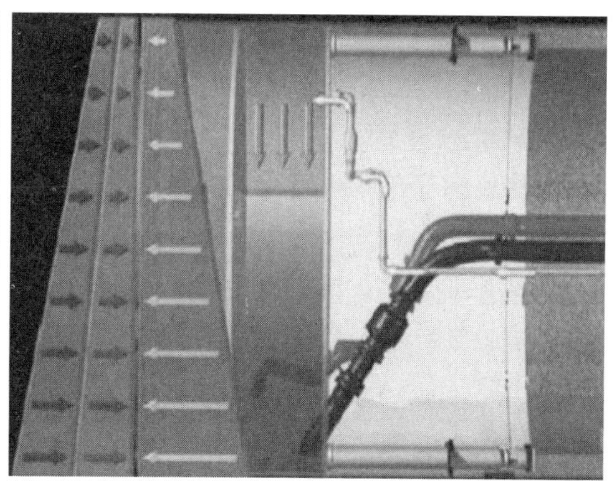

(b) 泥水平衡盾构

图 3.1　两种主要的密封式盾构机

泥水平衡盾构主要由刀盘、主驱动、推进系统、人舱、泥浆环流系统、管片拼装机等部分组成。通过在刀盘背部设置隔板，与刀盘之间形成泥水压力仓。在加压作用以及压力保持装置作用下，泥浆缓慢向隧道开挖地层中渗透扩散形成泥膜支撑开挖面稳定。泥浆由地面的泥浆制备系统配制后，经泥水输送泵加压后由管路输送至泥水仓中。泥浆在稳定开挖面的同时与刀盘切削下来的渣土混合，通过排浆泵和排浆管将切削下的渣土输送至地面，经由地面的泥水分离设备对含渣泥浆进行分离处理。

土压平衡盾构和泥水平衡盾构在开挖面稳定方式、地质条件、抗水压能力、压力波动敏感程度、地表沉降控制方式及效果、渣土处理、施工场地、工程成本等方面具有明显差异，两种密封式盾构的对比情况如表 3.2 所示[4]。

土压平衡盾构与泥水平衡盾构对比　　表 3.2

对比项目	土压平衡盾构		泥水平衡盾构	
	简要说明	评价	简要说明	评价
稳定开挖面	保持切削土仓压力，维持开挖面土体稳定	良	泥水压力使开挖面地层保持稳定	优
地质条件适应性	在砂性土等透水性地层中需要有特殊防护措施	良	适应性较强，细颗粒黏粒含量高时，泥水循环携渣能力下降	优
抵抗水压	依靠土仓压力及黏性土的不透水性抵抗水压	良	依靠泥水在开挖面形成泥膜以及泥水压力抵抗水压	优
压力波动敏感程度	(1)渣土压力波动敏感度较差，土压力传递速度较慢；(2)开挖面平衡土压力的控制精度较低，扰动较大，沉降变形控制精度低；(3)适合中小直径盾构施工	良	(1)泥水压力波动敏感，泥水压力传递速度快且均匀；(2)开挖面平衡土压力的控制精度高，扰动小，沉降变形控制精度高；(3)适合大直径盾构施工	优
控制地表沉降	保持土仓压力，控制推进速度，维持开挖量与出土量相等	良	控制泥浆质量、压力及推进速度，保持进、排浆量动态平衡	优
渣土处理	直接外运	简单	进行泥水分离处理	复杂
施工场地	占用施工场地较小	良	要有较大的泥水处理场地	差
工程成本	减少了泥水处理设备，只需配置添加剂注入设备即可，设备及运行费用低	低	增加了泥水制备、输送及分离设备，运行费用较高	高

3.1.3 盾构机选型影响因素分析

1. 盾构类型与土体参数的关系

通过对两种类型盾构的地层适应性进行对比可知：土压平衡盾构适用于粉土、粉质黏土、淤泥质粉土、粉砂等地层，泥水盾构适用于砂砾、砂、粉砂以及含水率高、固结松散易发生涌水破坏、开挖面失稳的地层。根据地层土体颗粒级配与盾构类型的关系（图 3.2），土压平衡盾构常适用于黏土、淤泥质土地层，其适用地层的颗粒级配范围及对应含量如图 3.2 中区域 A 所示；泥水平衡盾构常适用于砾石、粗砂地层，其适用地层的颗粒级配范围及对应含量如图 3.2 中区域 C 所示。此外，在区域 B 所代表的颗粒级配范围及含量的粗砂或细砂地层中，土压平衡盾构在使用时需要对土质进行改良。

通常情况下盾构在细颗粒含量高的地层中掘进时易形成流塑体，充满土仓后可以平衡开挖面水土压力。当地层中粉粒和黏粒的总量达到 40%时，选用土压平衡盾构较为合适，反之选择泥水平衡盾构比较合适。从工程地质条件可以看出，苏通 GIL 综合管廊工程选择泥水平衡盾构在粉细砂层和中粗砂层施工时，不需要土体添加剂来改善开挖面渣土性能，且泥水平衡盾构抵抗高水压能力和地表沉降效果均优于土压平衡盾构[5]，在本工程中适用性较好。

2. 盾构机选型与地层渗透性的关系

地层渗透性是影响盾构机选型的重要因素，盾构机型与渗透系数的关系如图 3.3 所示。当地层渗透系数小于 10^{-7}m/s 时，宜选用土压平衡盾构；当地层的渗透系数大于 10^{-4}m/s 时，宜选用泥水平衡盾构；当地层的渗透系数在 10^{-7}m/s～10^{-4}m/s 时，需要

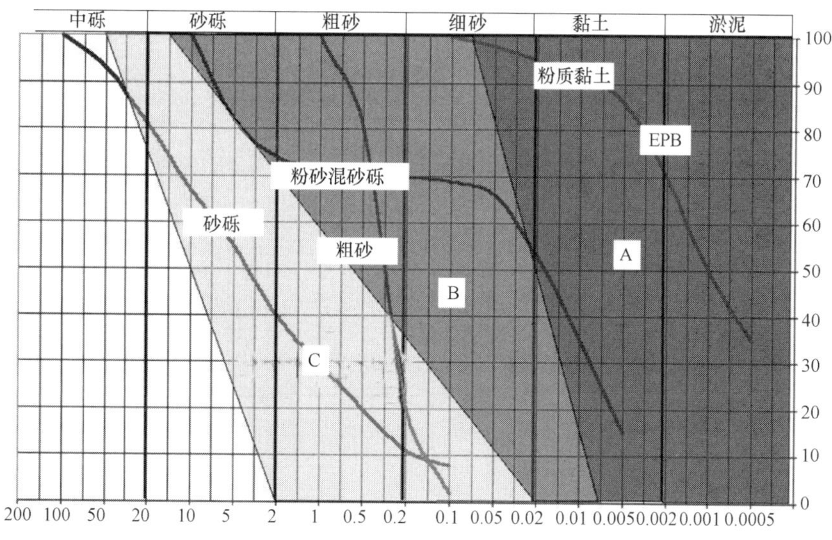

图 3.2 盾构类型与颗粒级配的匹配关系

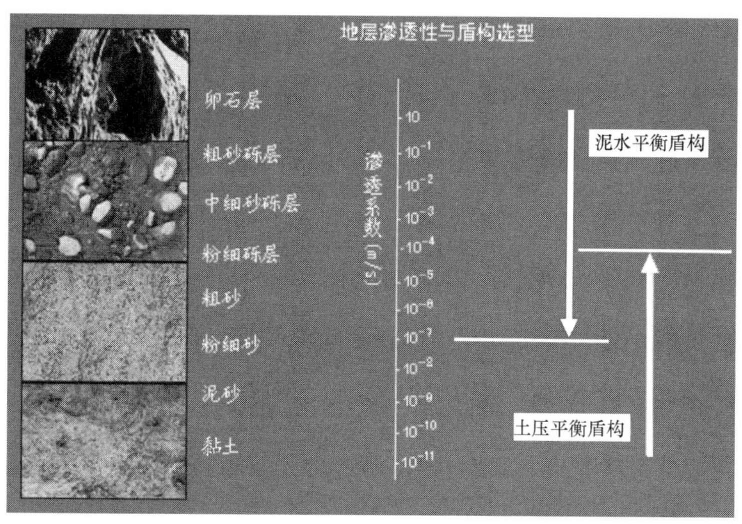

图 3.3 盾构机型与渗透系数的匹配关系

根据其他影响因素综合分析[6]。

3.1.4 盾构机选型分析

苏通 GIL 综合管廊工程盾构施工段地层以粉土、粉细砂及中粗砂为主，隧道开挖直径为 ϕ12.07m，开挖面直径大、自稳能力差，开挖仓压力波动较大；地层土体的渗透系数最大为 1.08×10^{-2}m/s，沿线最大水土压力达 9.8bar，一次独头掘进距离超过 5400m，需要承受高水压进行长距离掘进。结合项目实际情况对盾构机的适应性进行对比分析，如表 3.3 所示。

苏通 GIL 综合管廊工程盾构机适应性对比　　表 3.3

对比项目	土压平衡盾构机	泥水平衡盾构机
地层渗透性	渗透系数 $k>10^{-4}$cm/s，开挖仓内添加剂被稀释，不易形成具有良好塑性及止水性渣土，易发生喷涌	施工过程中需要对泥水质量、进排浆流量等泥水循环参数进行管理
开挖面稳定	土仓压力大于 3bar 时，螺旋输送机难形成土塞效应，排土闸门处易发生喷涌现象，引起土仓压力下降，导致开挖面坍塌	需要调控泥水压力及流量等盾构施工参数。泥浆在土层表面形成的泥膜能改善强透水砂层中隧道开挖面的稳定性
止水性能	止水性差	止水性好

当渗透系数大于 10^{-4} m/s 时，渣土不具备良好塑性及止水性，容易发生喷涌，引起土仓压力下降，导致开挖面坍塌失稳。此外，在富含水、透水性大的粉细砂及中粗砂层中，为保证土体具有良好流塑性以及止水性需要添加大量泡沫或泥浆材料；而在泥水平衡盾构中，对于透水性大的砂性土，泥浆能渗入到土层内一定深度，短时间内在土层表面形成泥膜，改善隧道开挖面稳定性。结合国内外大直径高水压盾构工程技术经验，土压平衡盾构在高水压强渗透地层中掘进存在一定的施工风险，无法满足苏通 GIL 综合管廊工程安全掘进需求。泥水平衡盾构相比于土压平衡盾构具有以下优势：

① 对地层的扰动小、地表沉降控制效果好，有利于保证隧道沿线地面建筑、地下构筑物的安全；

② 泥浆对切削刀具具有润滑作用，刀盘扭矩可减至土压平衡盾构的 1/3；泥浆循环系统排渣效率相对更高，可以缓解开挖仓内可能出现的渣土堆积问题；

③ 施工效率高、自动化程度高，更有利于保证施工安全。

因此，综合考虑上述因素，泥水平衡盾构对本工程的适用性相对更好。

3.2 刀盘刀具选型及参数配置

3.2.1 刀盘选型及参数配置

1. 刀盘基本型式

刀盘是盾构机的关键部件之一，具有开挖、稳定、搅拌等功能。按照结构型式可分为面板式、辐条式、面板＋辐条式三种类型，不同类型刀盘适用的地质条件和开口率如表 3.4 所示[7]。刀盘结构型式的确定通常需要考虑盾构类型、施工环境以及地质条件等多种因素。其中，泥水平衡盾构常采用面板式刀盘，土压平衡盾构常采用面板式或辐条式，而面板＋辐条式刀盘则对两种类型盾构均适用（图 3.4）。当土压平衡盾构采用面板式刀盘掘进时，土体经由刀盘面板的开口进入土仓，土仓压力与水土压力间易产生压力降，使得开挖面水土压力难以控制；而当土压平衡盾构采用辐条式刀盘时，刀盘开挖的土体直接进入土仓，辐条背后设有搅拌叶片，土砂流动顺畅，土压平衡容易控制。因此，对于砂卵石、黏土等均质软土地层，辐条式刀盘的适应性强于面板式刀盘。

不同形式刀盘对比分析　　表 3.4

名称	适用地层	开口率	备注
无刀盘(敞开式)	均质砂卵石、漂石地层等	—	含黏土类地层,开挖面不稳定时慎用
辐条式刀盘	砂卵石、无水黏土地层等	60%～70%	卵石粒径超过螺旋输送机排渣能力时慎用
面板+辐条式刀盘	复合地层、普通黏土、砂砾地层等	25%～45%	土压平衡盾构和泥水平衡盾构均可采用
面板式刀盘	富水地层、淤泥质土、粉细砂地层等	10%～20%	一般仅用于泥水平衡盾构

(a) 面板式

(b) 辐条式

(c) 面板+辐条式

图 3.4　三种形式刀盘对比分析

刀具是决定切削效率的关键因素之一。对于黏土、粉土或砂土等强度较低的软土地层，安装刮刀、先行刀等切削型刀具即可完成掘进。由于无需采用刀箱结构，选择辐条式刀盘可以满足要求；而对于风化岩层、复合地层或硬岩地层等抗压强度高的地层，需要安装滚刀进行破岩，辐条式刀盘强度难以得到保证，建议采用面板式刀盘进行掘进。

苏通 GIL 综合管廊工程选用泥水平衡盾构，沿线地层主要包括：淤泥质土、粉质黏土、粉土、粉细砂、中粗砂等地层，不含强度较高的风化岩层、复合地层和硬岩地层，盾构刀盘无需配备滚刀。为了满足开口率和渣土输送需求，建议选用面板+辐条式刀盘。

2. 刀盘参数配置

国内外工程案例中大直径泥水盾构刀盘一般采用 5 或 6 幅臂型。苏通 GIL 综合管廊沿线地层主要包括淤泥质土、粉质黏土、粉土、粉细砂及中粗砂等，开挖直径和土层类型与南京地铁 10 号线越江隧道相似，建议盾构刀盘采用 5 幅臂型。此外，刀盘强度、刚度、开口率、刀具选型、刀具数量与布置等结构与功能方面也可参考南京地铁 10 号线进行设计（图 3.5 和图 3.6）。

刀盘开口率是反映盾构机地质适应性的重要参数。松散地层自稳能力相对较差，盾构临时停机时开口位置的地层容易坍塌，因此，需根据地质条件、开挖面稳定性及掘进效率

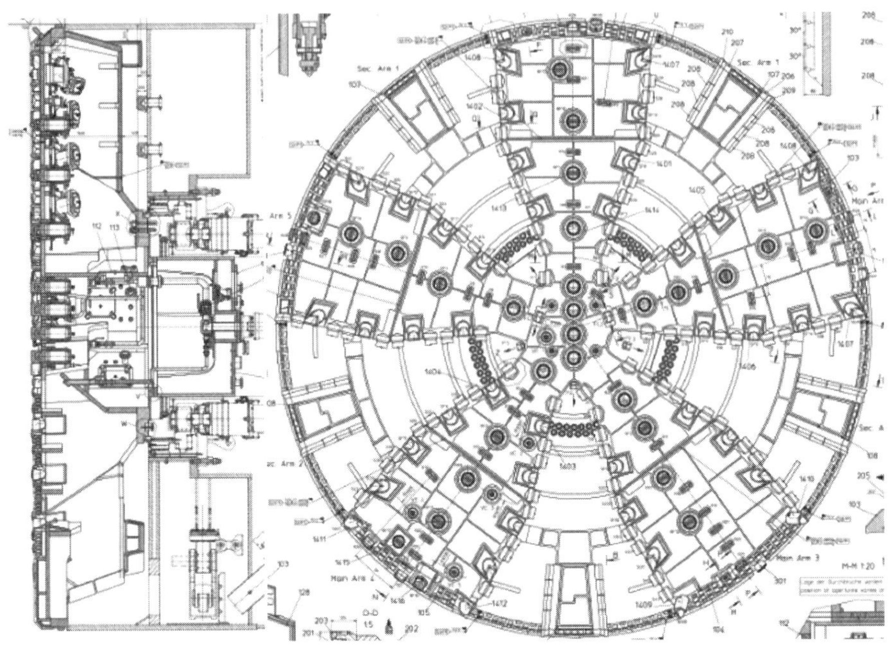

图 3.5　南京地铁 10 号线刀盘

等方面因素综合确定刀盘开口率。一般情况下，泥水平衡盾构开口率取 10%～30%，高黏性土层中可适当增大开口率。刀盘中心部位的线速度相对较低，黏土、粉土、膨润土等黏性土由于流动性较差极易沉积。因此，可以适当增大刀盘中心部位的开口率[8-9]。

苏通 GIL 综合管廊工程的黏土及淤泥质土地层极易出现结泥饼现象，刀盘需要具备较大的开口率。因此，考虑将刀盘开口率增加至 35%，以提高渣土的流动性。为了防止出现黏土结泥饼等不良现象，刀盘中心部位的开口率拟增加至 50%。刀盘开口部分设计为楔形结构，利于渣土流动。刀盘背面的支撑臂和搅拌臂将泥浆和渣土进行充分搅拌，以增强渣土的流动性，防止渣土沉积而造成堵塞和粘结。此外，盾构刀盘中心部位配备冲刷系统，设置大流量冲刷喷头（图 3.7），通过旋转冲刷防止刀盘中心区域以及切削刀具出现渣土淤积和泥饼粘结，有利于形成均匀的混合泥浆。

图 3.6　苏通 GIL 综合管廊刀盘

图 3.7　刀盘中心冲刷喷头

3. 刀盘耐磨设计及磨损检测装置

苏通 GIL 综合管廊需穿越长度约 3300m 的高石英含量致密砂层，石英含量最高达 74%，标准贯入击数超过 50，部分粗砂中夹杂卵砾石，预计刀盘的磨损较为严重。类似地质条件下的工程经验显示，刀盘磨损主要发生在外边缘部位以及出渣口附近。通过喷涂耐磨硬质堆焊层和焊接耐磨条等方式对刀盘的外缘进行耐磨设计，在重载格条上嵌入碳化钨进行耐磨防护（图 3.8）。并且，对刀盘进渣口周围进行硬化处理，进渣口和刀座处集中堆焊耐磨材料。

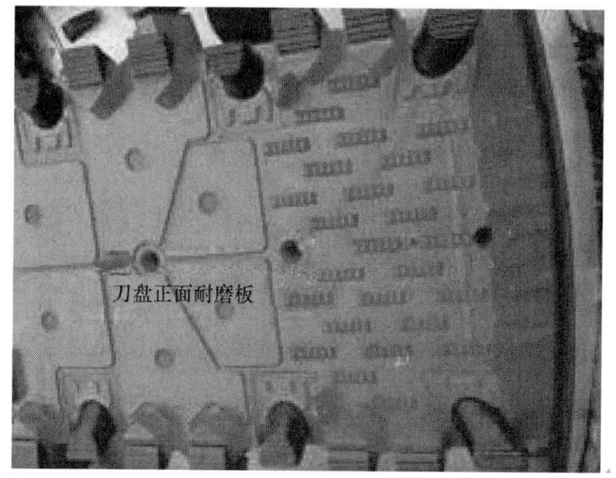

图 3.8　刀盘正面区和边缘部位增焊耐磨板

刀盘面板配置磨损监测装置（图 3.9），通过在刀盘上设置与刀盘相连的液压保压油路，安装压力表和压力传感器等检测装置，可以对保压油路中的油压进行实时监测。当刀盘磨损达到限定阈值时，液压油因泄露而失压，压力传感器产生反馈，从而实现盾构刀盘磨损监测。

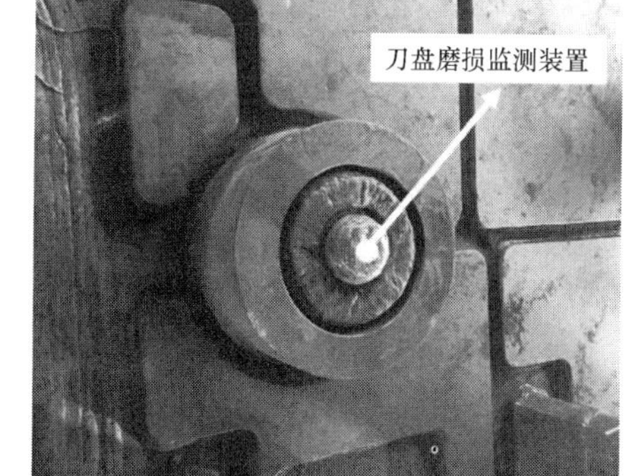

图 3.9　刀盘磨损监测装置

3.2.2　刀具选型及参数配置

1. 刀具种类和切削原理

盾构刀具根据切削原理、运动方式和功能特点可以分为切削刀、滚刀和辅助刀具。其中，切削刀主要包括齿刀、刮刀和先行刀等（图 3.10）。主要刀具的工作原理及使用情况如表 3.5 所示。

2. 刀具初步选型

苏通 GIL 综合管廊工程与南京地铁 10 号线工程地质条件相似，以砂土及黏土地层为主。结合南京地铁 10 号线工程经验，苏通 GIL 综合管廊工程拟配置常压更换先行刀、固定式先行刀、常压更换刮刀、固定式刮刀、边缘铲刀、软土式超挖刀（图 3.11）。其中，边缘铲刀配置在刀盘外缘，盾构在粉土、黏土及砂土地层中掘进时及时清除边缘渣土，确保刀盘开挖直径，减少刀盘外缘磨损。刀盘面板配置 1 把可以通过液压装置伸缩的超挖刀，通过适量扩挖可以确保盾构开挖直径。

(a) 先行刀

(b) 刮刀

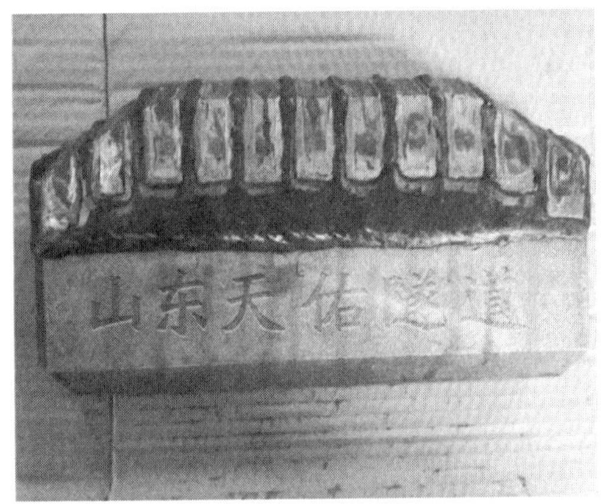

(c) 贝壳刀

(d) 中心滚刀

(e) 超挖刀

(f) 滚刀

图 3.10 主要刀具示意图

主要刀具的切削原理及适用情况 **表 3.5**

名称	切削原理	适用情况
刮刀	随刀盘旋转对开挖面土体产生轴向剪切力和径向切削力，致使开挖面土体切削剥落。一般布置在刀盘开口槽两侧	粒径小于 400mm 的黏土、砂土、卵石等松散体地层
先行刀	先于刮刀对土体进行犁松，可显著增加土体流动性，降低刮刀扭矩，提高切削效率，减少刮刀磨损。切削宽度一般窄于刮刀，切削效率较高	松散地层，尤其是砂卵石地层中先行刀使用效果十分明显

续表

名称	切削原理	适用情况
贝壳刀	一般用于切削砂卵石地层，可有效避免掘进时因挤压导致刀具发生较大变形，引起切削效率降低，甚至刀体发生破坏	常用于砂卵石地层
中心刀	布置在刀盘中部，一般超前600mm左右，切削刀盘中心部位的土体，改善渣土的流动性，提升盾构刀盘的切削效率	常用于软土地层
超挖刀	在曲线段掘进和转弯纠偏时，通过对周边土体进行适当扩挖创造所需空间，在适度扩挖且对周围土体扰动不明显条件下，确保曲线段掘进和转弯纠偏的顺利进行，一般布置在刀盘边缘部位	—
滚刀	依靠挤压和滚动产生冲击压碎和剪切碾碎作用破碎岩石。常用于含有粗颗粒的松散卵砾(漂)石地层以及地质条件复杂多变、土体交错出现的复合地层	硬岩地层、粗颗粒砾石地层、复合地层等

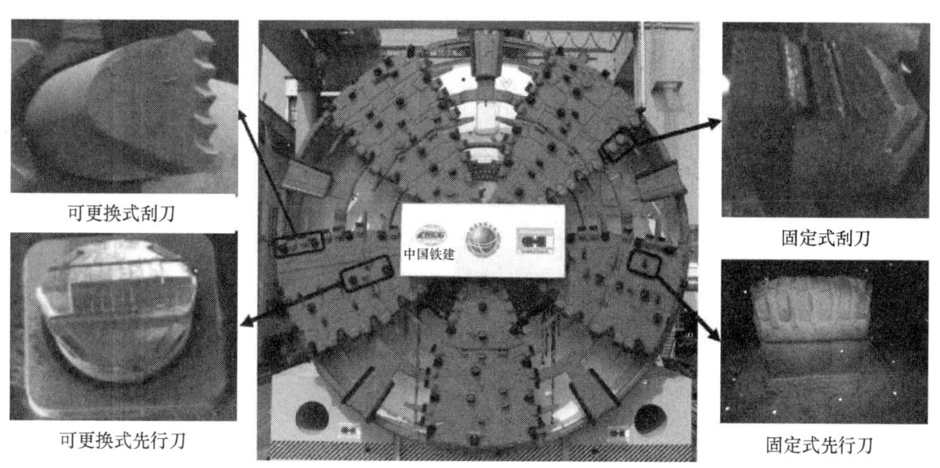

图3.11　刀盘选型及刀具配置

3. 刀具耐磨设计

苏通GIL综合管廊工程泥水盾构长距离穿越高石英含量致密砂层，且部分中粗砂中夹杂卵砾石，极易对盾构刀具造成较大磨损。通过对切削刀具进行耐磨优化设计，可以有效提高刀具的使用寿命，减少施工过程中水下换刀作业频率。在此对常压可更换刀具耐磨优化提出如下建议：

① 改善焊接材料质量，优化焊接工艺流程：通过采用耐磨性更好的焊料和先进的刀具合金焊接工艺能够降低先行刀焊接区磨损，提升合金与刀体之间的连接强度和先行刀的切削距离寿命；

② 提高刀体金属硬度，防止局部过度磨损：适当提高刀体硬度有助于提升刀具的整体耐磨蚀性能；

③ 增焊耐磨合金块体，改善刀体偏磨现象：对于斜装先行刀，可通过在刀体侧壁焊接耐磨合金块体提升刀具局部耐磨蚀性能，缓解刀体偏一侧磨损现象；

④ 强化边缘合金刀齿，避免刀刃偏磨问题：对于常压可更换刮刀，应适当强化边缘刀齿合金，提升其耐磨蚀性能，避免因刀齿不均匀磨损而导致刮刀提前更换致使利用效率下降，施工成本上升等一系列问题。

3.3 驱动及推进系统设计

3.3.1 驱动系统设计

1. 刀盘驱动方式

刀盘驱动系统是盾构机的重要组成部分，其主要功能是驱动刀盘旋转切削开挖面土体，以及搅拌密封仓内渣土。盾构刀盘驱动方式主要可以分为液压驱动、变频电机驱动和普通电机驱动。表3.6为三种驱动方式基本情况，可以看出采用变频电机驱动方式具有以下优点：

① 性能可靠，传动效率高；

② 连接方便，发热小，噪声低，维保容易，价格适中；

③ 调速方便，启动电流和起动冲击小。

目前大直径盾构刀盘普遍采用变频电机驱动方式[10]。

盾构机驱动方式比较 **表3.6**

项目	变频电机驱动	普通电机驱动	液压驱动方式
外形尺寸	中	大	小
配套设备	少	少	多
运行效率	0.95	0.9	0.65
启动电源	小	小	大
启动冲击	小	大	较小
转速控制	好	差	好
运行噪声	小	小	大
洞内温度	低	较低	高
设备费用	高	低	中等
维护保养	容易	易	困难

2. 刀盘扭矩计算

盾构刀盘装备扭矩由围岩条件、盾构机型、设备构造和开挖直径等因素决定，总扭矩为[11]：

$$T_0=T_1+T_2+T_3 \tag{3.1}$$

式中：T_1——开挖阻力矩；

T_2——刀盘正面、盾构外侧以及尾部的摩擦阻力矩；

T_3——机械及驱动阻力矩。

刀盘转矩与盾构直径密切相关，可以按照如下经验公式计算：

黏土地层：
$$T_0=a_1a_2a_0D=1.0\times0.7\times1.45\times12=12.18(\text{MN}\cdot\text{m}) \tag{3.2}$$

砂层：
$$T_0=a_1a_2a_0D=1.0\times0.9\times1.45\times12=15.66(\text{MN}\cdot\text{m}) \tag{3.3}$$

式中：a_1——刀盘支撑系数，对于中间支撑方式取1.0；

a_2——土质系数，对于黏土地层取0.7，砂层取0.9；

a_0——扭矩系数，取1.45；

D——盾构刀盘直径。

考虑到参数选择及相关因素的影响，取安全系数为 1.3（即：扭矩增加 30%），可以计算盾构刀盘扭矩：

黏土地层：　　$$T=1.3T_0=1.3\times12.18=15.834(\text{MN}\cdot\text{m}) \tag{3.4}$$

砂层：　　$$T=1.3T_0=1.3\times15.66=20.358(\text{MN}\cdot\text{m}) \tag{3.5}$$

通过计算可知理论盾构刀盘额定扭矩为 12180～15660kN·m。取安全系数 $k=1.3$，实际刀盘额定扭矩为 15834～20358kN·m。基于上述计算结果并留设一定安全余量，最终确定泥水盾构刀盘额定扭矩为 20512kN·m。

3. 主驱动功率计算

盾构刀盘驱动实际功率计算公式为：

$$P=T\cdot\omega/\eta_d \tag{3.6}$$

$$\eta_d=\eta_{\text{mc}}\eta_{\text{mm}}\eta_{\text{mr}} \tag{3.7}$$

式中：T——刀盘扭矩；

ω——额定扭矩条件下的刀盘转速；

η_d——刀盘主驱动总效率；

η_{mc}——联轴器机械效率，取 0.97；

η_{mm}——电机机械效率，取 0.98；

η_{mr}——减速器机械效率，取 0.98。

取刀盘扭矩 15834kN·m 和 20358kN·m，取额定扭矩条件下的刀盘转速为 1.2rpm，可以求解刀盘驱动功率 P 为 2138～2749kW。基于上述计算结果，泥水盾构刀盘主驱动功率设定为 3000kW。

3.3.2　推进系统设计

1. 推力的计算

推进系统的设计重点为推力和功率计算，以及液压缸选型和布置。盾构千斤顶应具有足够推力，以克服盾构推进阻力。所述推进阻力主要包括[12]：

① 盾构与地层间的摩擦阻力或黏结力；

② 盾构切口环贯入土层产生的阻力；

③ 开挖面作用在刀盘上的推进阻力；

④ 盾尾板与衬砌结构间的摩阻力；

⑤ 盾构后排套台车的牵引阻力。

将上述各种推进阻力相加，结合盾构设备具体情况，留设一定安全余量，即为盾构千斤顶总推力。经验计算公式为：

$$F_{\text{j}}=\frac{1}{4}\pi P_{\text{j}}D^2 \tag{3.8}$$

式中：F_{j}——总推力；

D——盾构刀盘直径；

P_{j}——单位面积刀盘的经验推理值，取 1000kN 和 1400kN 两个值进行计算。

当 $P_{\text{j}}=1000\text{kN}$ 时，计算可得 $F_{\text{j}}=113040\text{kN}$；当 $P_{\text{j}}=1400\text{kN}$ 时，计算可得 $F_{\text{j}}=158256\text{kN}$，即：总推力在 113040～158256kN，盾构总推力最大设计值为 158256kN。

2. 推进系统功率计算

推进功率计算公式为：

$$P_0=A_wFv \tag{3.9}$$

式中：P_0——推进功率；

A_w——功率储备系数，取 1.2；

F——推力；

v——最大推进速度。

推进系统配置功率应为：

$$P_f=P_0/(\eta_{pm}\cdot\eta_{pv}\cdot\eta_c) \tag{3.10}$$

式中：η_{pm}——泵的机械效率，取 0.95；

η_{pv}——泵的容积效率，取 0.90；

η_c——联轴器的效率，取 0.95。

将最大推力 113040～158256kN 和最大推进速度 60mm/min 代入计算可得需要配置的功率区间为 167～234kW。

3. 液压缸的选型配置

推进液压缸的选型和配置需要根据盾构机的可操作性、管片组装施工便捷性等进行确定，可以根据管片分布方位和受力点确定液压缸的最佳位置。

中小型盾构机每个液压缸的推力为 600～1500kN，大型盾构机每个液压缸的推力通常为 2000～4000kN。根据上述推力设计值计算结果，采用最大推力为 160000kN 进行计算，所需推进液压缸的数量为 40～80 个。

为满足盾构推力需求以及管片分块受力的均匀性，选取 44 个推进液压缸，每组 2 个，分 22 组均匀分布在盾构尾部。油缸行程为 3000mm，最大推进速度为 60mm/min，最大缩回速度为 1600mm/min。

3.4 泥浆环流系统设计

泥浆环流系统主要包括制浆系统、输送系统、冲刷系统、搅拌系统、泥水分离和处理系统。其中，输送系统由进/排浆泵、进/排浆管、延伸管线、辅助设备等组成。泥浆环流系统参数是衡量泥水平衡盾构性能的重要指标，泥浆环流系统性能设计主要包括设计条件确定、进/排浆量计算和泥浆泵参数选型[13-14]。

3.4.1 环流系统关键设计参数计算

1. 进/排浆流量计算

泥水平衡盾构通过控制和调整泥水仓和气垫仓的进/排浆量和掘进速度来确定开挖量。盾构进/排浆流量计算基本条件参数包括：隧道截面积 $S_e=114.4m^2$；最大推进速度 $V_{max}=3.6m/h$；进浆密度 $\rho_B=1.1t/m^3$；排浆密度 $\rho_S=1.35t/m^3$；干渣密度 $\rho_{SM}=2.3t/m^3$。则单台盾构环流系统最大排渣体积：

$$Q_{SM}=S_eV_{max}=114.4\times3.6=412m^3/h \tag{3.11}$$

取流量富余系数 $\gamma=1.1$，环流系统最大排浆流量为：

$$Q_S' = Q_{SM} \times (\rho_{SM} - \rho_B)/(\rho_S - \rho_B)$$
$$Q_S = Q_S' \times \gamma = 2175\text{m}^3/\text{h} \tag{3.12}$$

环流系统最大进浆流量为：

$$Q_B' = (Q_S' \times \rho_S - Q_{SM} \times \rho_{SM})/\rho_B$$
$$Q_B = Q_B' \times \gamma = 1721.4\text{m}^3/\text{h} \tag{3.13}$$

进浆流量设计值 Q_B 为 2000m^3/h，排浆流量设计值 Q_S 为 2200m^3/h。泥浆环流系统基础参数的计算将为环流系统管路尺寸和设备选型提供依据。

2. 临界流速计算

为了防止泥浆携带的渣土沉积在管道内壁，管道内的泥浆流速必须大于沉淀临界流速，通常采用杜拉德公式进行计算[16]：

$$V_C = F_C \times \sqrt{2gD\frac{\rho_{SM} - \rho}{\rho}} \tag{3.14}$$

式中：V_C——临界沉淀流速；

g——重力加速度；

D——管道直径；

ρ_{SM}——干渣密度；

ρ——泥浆密度，进浆密度为 1.1t/m^3，排浆密度为 1.35t/m^3；

F_C——常数，进浆管线中取 0.7，排浆管线中取 1.35。

计算可得进浆管内临界流速：

$$V_C = 0.7 \times \sqrt{2 \times 9.8 \times 0.45 \times 1.2/1.1} = 2.17\text{m/s} \tag{3.15}$$

排浆管内临界流速：

$$V_C = 1.35 \times \sqrt{2 \times 9.8 \times 0.45 \times 0.95/1.35} = 3.36\text{m/s} \tag{3.16}$$

临界流速可作为泥浆环流系统流速设计以及设备选型的参考依据。

3. 进排浆泵扬程计算

泥浆泵是保证环流系统正常运转的重要输送设备，扬程是进排浆泵选型设计的关键参数。根据基本设计参数，取富余系数 $a = 1.1$，计算可得进浆泵扬程为 171.9m，排浆泵扬程为 310m。可根据单台排浆泵的最大扬程参数进行配置。

3.4.2　泥浆环流系统功能设计

1. 泥浆环流系统功能模式

泥水环流系统具有两个基本功能：一是稳定掌子面，二是将渣土输送至分离站。其中，进浆泵将调制好的泥浆通过进浆管输送至泥水仓，排浆泵将携渣泥浆输送至地面的泥水处理设备进行分离。根据进/排浆流量以及临界流速确定进/排浆管可选用直径为 450mm 的钢管。为了应对不同工况，泥水循环系统具有五种运行模式，即：开挖模式、旁通模式、隔离模式、逆洗模式和停机模式。

（1）开挖模式

开挖模式用于正常掘进工况，泥水循环回路如图 3.12 所示。根据气垫室内泥浆的高程以及所要求的排渣流量，对 $P_{1.1}$、$P_{2.1}$ 等泥浆泵的转速进行调整，以满足泥水仓的液面高程要求和排渣流量要求。同时需要使沿程中继泵的超载压力大于所需的净吸压力，确保含渣泥浆可以被泵送到地面分离厂。

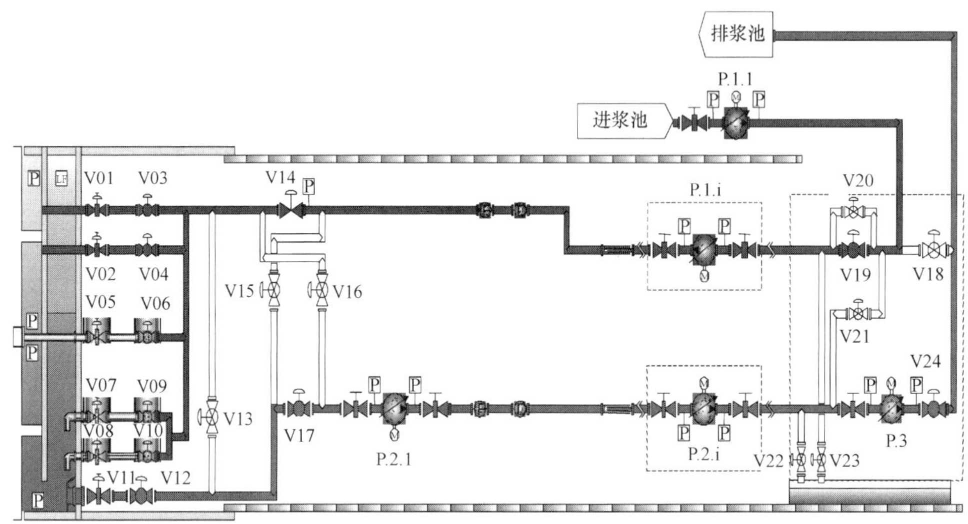

图 3.12　开挖模式

（2）旁通模式

旁通模式常用于管片拼装工况，也用于盾构机功能切换场景，泥水循环回路如图 3.13 所示。旁通模式属于一种待机模式，泥水环流系统的泥水从泥浆池经由管道回流至泥浆池。

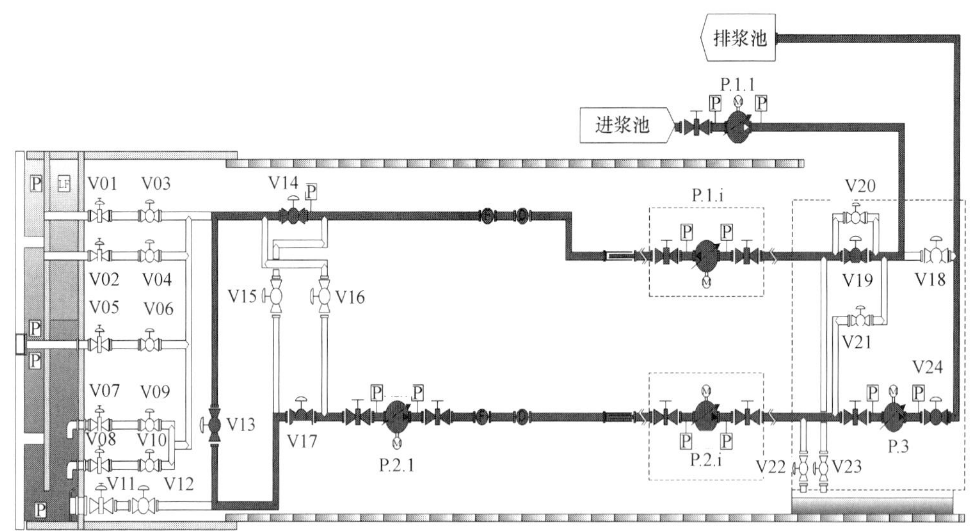

图 3.13　旁通模式

（3）隔离模式

隔离模式常用于泥浆管道延伸作业以及泥浆池调整泥浆质量等工况，泥水循环回路如图 3.14 所示。此时，排浆泵停止运转，仅有进浆泵 $P_{1.1}$ 仍在运行，隧道中的泥浆管道系统与地面泥浆管道系统处于完全断开状态，地面分离厂和调浆池之间的回路保持连通。

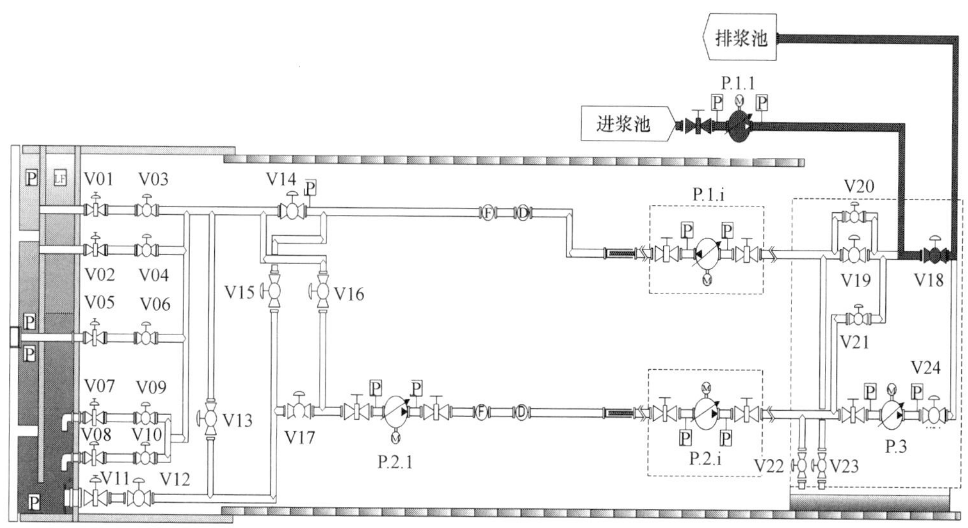

图 3.14 隔离模式

（4）逆洗模式

逆洗模式常用于清理排渣管道堵塞等特殊工况，泥水循环回路如图 3.15 所示。在该模式条件下，泥浆在盾构旁通站处的流向发生改变，原进浆管变为排浆管，原排浆管变为进浆管。

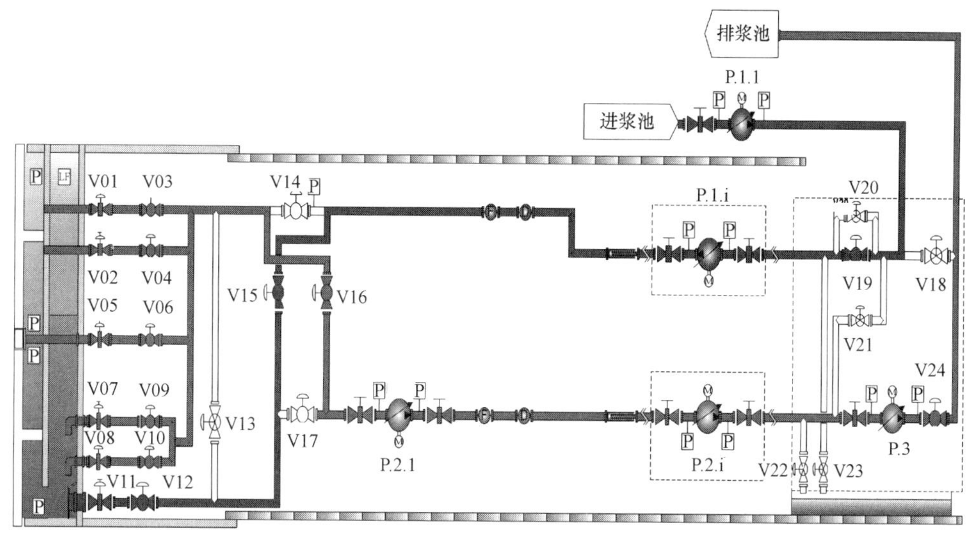

图 3.15 逆洗模式

（5）停机模式

停机模式的泥水循环回路如图 3.16 所示，所有进/排浆泵都停止运转。此时，掌子面压力由压缩空气回路控制，当气垫室内泥浆的液面高程低于预定高程时，P_1 进浆泵会自动启动，对开挖仓内泥浆进行补充。

2. 泥浆环流系统管路延伸

泥浆管延伸系统由两个水平软管、换管单元及远程控制柜组成。延伸泥浆管路时泥浆

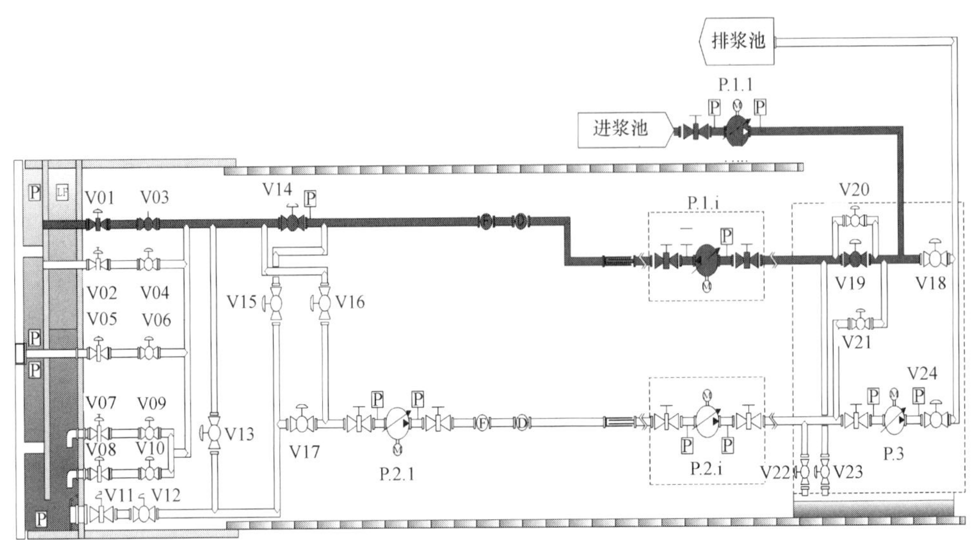

图 3.16 停机模式

回路处于隔离模式，盾构机上的泥浆管路在换管单元处关闭。用水将换管单元上的闭塞器推入与换管单元相连接的泥浆管路，泥浆被闭塞器推动通过工作井底部的一个排水阀。而后，断开换管单元与隧道内管路的连接，将换管单元沿其轨道前移，安装延伸管路，通过泥水压力将闭塞器归位。打开之前关闭的阀门，将泥浆回路模式切换回开挖模式。管路延伸安装原理及步骤如图 3.17 所示。

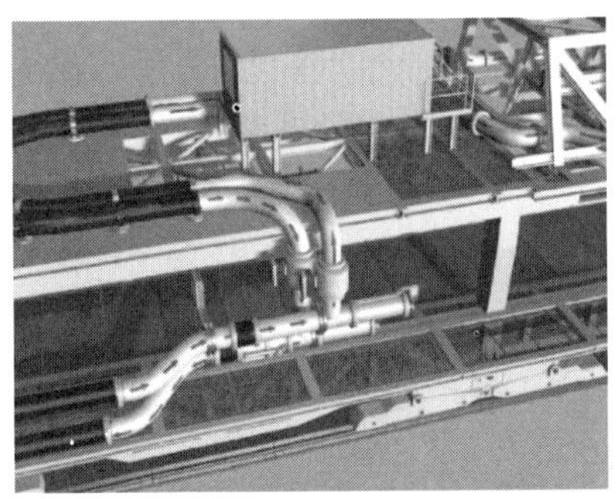

步骤一：盾构到达其延长形成的末端

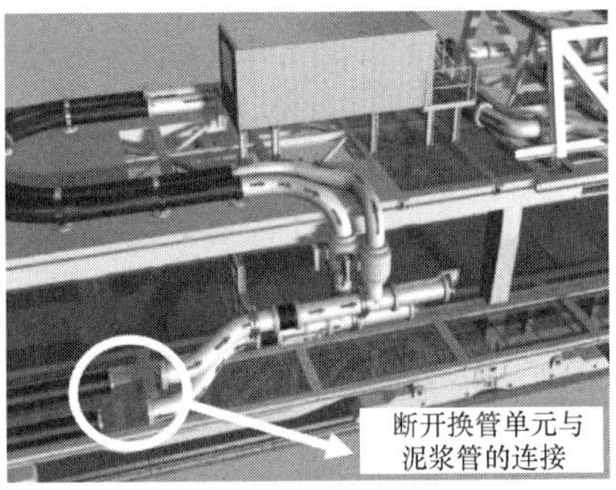

步骤二：断开换管单元与固定泥浆管的连接

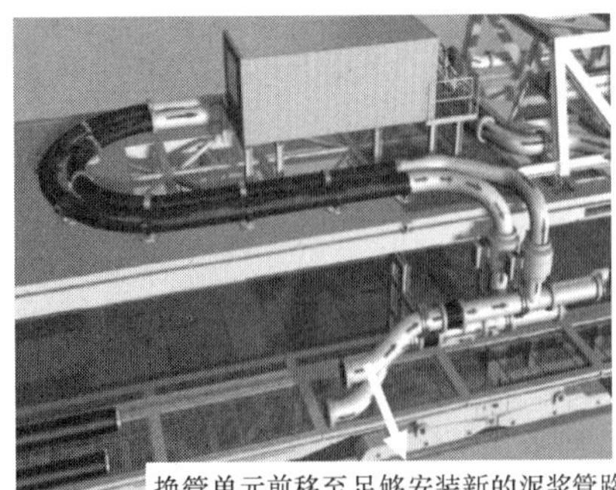

步骤三：换管单元前移至有空间安装新管路

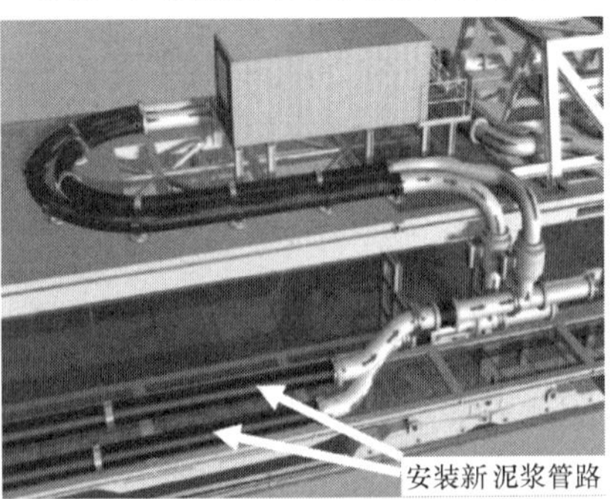

步骤四：安装新的泥浆管路

图 3.17 泥浆管延伸系统作业步骤

3.5 注浆系统设计

3.5.1 同步注浆系统

同步注浆是指在盾构推进的同时，将适量的水泥砂浆按一定注浆压力泵入管片背部空隙中，待其固结硬化后提供一定承载能力。同步注浆的主要目的是控制地面沉降，防止地下水或地层裂隙水向管片内渗漏，使土压力作用均匀、衬砌结构尽快稳定，有效地保证隧道施工质量。同步注浆设备应保证浆液流动畅通，接点连接牢固，可以有效防止漏浆。强制式搅拌机容量应与施工用浆量相匹配，浆液在搅拌站配置好以后，由砂浆车运输至注浆站，通过软管泵送至砂浆存储罐内，按照设定的压力和流量进行同步注浆[15]。

苏通 GIL 综合管廊工程泥水盾构采用单液浆系统，通过人工操纵模式与自动控制相结合模式进行注浆。采用人工操纵模式时，操作者可以控制每一个注浆点的注浆量和注浆压力。采用自动控制方式时，通过预先设定注浆压力，由程序自动调整注浆速度，注浆量通过监测系统自动监控。每个注浆点有参数限定范围，达到最高注浆压力时断开活塞泵，低于最低压力时再次开启活塞泵。

3.5.2 同步注浆参数

同步注浆量与盾构掘进时扰动的地层范围密切相关。由于扰动范围是变量，一般情况下填充系数为 1.3～1.8。在裂隙水比较发育或地下水量较大的岩层中，填充系数一般取 1.5～2.5。同步注浆量经验计算公式为：

$$Q=V\times\lambda \tag{3.17}$$

$$V=\pi(D^2-d^2)L/4 \tag{3.18}$$

式中：V——理论充填体积；

D——盾构开挖直径；

d——预制管片外径；

L——每环管片长度；

λ——充填系数，取 1.3～2.5。

苏通 GIL 综合管廊工程盾构开挖直径为 12.07m；管片外径为 11.6m，管片长度为 2m，计算可得注浆量 Q 为 22.706～43.665m^3/环。

3.6 本章小结

本章结合国内外不同地质条件下的盾构施工经验，对比分析泥水平衡盾构和土压平衡盾构以及不同刀盘型式在苏通 GIL 综合管廊工程中的适用性。考虑工程地质条件、设计参数等因素，最终确定选择泥水平衡盾构、面板+辐条式刀盘。通过对盾构刀盘刀具进行耐磨设计，配备磨损监测装置实时监测刀盘磨损状况，可以满足高石英含量密实砂层长距离掘进需求。结合盾构设备型式和工程地质条件，估算驱动推进系统、泥浆环流系统以及注浆系统设计参数，并结合工程实际需求进行针对性设计。

参考文献

[1] 江玉生，窦硕．北京地铁盾构选型分析［J］．市政技术，2014，32（5）：148-151.

[2] 唐少辉，张晓平，刘浩，等．2021．复杂地层水下盾构隧道工程难点及关键技术研究与展望［J］．工程地质学报，29（5）：1477-1487.

[3] 李俊伟，李丽琴，吕培印．复合地层条件下盾构选型的风险分析［J］．地下空间与工程学报，2007（S1）：1241-1244，1260.

[4] 宋克志，王梦恕．浅谈隧道施工盾构机的选型［J］．铁道建筑，2004（8）：39-41.

[5] 唐键，陈馈．成都地铁试验段盾构选型探讨［J］，建筑机械化 2006，（6）：43-45.

[6] 刘继国，郭小红．超大直径海底隧道盾构选型研究［J］．现代隧道技术，2009，46（1）：51-56.

[7] 黄清飞．砂卵石地层盾构刀盘刀具与土相互作用及其选型设计研究［D］．北京：北京交通大学，2010.

[8] 宋天田，周顺华．复合地层条件下盾构刀盘设计研究［J］．地下空间与工程学报，2007（3）：479-482.

[9] 王洪新．土压平衡盾构刀盘挤土效应及刀盘开口率对盾构正面接触压力影响［J］．土木工程学报，2009，42（7）：113-118.

[10] 邢彤．盾构刀盘液压驱动与控制系统研究［D］．杭州：浙江大学，2008.

[11] 邢彤，龚国芳，杨华勇．盾构刀盘驱动扭矩计算模型及实验研究［J］．浙江大学学报（工学版），2009，43（10）：1794-1800.

[12] 邓立营，刘春光，党军锋．盾构机刀盘扭矩及盾体推力计算方法研究［J］．矿山机械，2010，38（17）：13-16.

[13] 申智杰．盾构机泥水环流系统原理和故障排除［J］．工程机械与维修，2011（5）：196-197.

[14] 张恒．盾构泥浆环流系统研究［J］．建筑机械化，2019，40（7）：56-58，61.

[15] 张志国．浅析盾构同步注浆施工［J］．中小企业管理与科技（上旬刊），2008（6）：142-144.

[16] 孙卫东．非均质固液混合料浆在输送管中的临界速度［J］．硫磷设计与粉体工程，2003（4）：31-32，41.

扫描查看本章图片

第4章　复杂地层长距离越江管廊施工难点及挑战

苏通 GIL 综合管廊工程是当时国内埋深最深、水压力最高的长距离越江管廊隧道工程。江底地质条件复杂，穿越地层具有高透水性、高密实度、高石英含量、富含沼气等特点。隧道下穿长江大堤和长江冲槽段，是在建和拟建盾构隧道中线形最复杂、施工风险最高的工程之一。隧道施工过程中面临复杂线形盾构掘进控制难度大、高石英含量致密砂层盾构刀具磨损严重、富含沼气地层盾构施工燃爆风险高、超高水压强渗透地层盾构及管片密封困难、长距离独头掘进同步施工物料运输复杂等难点，严重制约盾构隧道安全高效掘进。

4.1　复杂线形盾构掘进控制难度大

隧道线路出南岸始发井以 5.0%的大坡度下行（图 4.1），后接 2.35%的坡度下行，后以 5.0%和 0.5%的坡度下行至隧道最低点（结构顶面和底面标高分别为－62.23m 和－74.83m），而后以 0.5%和 3.1%的坡度上行，继续接 0.5%的上坡，坡长 2119.8m，最后以 5%的坡度上坡，坡长为 549.3m，直至到达北岸接收井。隧道线路平面最小曲线半径 2000m，最低点处水深约 79.8m，最大水压力 0.80MPa，江中最大覆土约 46m，水土压力最大值接近 0.95MPa。

4.1.1　盾构下穿长江大堤沉降风险

盾构隧道分别垂直穿越长江南北岸大堤。长江南岸大堤坡高约 4m，顶部为 6m 宽车道。南坡（内坡）为一级，坡率 1∶1.25。外坡为两级，坡率 1∶1.3，马道宽度 38～50m。根据钻探勘察结果，大堤下无桩基础，心墙采用黏性土压实而成，大堤前缘江中潮间带可见抛石护坡。盾构隧道穿越大堤底部与隧道顶板之间有 16～18m 厚的土层（图 4.1），主要包括：$③_1$ 淤泥质粉质黏土、$③_2$ 粉砂、$③_3$ 淤泥质粉质黏土、$③_4$ 粉质黏土与粉土互层、$③_5$ 淤泥质粉质黏土。隧道顶板位于$③_5$ 淤泥质粉质黏土层中，隧道底板位于$④_2$ 粉土层中。长江北岸大堤坡高约 4.1m，顶部宽 6.3m，北坡（外坡）为一级，坡率 1∶2.0。外坡为两级，坡率 1∶2.0 和 1∶2.5。大堤底部与隧道顶板之间有 24～27m 厚的土层，主要包括：$①_1$ 粉细砂、$①_2$ 粉砂夹粉土、$①_{2\text{-}1}$ 粉质黏土夹粉土、$①_3$ 粉砂、$④_1$ 粉质黏土混粉土。隧道位于$④_1$ 粉质黏土混粉土层中。

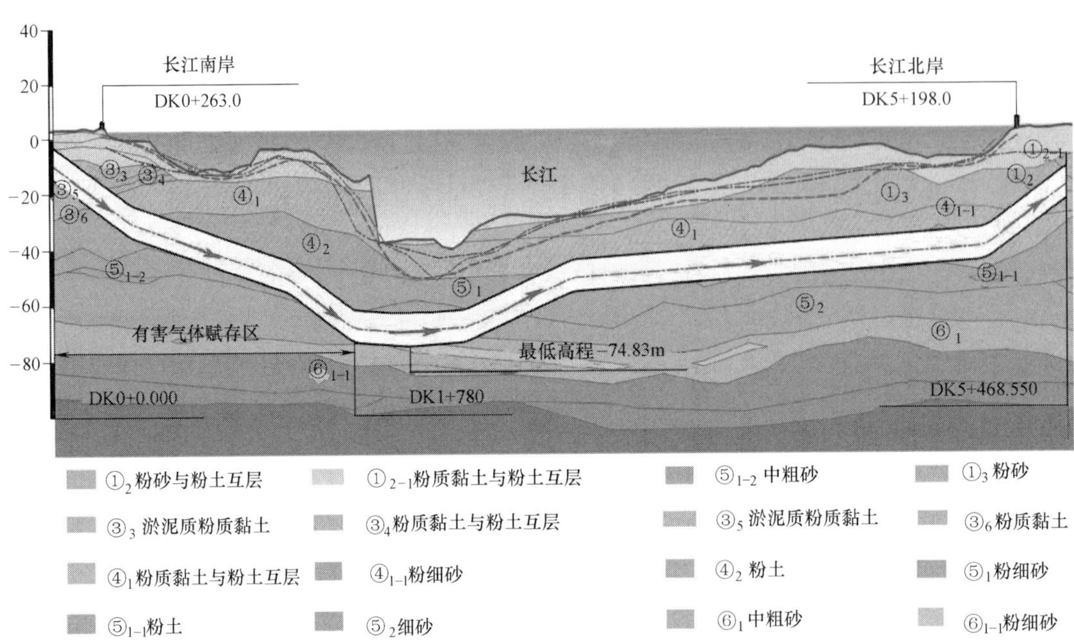

图 4.1　苏通 GIL 综合管廊线型及地质纵断面图

长江北岸大堤坡角约 45°，盾构掘进至该地段时，预期切口压力变化较大，且盾构主要穿越软弱土层，如果掘进参数及切口压力控制不当，可能引发堤岸不均匀沉降、管片结构过度变形，导致大堤发生开裂、管涌等灾害，危及大堤安全[1]。上海地铁 4 号线浦东南路—南浦大桥区间隧道施工经验表明：盾构下穿浅层软土时，地层扰动导致冻结土层软化，出现涌水涌砂现象，可能诱发防汛墙底板渗水、防汛闸门变形、防汛墙倒塌等威胁堤防安全的事故[2]。因此，盾构隧道穿越江堤时，如何控制施工减少对大堤的扰动对于江堤安全极为重要。

4.1.2　下穿深槽塌方和冒顶风险

苏通 GIL 综合管廊隧道的最大覆土厚度达 46m，江底最深处位于常水位之下 78.4m。隧道顶部覆土厚度不一，掘进过程中需要根据覆土厚度和水位及时更新水土压力，调整盾构掘进参数。否则，极易诱发掌子面失稳、冒顶、坍塌等工程灾害。盾构隧道在江中靠南位置下穿长江深槽，断面深点约为－40m，摆幅约为 500m。冲槽段最大水压力可达 0.80MPa，隧底最大水土压力约 0.95MPa，盾尾密封失效风险高。盾构进入冲槽过程中覆土急剧减少，水土压力变化较大，开挖仓与盾尾之间的压差大，切口压力 P 必须控制为：开挖仓最小支撑压力＜P＜盾尾劈裂压力。由于该压力急剧变化区间相对窄小，计算控制精度超限或操作失误可能导致泥浆击穿江底覆土，造成江水与开挖仓联通。此时，被击穿的覆土随泥浆循环被排出，江底将会出现塌陷深坑。例如，广州地铁 4 号线隧道施工过程中，江底全风化混合岩层发生塌方、冒顶等事故[3]。针对冲槽区覆土厚度变化大、水土压力大的特点，如何制定合理的盾构掘进控制技术方案，避免施工过程中出现塌方和冒顶等安全事故，确保隧道安全高效施工是苏通 GIL 综合管廊工程亟需解决的技术难题。

4.1.3 软弱地层始发和接收难度大

苏通 GIL 综合管廊始发和接收端埋深浅（始发端拱顶埋深 6m，拱底埋深 18m；接收端拱顶埋深 12m，拱底埋深 24m）、地层软弱（粉砂地层扰动后易发生液化）、开挖断面大（12.07m）、地基承载力相对较低。盾构始发与接收施工过程第一类风险为端头土体加固不能满足要求（如：加固方法不当、加固范围不足、加固效果难以达到设计要求）、洞门和围护结构缺陷、洞门防水措施不当、始发/接收架设计和施工不合理等问题。盾构始发段坡度高达 5%，姿态控制难度大且纠偏困难，易出现盾构始发“栽头”现象，两端洞门破除时易导致洞圈掌子面失稳。因此，需要对盾构始发、接收端头进行重点加固。

盾构始发与接收施工过程第二类风险为围护结构拆除过程中洞口土体不稳和渗漏，这类风险事故的特征是围护结构开始局部拆除时加固土体稳定性和渗透性都满足要求，但是随着围护结构逐渐拆除以及拆除过程对加固土体振动的影响，地下水（或砂）将逐渐从洞口加固段土体中渗漏[4]。此时，如果不及时采取有效的止水措施，将会产生严重的水土流失，引起地层损失和地表沉陷，甚至造成盾构始发或接收安全事故。由于苏通 GIL 综合管廊始发与接收端均存在地层软弱、止水性差等问题，尤其是始发端地层存在过度沉降和坍塌潜在风险，洞门圈周边及正前方出现渗/漏水、突水与涌砂的安全风险相对较大。

根据文献调研结果显示，盾构始发与接收诱发工程安全事故频率相对较高（表 4.1）。例如，南昌地铁 1 号线砂岩和黏土地层盾构施工过程中接收端洞门发生涌水事故[5]。南京地铁 2 号线粉土和粉砂地层盾构隧道始发端由于围护桩过早拔除引发隧道沉降开裂以及附近地面沉陷[6]。广州地铁 APM 线淤泥、砂层和泥灰岩地层盾构隧道由于始发端头加固方案不合理而导致涌水涌砂[7]。广州地铁 4 号线泥灰岩地层中由于导轨安装不当出现盾构机始发栽头事故[8]。针对盾构始发与接收端地层软弱、止水性差以及盾构姿态难以控制等主要问题，如何通过加固改良施工地层、合理控制盾构掘进姿态确保隧道施工安全是苏通 GIL 综合管廊工程面临的技术挑战。

盾构始发与接收诱发工程安全事故统计分析　　表 4.1

序号	项目名称	地质条件	风险事故	事故原因
1	南昌地铁 1 号线[5]	砂岩、黏土	接收端涌水涌砂	地质条件上软下硬、洞门处富水
2	南京地铁 2 号线[6]	粉土、粉砂	始发端涌水涌砂、隧道沉降开裂、附近地面沉陷	地质条件富水、围护桩拔除过早
3	广州地铁 APM 线[7]	淤泥、砂层、泥灰岩	始发端涌水涌砂	端头加固方案不合适，出现渗水通道
4	广州地铁 4 号线[8]	泥灰岩	始发端盾构栽头事故	导轨安装不当

4.2 高石英含量致密砂层盾构刀具磨损严重

苏通 GIL 综合管廊主要穿越淤泥质粉质黏土、粉质黏土混粉土、粉土、粉细砂、细砂和中粗砂等地层。矿物测试分析显示，⑤$_1$ 粉细砂、⑤$_2$ 细砂和⑥$_1$ 中粗砂等地层平均石英含量超过 50%，最高石英含量可达 70%以上。标准贯入测试表明，隧道沿线标准贯入击数大于 50 的致密砂层长度高达 3300m 左右。泥水盾构在高石英含量致密砂层中进行长距离掘进，水下换刀作业在所难免。如何选择合适的刀盘刀具配置方案，尽量减少换刀作业频率，合理评估刀具异常磨损情况，准确预测换刀时机，并实现安全高效换刀作业，是特高压电力越江隧道施工能否成功的重点，也是项目工期控制的难点。

4.2.1 高石英含量致密砂层刀具配置要求高

高水压长距离独头掘进隧道换刀频繁且风险高，为降低换刀和检修次数，需要对刀具进行耐磨优化设计，提升刀具的地层适应能力。尤其是对于高石英含量致密砂层，磨蚀性颗粒通过剧烈的挤压和摩擦作用使得切削刀具极易出现偏磨、脱落和崩裂等不良现象[9-10]。这不仅会降低盾构掘进效率，而且易导致刀盘负荷上升，严重时还会诱发盾构临时停机和开仓检修，延误隧道工期和增加施工风险。切削刀具的耐磨性能与形貌特征、金属材质、合金硬度、刀具组合等密切相关[11]，通过对上述特征参数进行优化设计可以延长盾构掘进距离和刀具切削寿命。

目前，国内外学者针对磨蚀性砂层刀具的形貌特征、金属材质和刀具组合进行了系统研究。例如：在刀具形状参数分析方面，郭信君和戴洪伟[11] 分析了南京长江隧道刮刀磨损随形状特征参数变化规律，并通过对比四种具有不同前角、后角和刃角的刮刀切削性能，实现了砂卵石地层刮刀形状特征参数优化选型（表 4.2）。屈小军[12] 等人分析了无锡地铁 3 号线刀具磨损随结构参数变化规律，提出了以“优化刃口角度，增加刃口圆角”为核心的改进设计方案。夏毅敏[13] 等人采用比能耗以及载荷波动系数作为刮刀切削性能评价指标，研究了切削性能和磨损特征随刮刀刃型（锯齿型、羊角型、平刃型）和安装角度（水平角、垂直角）的变化规律。

南京长江隧道刮刀特征参数优化方案[11] 表 4.2

	前角（°）	后角（°）	刃角（°）	合金截面尺寸（mm×mm）	合金宽度（mm）	刀刃半径（mm）
原装刮刀	10	10	70	15×35	20	2
改进Ⅰ型	0	10	80	25×45	48	倒钝角
改进Ⅱ型	0	15	75	25×50	40	倒钝角
改进Ⅲ型	5	5	70	40×60	55	10

在刀具材质特征分析方面，Küpferle[14] 等人分析了常见刀具合金材料的微结构与磨料颗粒的相互作用，揭示了合金微观结构、硬相形态与磨损机理之间的内在关联。屈小军[12] 等人通过在硬质合金中加入陶瓷、稀土等添加剂材料，合理提升韧度，减少了刀刃崩裂和合金断裂风险。刘文波[15] 等人通过高温淬火处理使金属材料碳化物充分溶解，合金微观金相组织更加均匀，而后再采用高温回火处理，消除金属内部残余应力，获得了耐磨性相对更好的优质刀具。

在刀具组合性能分析方面，蔡宝[16] 针对多种地质条件，开展对切刀群的动态切削模拟，从切削重叠量、装配内倾角和布置方式等方面对比切刀群的切削效果。林赉贶[17] 提出了基于受力平衡与磨损量均匀的刮刀布置方法，并将其成功应用于北京某地铁隧道刀盘优化设计。刘文华[18] 通过对土体侧部失效区进行研究，建立了不同组合方式下刮刀切削受力模型，得到了刮刀优化组合方式。

然而，目前针对切削刀具合金硬度的研究成果仍相对较少。Rostami[19] 等人测试了不同硬度试验刀具的磨损情况；Mosleh[20] 等人通过试验发现存在刀具硬度比敏感区间，当实际硬度比位于敏感区间范围内时，刀具磨损对硬度十分敏感；当硬度比高于（或低于）敏感区间上限（或下限）时，刀具磨损对硬度不敏感。然而，目前仍缺乏可用于工程实践的盾构刀具硬度优化选型方法，以往类似的工程案例中切削刀具的合金硬度设计大多基于经验，缺乏具有针对性的设计理论和技术方法。如果刀具硬度过高，易造成合金崩裂和刀齿脱落等异常磨损。针对苏通 GIL 综合管廊工程泥水盾构长距离穿越高石英含量致密砂层，如何通过对刀具硬度进行优化设计，在合理降低刀具磨损的前提下尽量避免合金崩裂和刀齿脱落，是实现刀具优化配置的重要基础。

4.2.2 形状不规则刀具磨损定量评估分析难

苏通 GIL 综合管廊工程长距离穿越高石英含量致密砂层，切削刀具在冲击荷载和摩擦负荷的作用下刀刃初次磨损加剧。此外，高磨蚀性的砂砾极易沉淀离析，富集在刀盘前方和开挖仓内，对刀具造成严重二次磨损。尤其是对于位于刀盘边缘部位的斜装先行刀，泥水盾构掘进过程中，侧面刀齿首先接触砂土颗粒，在强烈的挤压和摩擦作用之下，两侧刀齿将发生严重的不均匀磨损。此外，由于斜装先行刀存在一定安装角度，当过量渣土淤积于开挖面和刀盘面板之间时，高石英含量砂粒将对先行刀外侧（远离刀盘面板的一侧）造成严重偏磨（图 4.2）。

(a) 刀刃不均匀磨损

(b) 刀体偏一侧磨损

图 4.2 盾构刀具磨损情况

然而，目前施工现场普遍采用游标卡尺和直尺直接测量盾构刀具尺寸，通过选取刀刃高差表征盾构刀具磨损情况[21]。由于先行刀和刮刀形状不规则，该方法不仅难以操作实施，而且测量精度有限。尤其是当盾构刀具出现严重的不均匀磨损或者偏磨时，往往难以全面合理表征盾构刀具的实际磨损情况，这对于刀具磨损量化评估分析和盾构换刀时机的准确判断极为不利。三维激光扫描技术可以快速获取测试对象的空间点位信息，具有非接触、高精度、数字化等优越性能。通过采用三维激光扫描技术提取刀具的形貌特征和磨损信息，可以突破采用游标卡尺和直尺直接测量的缺陷和不足。通过重构形状不规则刀具三维实体模型和磨损分析云图，有助于实现形貌特征和磨损情况的量化评估分析。目前，基于三维激光扫描技术的刀具三维信息获取和磨损量化评估分析尚无先例可供参考。如何快速获取刀具磨损信息，提出形状不规则刀具磨损评价指标，构建全面合理的刀具磨损量化评估体系是当下亟待解决的技术难题。

4.2.3 复合砂层盾构刀具磨损预测精度低

为了准确预测盾构刀具磨损情况，国内外学者通过研究分析提出了不同的预测分析模型。例如：日本土木工程师学会（JSCE）通过综合考虑了地质条件、刀具性能和布置方式等诸多影响因素，提出了具有普适性的刀具磨损预测模型[11]。Gharahbagh[22] 等人基于盾构施工经验提出了刀具磨损预测模型，并将其用于预测笔架山隧道和白水隧道的刀具磨损情况。Köppl[23] 等人通过分析盾构隧道工程刀具磨损特征规律，提出了基于土体磨蚀性系数（SAT）的刀具磨损预测经验模型，初步指导施工现场制定刀具更换方案。日本土木工程师协会提出的JSCE刀具磨损预测模型以其具有理论性强、可靠度高以及综合考虑刀具与土体之间的相互作用等显著优势在中国和日本等多个国家和地区逐渐被广泛采纳。

然而，由于预测模型中的磨耗系数只能根据工程经验获取，目前已知的数据信息极其有限且仅适用于均质地层。苏通GIL综合管廊工程泥水盾构的开挖断面大且主要由不同砂层组合而成。采用JSCE模型预测复合砂层中刀具磨损时磨耗系数难以准确确定，造成刀具磨损预测精度低。如何对JSCE刀具磨损预测模型进行优化，使之能够准确预测复合砂层盾构刀具磨损情况，是合理规划换刀时机，实现泥水盾构安全高效掘进的重要前提。

4.2.4 高水压强渗透性砂层换刀作业风险大

高水压强渗透地层水下换刀作业不仅耗时费力，而且施工风险极大。合理选择换刀方式对于实现水下安全高效换刀作业极为关键。目前，国内外普遍采用换刀方法主要包括带压换刀和常压换刀[24]。带压换刀是指施工人员在维持压力状态下进仓换刀的作业方式[图4.3（a)]，主要可以分为常规压缩空气带压换刀和饱和气体带压换刀[25]。由于施工人员通过人闸进入高压区域换刀作业，对操作人员健康非常不利，且受工作时间限制换刀效率低下。常压换刀分为两大类：第一类是早期的常压换刀，通过加固盾构刀盘前方土体稳定隧道开挖面，施工人员进入刀盘前方作业，存在工程量大、工期长、成本高等不足[26]；第二类是新型常压换刀，通过将刀盘上固定刀具的刀桶抽出，使用闸板阀进行隔压之后，施工人员在常压条件下进行换刀作业［图4.3（b)]。该方式合理解决了开挖面稳定和施工人员安全问题，但是刀具更换过程中会遇到盾构开仓、设备卸装、刀具吊装等技术问题。

针对苏通GIL综合管廊工程地质和水文条件，从安全性能、换刀效率和施工成本等角度对带压换刀和常压换刀进行全面对比，合理选取适用于高水压强渗透地层的换刀工法是特高压电力越江隧道安全高效施工的重要环节。此外，目前国内针对高达0.95MPa的水土压力条件下进行换刀，在国内尚无经验可供借鉴，这对换刀作业人员的职业素质和作业熟练度提出较高要求。如何对换刀作业人员进行强化培训，提前熟悉水下换刀操作流程，增加刀具更换熟练程度，确保换刀过程“零失误”是施工作业环节需要解决的关键难题之一。

(a) 带压换刀

(b) 常压换刀

图 4.3　泥水盾构换刀方式

4.3　富含沼气地层盾构施工燃爆风险高

苏通 GIL 综合管廊工程 DK0＋0～DK1＋780 区间为富含沼气地层，拥有良好的沼气储/盖条件。③淤泥质粉质黏土层、$④_1$ 粉质黏土混粉土为生气层，既是盖层又是储气层，盖层下部的$④_1$ 粉质黏土混粉土、$④_2$ 粉土、$⑤_1$ 粉细砂以及$⑦_2$ 中粗砂均为储气层。沼气在储气层内呈团块状、囊状局部集聚分布，有向上、向盖层底部集中的趋势。勘察结果表明，关井气体压力为 0.25～0.3MPa，估算气体压力不大于上覆水土压力之和（为 0.4～0.6MPa）。经试验分析确定沼气主要成分为甲烷（85%～88%）、氮气（8%～10%）、氧气（2%～3%）。

4.3.1　甲烷燃爆风险高

沼气的主要成分是甲烷（CH_4），无色、无味、无臭、无毒，比空气轻，微溶于水，易扩散，且渗透性强，有燃烧性和爆炸性。甲烷主要的致灾方式有甲烷爆炸、甲烷燃烧、甲烷窒息等。甲烷爆炸是一定浓度的甲烷和空气中的氧气在一定温度作用下产生的激烈氧化反应。甲烷燃烧反应是一种链式反应，且是分支链反应，该反应需在特定温度以上才能进行。根据链式反应理论，甲烷与空气混合物吸收热量后，分解为化学活性较大的游离基（如：$-CH_3$、-H、-OH 等），易与其余氧气和甲烷结合，产生更多游离基，使反应速度迅速上升，最后剧烈燃烧或爆炸。

爆炸和燃烧不发生或中止的条件是：①混合物中甲烷或氧气浓度不足；②游离基与固体表面或微粒碰撞概率增加，链分支断裂；③混合物中加入足量易与游离基起反应的元素（如：卤族元素），生成惰性基团或分子。由此看出，甲烷爆炸需要同时具备一定浓度的甲烷、充足的氧气和高温火源。甲烷爆炸界限浓度为 5%～16%。当甲烷浓度低于 5%时，遇火不爆炸，但能在火焰外围形成燃烧层。当甲烷浓度为 9.5%时，爆炸威力最大（氧和甲烷完全反应）。甲烷浓度在 16%以上时，失去爆炸性，但在空气中遇火仍会燃烧。甲烷爆炸界限并不是固定不变的，它还受温度、压力以及煤尘、其他可燃性气体、惰性气体混入等因素的影响。

一般认为，甲烷的引火温度为650～750℃，受甲烷浓度、火源性质及混合气体压力等因素影响而变化。当甲烷含量在7%～8%时，最易引燃。当混合气体压力增高时，引燃温度降低。在引火温度相同时，火源面积越大、点火时间越长，越易引燃甲烷。高温火源的存在是引起甲烷爆炸的必要条件之一。作业过程中抽烟、电火花、明火作业等都易引起甲烷爆炸。实践证明，空气中氧气浓度降低时，甲烷爆炸界限随之缩小。当氧气浓度减少到12%以下时，甲烷混合气体失去爆炸性。

甲烷窒息事故主要取决于隧道内甲烷浓度、空气中氧气浓度和作业人员与有害气体的接触时间等。当空气中的甲烷浓度达到43%以上，氧气含量降到12%以下时，可以导致人员窒息。甲烷浓度增加到57%以上，氧气含量降到9%以下时，能使人立即死亡。氧气是人维持生命不可缺少的气体。人体呼吸所需要的氧气量：静止状态时为0.25L/min，工作或行走时为1～3L/min。当空气中氧气浓度下降到17%时，人工作时感觉到喘息和呼吸困难，继续下降至15%时失去劳动能力，而当降低至10%～12%时将会失去理智，时间稍长会有生命危险。

施工作业人员接触有害气体时间越长，受到有毒气体的威胁程度越大。中毒、窒息等安全事故大多发生在瞬间，部分中毒后数分钟、甚至数秒钟即可导致人员死亡。通过对苏通GIL综合管廊工程沼气进行预先危险性分析可知：管廊施工过程中主要危险事故是甲烷爆炸，危险等级为Ⅳ级（破坏级）；其次是甲烷燃烧和甲烷窒息等，危险等级为Ⅲ级（危险级）。

4.3.2 甲烷爆炸危害大

甲烷爆炸事故的危害极其严重，不仅会损坏盾构机等隧道内设备，还会危及隧道内作业人员的安全。甲烷爆炸的危害主要体现在四个方面[27]：

① 甲烷爆炸会产生大量有毒性的一氧化碳气体。当空气中一氧化碳体积浓度达到0.4%时，短时间内即可造成作业人员中毒死亡；

② 甲烷爆炸过程中将会释放大量热量。当甲烷浓度达到9.5%时，爆炸瞬间温度将高达1850～2650℃；

③ 甲烷爆炸后会产生高压气体，以极快速度从爆炸点向四周扩散，产生正向冲击波，损坏盾构和隧道内部设备，并且造成人员伤亡；

④ 甲烷爆炸后，由于空气稀薄，温度急剧下降，水蒸气凝结成水，在爆源附近迅速形成低压区，产生反向冲击波，可能会造成二次爆炸。

工程经验显示，隧道施工过程中若是对甲烷防控意识薄弱，极有可能产生甲烷爆炸等严重安全事故，轻则导致盾构停机和工期延误，重则造成人员伤亡。目前，国内外隧道施工过程中已发生多起甲烷燃爆事故，造成了严重的财产损失和人员伤亡（表4.3）。

隧道工程中的甲烷事故案例　　表4.3

No.	工程名称	长度（m）	直径（m）	穿越地层	事故原因	后果
1	洛杉矶输水隧洞[28-29]	8850	6.80	砂岩	气体监测传感器故障，无火花预防措施	17人死亡

续表

No.	工程名称	长度(m)	直径(m)	穿越地层	事故原因	后果
2	日本东村山隧道[30]	—	—	泥岩	传感器设置错误，甲烷浓度达到4.5%时未采取断电等措施	9人死亡，2人受伤
3	英国卡林顿输水隧洞[31]	8500	2.40	上石炭纪	溶有甲烷的地下水渗漏进入隧道，导致甲烷聚集	无伤亡事故记录
4	Jay-Arnett 污水隧洞[28,31]	34000	—	白云岩，石灰岩，页岩、砂岩	没有对压缩气体的排放采取任何措施	无伤亡事故记录
5	Mill Creek 隧道[29,32]	4650	7.80	泥盆系页岩地层	通风能力不足，没有开启抽排气系统，没有升级气体监测系统等	停机8个月
6	中国香港红磡电缆隧道[33]	1860	4.50	前第四纪海相沉/冲积层	没有预防气体排放的有效措施	无伤亡事故记录
7	希腊 Zakros 隧道[31,34]	26000	6.73	古尔帕和帕卜德赫地层	大量甲烷渗漏进入隧道	无伤亡事故记录
8	Variante de Pajeres 隧道[29,31]	24700	—	石灰岩、白云岩、页岩、砂岩、砾岩和石英岩	没有考虑甲烷的高排放速率	—
9	Nowsud 隧道[35]	25700	6.73	石灰岩、石灰质页岩、黑色页岩和泥灰岩	缺乏有效的通风系统和气体监测系统	造成 TBM 停机和工期延误
10	土耳其 Silvan 灌溉隧洞[29]	4926	13.6	石灰岩、泥岩、砂岩、黏土等	预算不足致使勘测不到位	13人受伤，TBM停机和工期延误
11	广州地铁6号线[36]	—	—	白垩系地层	人为原因导致地层中有甲烷，并在土仓上部聚集，且开仓检测时未使用防爆灯	2人死亡，5人受伤
12	东京都水道局输水管道[37]	1428.5	3.19	填土层、洪积层和砾质岩层	勘测区间过大，盾尾密封处渗漏，风管尾部距离掌子面过远，甲烷传感器位置不当	4人死亡，1人受伤
13	董家山隧道工程[38]	4090	—	炭质泥岩、砂岩、泥岩砂岩互层、煤层	掌子面塌方导致甲烷涌出，现场管理极其混乱	44人死亡，11人受伤，直接经济损失2035万元

盾构施工过程中甲烷爆炸事故屡有发生，导致长时间停机、大量人员伤亡以及极大的经济损失，后果十分严重。因此，苏通 GIL 综合管廊在穿越富含甲烷地层时必须及时采取有效的甲烷泄露防控措施，避免甲烷爆炸等安全事故发生。

4.3.3 甲烷渗漏防控难

1. 独头长距离不间断施工通风难度大

苏通 GIL 综合管廊长距离下穿长江，独头掘进距离长达 5468.5m，途中穿越 1780m

富含沼气地层。施工期间采用直径为 2m 的 PVC 拉链式软风管，而隧道断面直径高达 12.07 m，易导致隧道内风流的流速不均，局部风速过低引起甲烷聚集。盾构机正常情况下 24h 不间断施工，没有专门用于通风稀释甲烷的时间，对通风系统的供风能力和可靠性要求高。

2. 施工过程中的潜在渗漏点多且分散

盾构施工过程中，泥水仓和气垫仓与开挖渣土直接接触，地层中的甲烷极易聚集在泥水仓顶部或进入气垫仓。泥水仓顶部设有手动排气管，气垫仓可以通过 Samson 系统排气，甲烷可能随之进入隧道内部。盾尾与管片之间存在间隙，甲烷可能通过盾尾进入隧道内部。此外，泥浆管每隔一段距离需要进行人工延伸。泥浆管路中的甲烷气体可能会在延伸管路时暴露在隧道内部空气中。综上所述，盾构隧道内部的甲烷潜在渗漏点数量多，且分布范围广。

3. 内部结构同步施工管控难度大

苏通 GIL 综合管廊工程采用盾构掘进与内部结构同步施工的作业方式，因此，隧道作业面情况复杂，且作业人员数量和工种较多。同步施工需要在盾构机后部布设箱涵拼装台车等装置，导致隧道内钢架纵横交错，造成局部区域通风不畅，甲烷容易局部聚集。

4. 管廊内部火源数量多且分散

由表 4.3 可知，电气设备产生的电火花是引起甲烷爆炸的常见火源之一。盾构机、管片拼装台车、隧道内通信照明、物料运输等均需要使用电气设备。电气设备数量多、分布范围广、呈零散分布，全面防爆改造和升级的成本高。为了保证隧道掘进和同步施工的物料供给需求，苏通 GIL 综合管廊工程施工物料采用无轨运输，车辆内燃机可能成为甲烷爆炸的另一火源。同步施工需要在局部区域进行焊接作业，更容易诱发甲烷爆炸事故。综上所述，盾构隧道内部火源数量多、分布范围广、呈零散分布，防控难度极大。

4.4 超高水压强渗透地层盾构及管片密封困难

苏通 GIL 综合管廊工程是国内目前埋深最大、水压最高的在建隧道。沿线主要穿越地层为粉细砂，渗透系数最高达 1.08×10^{-2}cm/s。透水性地层中管廊局部渗漏极易引发漏电事故，因此对密封防水性能提出更为严苛的要求。苏通 GIL 综合管廊在江中靠南位置下穿长江深槽，断面最低点标高约 −40m，摆幅宽度约 500m，最大水压可达 0.80MPa，最大水土压力约 0.95MPa。苏通 GIL 综合管廊工程建设之前，上海、武汉、南京地区虽然已建成多条过江隧道（表 4.4），但是设计长期水压最高的南京长江隧道仅为 0.72MPa，低于苏通 GIL 综合管廊最高水压。

国内外部分水下盾构隧道最大水压力情况　　表 4.4

工程名称	盾构段长度(km)	外径(m)	最大水压(MPa)
苏通 GIL 电力管廊	5.5	12.3	0.80
南京长江隧道	北线 3.5，南线 4.1	14.5	0.72
广州狮子洋隧道	9.3	10.8	0.65
武汉长江隧道	3.3	11.0	0.57
上海长江隧道	7.5	15.0	0.55

续表

工程名称	盾构段长度(km)	外径(m)	最大水压(MPa)
杭州庆春路过江隧道	1.8	11.3	0.47
丹麦大海峡隧道	8.0	8.5	0.8
日本东京湾隧道	9.1	约14.0	0.6
埃及艾哈迈德隧道	5.9	约11.0	0.4

4.4.1　主轴承密封难度大

主驱动系统是盾构刀盘的直接动力，被誉为盾构的“心脏”，主驱动密封是“心脏”的保护膜[39]。盾构掘进过程中，主驱动与带压泥浆直接接触，密封系统需要承受泥水压力，密封难度大。施工过程中如果遇到密封异常损坏或严重磨损（图4.4）导致间隙过大等情况，造成主轴承齿轮油泄漏或泥砂颗粒进入齿轮箱，引起主轴承或齿轮损坏，主轴承系统体积和重量大，施工过程中往往难以进行更换，极有可能导致盾构无法掘进。

(a) 密封局部磨损

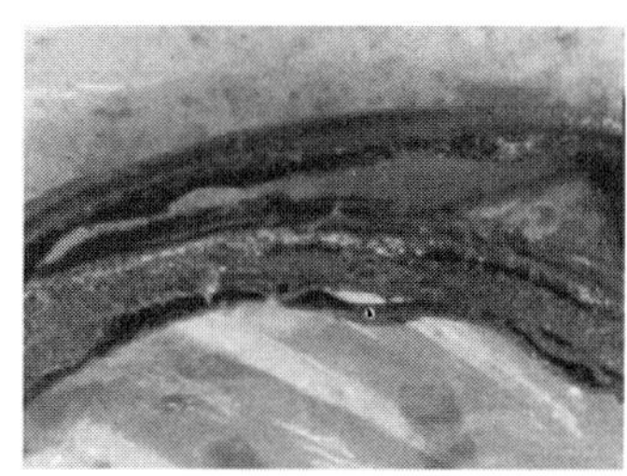
(b) 密封整体撕裂

(c) 密封唇口翻折

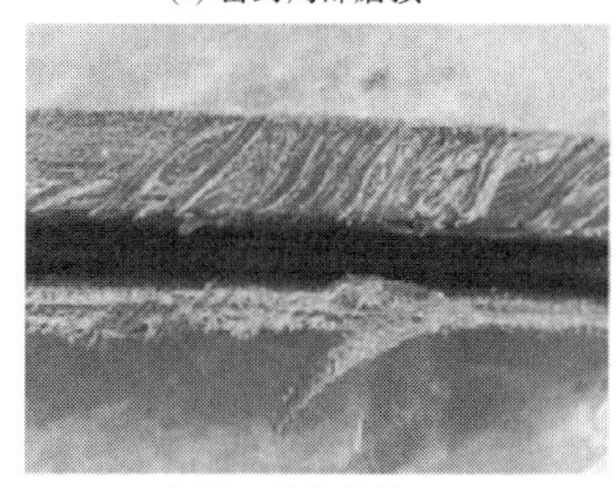
(d) 唇口过度磨损

(e) 泥砂进入密封

(f) 密封跑道磨损

图4.4　主驱动密封失效模式[40,41]

盾构施工经验表明，国内外出现过多起主轴承密封失效事故。例如，北京地铁10号线二期车道沟站至长春桥站隧道全长仅750m，但在施工完成后进行盾构检修时发现，主驱动密封出现了两个方面的问题：一是VD密封断裂失效，二是唇形密封及密封衬套金属表面磨损严重，尤其是一、二道密封唇边已破坏失效。若继续进行长距离掘进，泥砂将会进入大齿轮箱和主轴承，造成盾构机主驱动减速机构磨损，诱发盾构停机等严重后果[42]。通过对主轴承唇形密封和密封衬套进行全部更换，并且对VD密封的材质和安装方式进行针对性改造，恢复密封效果后盾构机才得以恢复施工。

成都地铁7号线茶花区间右线隧道掘进至461环时，盾构机出现主驱动失效导致齿轮油润滑系统小齿轮区分配阀阀芯堵塞。通过停机清理阀芯发现有纤维状杂质堵塞阀芯，齿轮油加压腔堵满异物且不具备保压能力[43]。采用不含杂质的EP2油脂对EP2密封腔进行清理替换，通过注入气压和齿轮油压对齿轮油加压腔进行疏通和检测。在后续掘进过程中，对齿轮油加压腔进行动态清洗和加大 EP2 油脂的注入量，以减小主轴承和齿轮副的磨损。

川气东送管道过江隧道盾构机主轴承密封压盘螺栓全部断裂，压盘外移变形，二道密封损坏，通过停机并采用带压进仓方式进行密封更换，耗时 13d，直接经济损失约 18 万元[41]。北京地铁 6 号线某标段使用的盾构机由于密封磨损、大量泥砂进入主驱动齿轮箱，造成主驱动密封失效。由于主驱动系统无法现场拆解，通过人工清理泥砂和加设端面密封方式维修，耗时 1 个月，经济损失巨大[42]。

根据上述盾构施工经验，主轴承密封一旦失效，将导致长时间停机检修。此外，主驱动系统无法在隧道内直接进行拆解更换，只能采用人工清理密封仓内杂物和更换密封的方式进行维修。苏通 GIL 综合管廊工程独头掘进长度达 5648.5m，若是发生主轴承损坏，江底长时间停机检修风险更大。

另一方面，受长江深槽区段影响，盾构机轴承密封系统需要承受高达 0.95MPa 的水土压力。隧道上覆土为透水性强的松散粉细砂，覆土厚度和水土压力在深槽区段急剧变化，主驱动密封系统需要适应剧烈波动的泥水压力，这对主轴承密封系统的自动调节能力提出了很高的要求。

综上所述，苏通 GIL 综合管廊工程掘进距离长，隧道沿线水压高、变化大，给主轴承密封效果、自动调节能力以及耐久性能提出了更高的要求。因此，需要对主轴承系统的密封性能进行针对性设计和改造，确保密封和自动背压调节能力满足苏通 GIL 综合管廊掘进要求。

4.4.2 盾尾密封难度大

盾构掘进过程中，盾尾与成型管片之间存在间隙。盾尾通过密封防止周围地层中的饱和渣土、膨润土泥浆和同步注浆浆液等从该间隙流入盾构内部。对于泥水平衡盾构，一旦盾尾密封不良或损坏，带压泥水便会从盾尾间隙渗入盾构内部，引起盾尾涌水涌砂，甚至可能诱发掌子面失稳等安全事故。

一旦盾尾密封失效，发生涌水涌砂事故，必须提前对周围地层进行止水改良，采取封堵地下水等措施，而后才能进行盾尾刷更换。累计停工时间一般超过一个月，这将极大延误隧道工期，增加施工成本，威胁施工安全[44]。国内外盾构隧道工程实践表明，由于盾尾密封失效导致的涌水涌砂事故时有发生[45]。北京站至北京西站隧道施工过程中，盾构机曾多次发生盾尾漏浆，盾尾密封刷异常损坏，严重影响施工进度[46]。

半洋隧洞引水工程盾构由于下部盾尾刷损坏，导致盾尾密封被水压击穿。盾尾出现涌水涌砂事故。现场采取增设水泵抽水、棉絮封堵盾尾间隙、盾尾止水环补注油脂、管片壁后注浆等措施进行止水，涌水量仍高达 $115m^3/h$。通过采用对盾构隧道灌水的方式抵消管片内外部压力差，减少地层水土流失，确保地面建筑物安全。最后采取地质补勘、井点降水、二次补浆等措施才得以成功解决[47]。

武汉某斜穿汉江的地铁区间左线隧道，盾构机在掘进过程中盾尾出现涌水涌砂，且水量很大。现场采取砂袋反压，聚氨酯、双液浆注浆等措施进行止水封堵，涌水仍持续不断，隧道内积水深度达 1m。最终在右线隧道进行二次注浆加固，防止右线管片变形且对

左线隧道进行止水。在封堵之后还进行了第五环新增盾尾刷的安装以及其余盾尾刷的更换，整个过程耗时极长[48]。

佛山地铁 2 号线右线隧道曾发生多次盾尾泄漏，导致隧道停工 1 个月，但未引起施工方重视，冒险进行掘进。在拼接第 905 环管片时，土仓压力突然上升导致盾尾下沉，盾尾出现涌水涌砂。盾尾涌水发生 8min 后，899 环管片环缝处也开始涌水涌砂。事发约 50min 后，隧道彻底倒塌，同时地面出现大面积坍塌，坍塌范围约 4192m^2，坍塌体方量接近 2.5 万 m^3（图 4.5）。本次事故造成 11 人死亡、1 人失踪、8 人受伤，直接经济损失约 5323.8 万元[49]。

图 4.5 佛山地铁 2 号线透水坍塌事故地面塌陷区[49]

盾尾密封系统的性能极易受到泥水压力、注浆压力、盾构姿态、管片拼接质量等许多因素的影响。苏通 GIL 综合管廊工程穿越长江深槽段，且隧道沿线地层主要为透水性强的粉细砂层。因此，盾构机需要设置较高的泥水压力和注浆压力来保证开挖面和地层的稳定，这对盾尾密封系统的耐压能力要求极高。且盾构掘进速度快、隧道沿线水土压力变化大，油脂、浆液、泥水等运输和注入系统控制困难。若是控制不当导致压差过大或泥水管路堵塞导致泥水压力瞬间增大，容易造成盾尾刷被击穿。苏通 GIL 综合管廊工程盾构独头掘进距离长达 5468.5m，江底停机更换盾尾刷风险极大；为了避免江底更换盾尾刷，一次性长距离掘进对盾尾刷的耐久性要求极高。此外，隧道线形复杂（详见第 2.4.4 节和第 4.1 节），线路平面最小曲线半径 2000m，线路纵向坡度频繁变化，盾构机掘进姿态控制困难。若盾构机掘进姿态控制不好，会导致盾尾与管片间隙不一，间隙大的一侧容易漏浆，间隙小的一侧容易挤坏盾尾刷。在掘进过程中，由于常压换刀、管片拼装等工序，盾构需要在江底停机，若是发生停机倒退，容易导致盾尾刷因摩擦反卷失效。

4.4.3 管片渗漏风险高

越江隧道以管片结构自身防水为主，以接缝防水为重点，采用多重防水方式，确保高水压条件下的长期防水性能[44]。管片自防水主要通过提高管片制作精度和混凝土抗渗要求实现。接缝防水一般包括隧道内侧临近管片嵌缝防水、管片间密封垫防水、接缝内注浆防水等。在隧道运营过程中，由上覆土侵蚀、土质不均匀分布、常年循环荷载作用、隧道不均匀沉降、管片拼装误差等因素造成的渗漏水问题已成为盾构隧道常见的病害之一[50]。隧道渗漏水主要以接缝、螺栓孔、二次注浆孔等部位为主，管片接缝处渗漏水的频次相对最高[51]。

隧道施工经验表明，局部渗漏水处置不当位置极有可能成为衬砌结构连续性破坏的初始破坏点（图 4.6），极易形成突水溃砂通道，引起衬砌环内破坏和连续性破坏[52]。统计分析结果显示，破坏初始位置为衬砌结构薄弱处的事故比例高达 1/3[53]。例如，苏联圣彼得堡地铁 1 号线森林站和英勇广场站之间的隧道衬砌结构防水失效引起涌水涌砂，最终导致隧道连续性垮塌。地面最大沉降量达到 90cm，沉降超过 20mm 的区域长达 250m，宽约 220m，总面积约 45200m^2[53]。苏通 GIL 综合管廊工程穿越地层以淤泥质土、粉质黏土、粉土、粉细砂及中粗砂等地层为主。砂土由于透水性大、流动性强，是渗漏事故的主要致灾因素。统计结果表明，砂土地层隧道破坏案例中，连续性破坏比例高达 39%[52]。当连续性破坏发展到一定程度，砂土流动随渗漏点扩大呈加速趋势，封堵难度急剧增大。

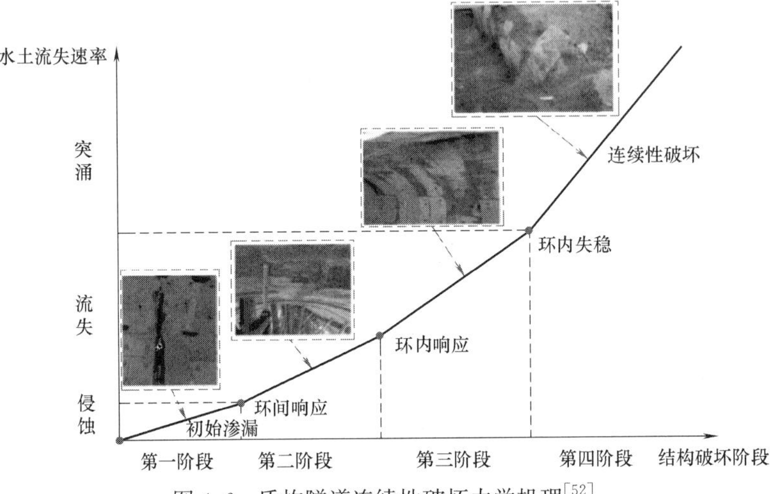

图 4.6　盾构隧道连续性破坏力学机理[52]

苏通 GIL 综合管廊工程穿越长江深槽，最大水压力高达 0.8MPa，最大水土压力约 0.95MPa，远高于同时期国内已建和在建隧道所承受的水土压力（武汉长江隧道 0.57MPa[54]、南京长江隧道 0.65MPa[55]、上海长江隧道 0.55MPa[56-57]）。此外，由于长期存放 GIL 电气设备，电力管廊内部温度将高于轨道交通隧道。由于高温环境加速橡胶材料老化，将影响隧道接缝密封垫材料的长期防水性能。因此，接缝防水密封材料必须充分考虑高温和应力松弛的影响。

4.5　长距离独头掘进同步施工物料运输复杂

长距离独头掘进电力管廊隧道内部结构复杂，多工序立体交叉作业干扰严重，如何在不影响盾构安全高效掘进的前提下，合理配备同步施工物料运输设备设施，尽可能使得内部结构同步于盾构掘进实施，保证盾构贯通后较短时间内完成内部结构施工任务是目前亟待解决的关键技术难题。针对电力管廊内部结构特点，通过对施工内容和进度指标等进行分析，论证无轨运输和有轨运输方案的可靠性，并对隧道内部结构同步施工方案进行优化，可以避免盲目增加车辆造成的运力浪费，提升长距离独头掘进隧道施工效率。

4.5.1　特高压电力管廊内部结构复杂

苏通 GIL 综合管廊工程内部结构施工高度复杂，采用预制中箱涵和现浇侧箱涵的施工方式。盾构隧道管片拼装成环后，进行预制中箱涵安装、边箱涵现浇、排风腔盖板安装、调平层浇筑、中箱涵填充、中心水沟及水泵房施工等内部结构施工任务（图 4.7）。

内部结构施工内容多、工程量大，不可避免地对盾构掘进产生较大的影响。如何在不影响盾构连续掘进的同时，配备合理高效的施工设备设施，合理安排内部结构施工与盾构掘进同步实施，保证盾构贯通后较短时间内完成全部内部结构施工任务，需要进行细致筹划。

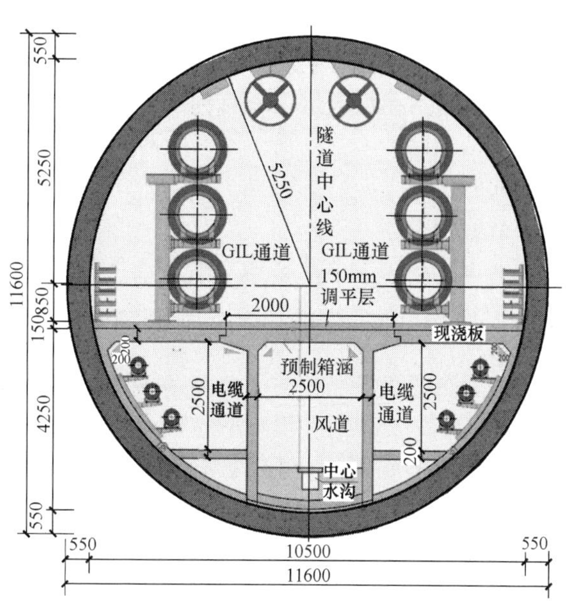

图 4.7　隧道内部结构布置形式

国内外针对隧道内部结构施工问题进行了相关设计分析，并提出了初步的应对措施。例如：陈国光[58]等针对上海复兴东路双层越江隧道道路施工工艺进行研究，通过比选确定了隧道底部和上层道路施工方案。王志华[59]根据武汉三阳路公轨合建隧道断面形式，通过在车道板施工中利用中跨作为运输通道，对同步施工进行合理组织。杨子松[60]等针对单层公路隧道内部结构特点，提出了以口字形构件为基础的施工方案。晏胜荣[61]以扬州瘦西湖隧道为例，对单管双层盾构隧道内部结构施工方案进行了优化设计。然而，上述隧道内部结构方案大多基于结构相对简单的交通隧道，针对内部结构高度复杂的特高压电力管廊进行施工组织设计目前在国内尚无先例可供借鉴。

4.5.2　多工序立体交叉作业干扰严重

电力管廊内部结构施工涉及预制箱涵底部混凝土填充及水沟、两侧内衬、排风腔顶板、行车道板等多个现浇结构（图 4.8），施工步序相对复杂，需要立体交叉作业，具有施工难度大、安全风险高等特点。尤其是对于两侧内衬和行车道板，施工进度将影响隧道内部交通状况，决定内部结构施工运输效率。随着线路长度持续增加，隧道洞内多个工作面同时作业，内部结构施工组织难度将不断增大，需预先合理组织同步施工流水作业，避免多工序交叉作业之间产生相互干扰，并及时做好工程结构安全防护措施。

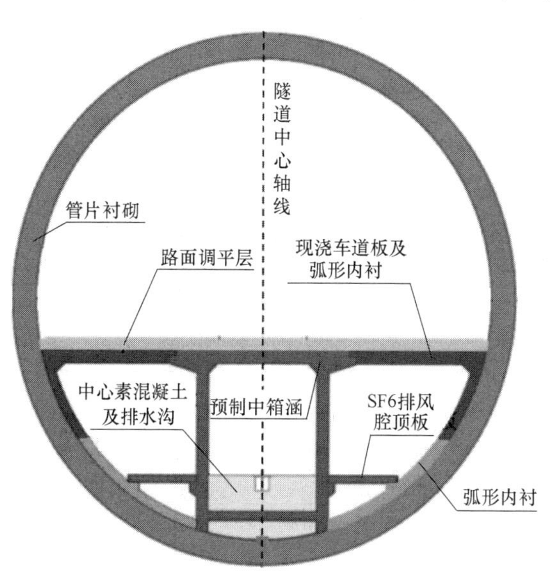

图 4.8　特高压电力管廊内部结构示意图

目前，国内外针对隧道内部结构施工过程中多工序交叉作业问题进行了相关设计分析。例如，李合[62]通过提出先衬砌后分隔的施工方法，解决了武汉地铁 8 号线单洞双线隧道同步施工交叉干扰问题。王志华[59] 针对武汉三阳路隧道交叉施工过程中存在的安全隐患，提出利用中跨作为盾构推进材料运输通道，中跨施工采用特制定型模架和专用轨道行车，实现了公轨合建隧道内部结构同步施工。杨子松[60] 对单层公路隧道结构进行分析，提出了以口字形构件为基础的同步施工思路，解决了单层公路隧道内部结构多工序交叉施工相互干扰问题。然而，现有的施工方案大多针对相对简单的交叉作业工况，难以满足多种结构、多道工序、多作业面等复杂工况条件下越江电力管廊内部同步施工需求。

4.5.3 受限空间长距离物料运输困难

目前，隧道内部结构施工物料一般采用有轨运输和无轨运输两种方式（图 4.9）。较之于有轨运输，无轨运输没有固定轨道，车辆可自由行驶，具有安全高效、灵活度高、成本较低等优越性能[63]。当隧道内部运输距离较短时，施工组织和车辆调度相对简单。然而，随着运输距离逐渐增加，洞内车辆会出现车辆滞留等不良工况，如果施工车辆调度不当，物料难以及时运抵工作面，将会降低盾构施工效率，延误项目工期。目前，长距离独头掘进隧道物料运输大多依据工程经验进行设计，难以准确控制车辆数目，如果出现车辆过剩或运力不足现象，将对施工效率和项目成本产生较大影响。

国内外针对隧道内部结构同步施工物料运输问题进行研究分析，并提出了初步的解决方案和应对措施。例如，白云[64] 采用拉格朗日乘子法得到了土压平衡盾构施工中轨道运输的优化模型，并成功指导了隧道的施工组织设计。徐华升和郑国用[65] 采用运筹学的方法建立了隧道施工运输规划的数学模型，得到了总费用最小的物料调运方案。封坤[66] 等通过建立模糊综合评判模型对盾构隧道内无轨运输的安全性进行了优化分析。然而，现有研究成果大多集中于隧道洞内运输方式的优化比选，针对车辆调度方案与运输效率的研究相对较少，目前仍缺乏完善的无轨运输优化模型指导长距离独头掘进隧道进行现场物料运输调度。

(a) 有轨运输

(b) 无轨运输

图 4.9　隧道洞内运输方式

4.6 本章小结

苏通 GIL 综合管廊工程地质条件复杂，穿越地层具有高透水性、高密实度、高石英

含量、富含有害气体等特点。隧道下穿长江大堤和长江冲槽段，是在建和拟建盾构隧道中线形最复杂、施工风险最高的工程之一，是目前独头掘进距离最长的特高压电力管廊隧道。本章针对苏通GIL综合管廊工程施工过程中所面临的复杂线形盾构掘进控制难度大、高石英含量致密砂层盾构刀具磨损严重、富含沼气地层盾构施工燃爆风险高、超高水压强渗透地层盾构及管片密封困难、长距离独头掘进同步施工物料运输复杂等施工挑战和技术难点进行分析，有助于构建高水压长距离越江隧道关键施工技术方案，实现复杂地质和水文条件下泥水盾构掘进优化控制。

参考文献

[1] 崔童. 大直径泥水平衡盾构施工过程中地层变形特征及地表沉降预测研究 [D]. 上海：上海交通大学，2019.

[2] 任强. 北京地铁盾构施工风险评价与控制技术研究 [D]. 北京：中国地质大学，2010.

[3] 乐俊. 浅析地铁盾构隧道施工安全事故 [J]. 铁道建筑技术，2014 (1)：94-96.

[4] 马云新. 复杂地层土压平衡盾构始发与接收施工风险及对策 [J]. 建筑机械化，2015，36 (4)：61-67.

[5] 邵可. 富水砂层盾构隧道洞门涌水涌砂处理措施研究 [J]. 山西建筑，2012，38 (24)：188-189.

[6] 黄国庆. 地质复杂情况下地铁车站深基坑涌水涌砂预防安全措施探讨 [J]. 建筑安全，2019，34 (10)：72-74.

[7] 刘德智，雷金山. 广州地铁淤砂层明挖区间围护工程涌水涌砂分析与处治技术 [J]. 长沙铁道学院学报 (社会科学版)，2009，10 (2)：199-200.

[8] 刘恒. 土压/TBM双模盾构栽头纠偏方案探讨 [J]. 建筑机械化，2020，41 (12)：17-19.

[9] Tang S H，Zhang X P，Liu Q S，et al. Prediction and analysis of replaceable scraper wear of slurry shield TBM in dense sandy ground：a case study of Sutong GIL Yangtze River crossing cable tunnel [J]. Tunnelling and Underground Space Technology，2020，95：103090.

[10] 陈志宁，夏沅谱，施烨辉，等. 泥水盾构刀具磨损机理研究 [J]. 现代城市轨道交通，2014 (4)：25-28.

[11] 郭信君，戴洪伟. 超大型泥水盾构越江施工技术研究与实践：南京长江隧道 [M] //超大型泥水盾构越江施工技术研究与实践：南京长江隧道. 北京：中国建筑工业出版社，2013.

[12] 屈小军，刘龙，莫振泽，等. 盾构刀具磨损破坏行为与新型刀具研究 [J]. 建筑机械化，2019，40 (5)：42-46.

[13] 夏毅敏，沈烽，陈松涛，等. 泥水盾构刮刀刃型与安装角对刮刀切削性能的影响 [J]. 中南大学学报 (自然科学版)，2019，50 (8)：1824-1832.

[14] Küpferle J，Röttger A，Theisen W. Excavation tool concepts for TBMs-Understanding the material-dependent response to abrasive wear [J]. Tunnelling and Underground Space Technology，2017，68：22-31.

[15] 刘文波，杨学锋，万壮，等. 盾构机刀具失效形式与改进方案探析 [J]. 工程机械与维修，2020 (4)：35-37.

[16] 蔡宝，朱文华，石坤举. 多地质条件下复合式土压平衡盾构刀群优化设计 [J]. 机械制造，2017，55 (12)：68-72.

[17] 林赉贶. 土压平衡盾构机刀盘开口特性及刀具布置方法研究 [D]. 长沙：中南大学，2013.

[18] 刘文华. 复合地层EPB盾构刀盘布刀规律研究 [D]. 长沙：中南大学，2012.

[19] Rostami J，Gharahbagh E A，Palomino A M，et al. Development of soil abrasivity testing for soft ground tunneling using shield machines [J]. Tunnelling and Underground Space Technology，2012，28：245-256.

[20] Mosleh M，Gharahbagh E A，Rostami J. Effects of relative hardness and moisture on tool wear in soil excavation operations [J]. Wear，2013，302 (1-2)：1555-1559.

[21] 胡显鹏. 砂卵石地层土压平衡盾构掘进刀具磨损研究 [D]. 北京：北京交通大学，2006.

[22] Gharahbagh E A，Mooney M A，Frank G，et al. Periodic inspection of gauge cutter wear on EPB TBMs using cone penetration testing [J]. Tunnelling and Underground Space Technology，2013，38：279-286.

[23] Köppl F，Thuro K，Thewes M. Suggestion of an empirical prognosis model for cutting tool wear of Hydroshield TBM [J]. Tunnelling and Underground Space Technology，2015，49：287-294.

[24] 陈健. 复合地层大直径泥水盾构滚齿刀常压更换技术研究 [J]. 隧道建设（中英文），2018，38 (S1)：175-181.

[25] 陈健，刘红军，闵凡路，等. 盾构隧道刀具更换技术综述 [J]. 中国公路学报，2018，31 (10)：36-46.

[26] 朱伟，闵凡路，姚占虎，等. 盾构隧道开舱技术现状及实例 [J]. 现代隧道技术，2015，52 (1)：9-18.

[27] 茅文达. 云台山隧道施工瓦斯防爆问题探析 [J]. 隧道建设，1990 (4)：26-34.

[28] Proctor R J. The San Fernando Tunnel explosion [J]. California. Eng. Geol，2002，67 (1-2)，1-3.

[29] Ayhan M，Aydin D，Imamo ğlu，M S，et al. Investigation of a methane flare during the excavation of the Silvan irrigation tunnel. Turkey [J]. Bull. Eng. Geol. Environ，2019，78 (4)，2641-2652.

[30] Kitajima M，2010. Methane Gas Explosion Hazard during Construction of Headrace Tunnel for Agriculture.

[31] Copur H，Cinar M，Okten G，et al. A case study on the methane explosion in the excavation chamber of an EPB-TBM and lessons learnt including some recent accidents [J]. Tunnelling and Underground Space Technology，2012，27，159-167.

[32] Schafer M，Pintabona R，Lukajik B，et al. Gas mitigation in the Mill Creek tunnel [J]. Proc. Rapid Excavation and Tunneling Conference (RETC). 2007：168-175.

[33] Wightman N R，Mackay A. Gas ground investigation for tunneling works at Hung Hom freight depot [C] //In：Proceedings of the World Tunnel Congress. Hong Hong，2008：98-109.

[34] Shahriar K，Rostami J，Hamidi J K. TBM tunneling and analysis of high gas emission accident in Zagros long tunnel [C] //In：Proc of the World Tunnelling Congress，Budapest-Hungary，2009：171-172.

[35] Taherian A R. Experiences of TBM operation in gas bearing water condition-A case study in Iran [J]. Tunn. Undergr. Space Technol，2015，47：1-9.

[36] 邓新灵，常青，张干劲. 有害气体致盾构机爆燃 [N]. 广东建设报，2008-04-22 (A01).

[37] 马积薪. 盾构隧道瓦斯爆炸事故的原因及对策——东京都水道局输水管道工程 [J]. 世界隧道，1995 (6)：64-73.

[38] 余茂君. 董家山隧道事故隐忧 [J]. 劳动保护，2006 (5)：36-39.

[39] 黄文健，谭友荣，李志刚，等. 土压平衡盾构主驱动检修关键技术 [J]. 工程机械，2021，52

(10)：94-99，12-13.

［40］ 张中华，郑军，任阳，等. 盾构主驱动密封优化研究［J］. 隧道建设（中英文），2021，41（6）：1065-1070.

［41］ 柴敬，袁强，汪志力，等. 物理模型试验方法的应用分析［J］. 西安科技大学学报，2013，33（5）：505-511.

［42］ 李润军，单仁亮，李润圣，等. 盾构机主驱动密封维修改造关键技术［J］. 西安科技大学学报，2014，34（5）：579-584.

［43］ 张华光. 某盾构机主轴承密封系统泄漏故障处理浅析［J］. 现代隧道技术，2018，55（4）：216-220.

［44］ 李胜新，刘广仁，张平. 盾构法隧道掘进中盾尾密封涌水涌砂防治技术［J］. 石油工程建设，2009，35（2）：79-80，6.

［45］ 房中玉. ϕ14.9m 超大直径泥水平衡盾构隧道施工与防水关键技术研究［D］. 长沙：中南大学，2013.

［46］ 古艳旗，邓业华. 大直径泥水盾构盾尾漏浆与刀盘卡死的分析与处理［J］. 山西建筑，2012，38（8）：251-253.

［47］ 乔晓锋，蔡怡欣. 富水砂层中盾尾涌水涌砂处置措施［J］. 广东水利水电，2021（12）：84-88.

［48］ 吴圣贤. 某地铁越江区间盾构隧道涌水事故分析与探讨［J］. 智能城市，2017，3（3）：118-119.

［49］ 广东省应急管理厅. 2018 年广东省佛山市轨道交通 2 号线一期工程“2・7”透水坍塌重大事故调查报告［R/OL］.（2019-06-11）［2020-12-29］.

［50］ 鲁聪，李涛，袁盛杰. 运营期水下盾构隧道渗漏水成因及处治措施［J］. 工程建设，2021，53（10）：44-49.

［51］ 李乐. 超大直径越江盾构隧道管片错台及渗漏影响研究［J］. 现代隧道技术，2018，55（4）：42-46.

［52］ 柳献，孙齐昊. 盾构隧道衬砌结构连续性破坏事故案例分析［J］. 隧道与地下工程灾害防治，2020，2（2）：21-30.

［53］ 白云，胡向东，肖晓春. 国内外重大地下工程事故与修复技术 2 版［M］. 北京：中国建筑工业出版社，2019.

［54］ 赵运臣，肖龙鸽，刘招伟，等. 武汉长江隧道管片接缝防水密封垫设计与试验研究［J］. 隧道建设，2008，28（5）：570-575.

［55］ 朱祖熹，陆明，柳献. 隧道工程防水设计与施工［M］. 北京：中国建筑工业出版社，2012.

［56］ 陆明，雷震宇，张勇，等. 上海长江隧道衬砌接缝和连接通道的防水试验研究［J］. 地下工程与隧道，2008，4：12-16.

［57］ 杨林德，季倩倩，戴胜，等. 越江盾构隧道防水密封垫应力松弛试验研究［J］. 建筑材料学报. 2009（5）：539-543.

［58］ 陈国光. 上海复兴东路双层越江隧道道路同步施工工艺研究与应用［J］. 地下工程与隧道，2006（3）：43-45，61.

［59］ 王志华. 公铁合建超大直径隧道内部结构同步施工关键技术［J］. 施工技术，2020，49（13）：28-31.

［60］ 杨子松. 单层公路隧道路面结构与盾构掘进同步施工技术研究［J］. 建筑施工，2019，41（7）：1331-1334.

［61］ 晏胜荣. 超大直径单管双层盾构隧道内部结构同步施工技术［J］. 现代交通技术，2015，12（1）：30-32.

［62］ 李合. 大直径单洞双线复合内衬地铁盾构隧道内部结构同步快速施工技术研究［J］. 铁道建筑技

术，2018（7）：56-59.

［63］陈鹏，吴坚，张晓平，等. 长距离大直径泥水盾构隧道洞内无轨运输优化模型研究-以苏通 GIL 综合管廊工程为例［J］. 隧道建设（中英文），2018，38（6）：1022-1028.

［64］白云. 土压平衡盾构隧道施工运输中的最优化方法［J］. 市政技术，2002（2）：36-40.

［65］徐华升，郑国用. 隧道施工中的运输优化［J］. 隧道建设，2008（2）：151-153，185.

［66］封坤，程天健，戴志成，等. 盾构隧道洞内无轨运输系统安全性模糊综合评判［J］. 现代隧道技术，2016，53（5）：137-144.

第5章 盾构掘进过程安全监测控制

苏通 GIL 综合管廊工程地质条件和施工作业环境复杂，两次下穿长江大堤，一次下穿江底深槽砂层，盾构掘进安全风险高。管廊三维蜿蜒于江底，垂直方向最大高差近 80m，水平方向最大移动近 1000m。基本没有水平段，非标准转角段距离长，给盾构姿态调整和地表沉降控制带来严峻挑战。因此，需要做好盾构始发/接收及掘进参数优化，加强施工过程监测控制，确保盾构掘进安全。

5.1 盾构始发及掘进参数优化

5.1.1 始发辅助工程施工

盾构始发工作井位于长江漫滩的淤泥质粉质黏土、粉砂、粉质黏土混粉土中，地层透水性较强。盾构机进洞过程中，若洞门破除和临时密封处置不当，极易发生洞门涌水涌砂、掌子面失稳坍塌等工程安全事故。因此，盾构始发之前需要对洞门进行强化加固和密封防水设计。

1. 盾构始发端头加固

盾构始发进洞过程中需要在破除洞门围护结构的同时保持地层稳定，并防止地下水和泥砂渗入导致端头失稳。目前常见的端头加固方法[1-3] 主要包括：

① 三轴深层搅拌桩＋高压旋喷桩：三轴搅拌桩无法与地下连续墙紧密接触，需要采用高压旋喷桩补充加固。富水砂层中采用高压旋喷桩＋三轴深层搅拌桩时，地下水容易将高压旋喷水泥浆携走，高压旋喷桩水泥浆不易凝结形成整体，且均匀性差，存在局部薄弱带，很难达到理想加固效果。

② 单一杯型水平冻结工法：水平冻结工法可形成强度很高的杯型加固区域充分止水。但是冻胀融沉对周边环境影响大，且造价高、工期长。一般用于地面环境受限制无法进行常规化学加固、化学加固后仍有严重漏水漏砂现象、端头地层为富水承压砂层等特殊工况。

③ 三轴深层搅拌桩＋高压旋喷桩＋垂直冻结：垂直冻结可以弥补高压旋喷桩加固后的薄弱带，形成的垂直冻土帷幕具有强度高、抗坍塌能力强、止水性好等优点，造价和工期相对合理。常用于高水压富水砂性土层。

④ 三轴深层搅拌桩+高压旋喷桩+水平冻结：该工法相比单一杯型水平冻结工法可减小冻结杯壁及杯底厚度，节省造价。但较之于三轴深层搅拌桩+高压旋喷桩+垂直冻结方案，造价更高，施工难度更大，且工期较长。该工法常用于地面不具备垂直冻结孔施工条件等特殊工况。

苏通 GIL 综合管廊工程始发端头位于淤泥质粉质黏土、粉砂、粉质黏土混粉土地层，覆土厚度为 5.7m，地层起伏小，厚度较为稳定。参考国内外类似地质条件下工程经验，苏通 GIL 综合管廊工程盾构始发端头加固采用三轴搅拌桩加固，结合单排高压旋喷桩补缝。为保证盾构始发安全，洞门同时进行冻结处理。

2. 始发基座及反力架施工

始发井采用钢筋混凝土结构基座。盾构基座安装位置的中心轴线与工作井轴线一致，同时兼顾隧道设计轴线。基座上的轨道居中放置在洞门中心位置，轨道平面标高需适应盾构姿态。采用工字钢对托架前方和基座两侧进行加固处理，防止盾构始发过程中基座托架发生移位。

3. 洞门密封及橡胶帘布设计

盾构始发时，为了防止泥水从洞门圈与盾壳形成的环形空隙渗入工作井中，影响开挖面土体稳定以及隧道内部施工工序，盾构始发前需要在洞门处设置密封防水装置。苏通 GIL 综合管廊工作井洞门预埋圆环板结构的密封钢环宽度为 800mm，内侧面直径为 12.5m。密封钢环由封板、加劲板、圆环板、弹簧板、帘布橡胶板等组成，密封环面安装与盾构设计轴线垂直，与水平方向呈 2.6°夹角，加劲板设置于封板内侧。橡胶帘布板通过 M24 螺栓固定在圆环板和密封环钢板之间，为了避免橡胶帘布因尺寸较大而朝洞门方向倒伏，在两道帘布内层安装弹簧钢板用于支撑橡胶帘布。

5.1.2 盾构始发安全控制技术

1. 负环管片安装

苏通 GIL 综合管廊工程管片外径为 11.6m，内径为 10.5m，环宽 2m。始发时从反力架到正环共需拼装 8 环负环，管片采用 5 块标准块、2 块邻接块和 1 块封顶块的通用结构形式。负环管片可采用在钢负环的基础上拼装和钢筋混凝土负环管片空拼两种拼装方式（表 5.1）。钢筋混凝土负环管片空拼方式在经济性、便利性等方面具有明显优势，且相关工程案例与施工经验验证了操作实施方面的可行性。因此，苏通 GIL 综合管廊工程负环采用钢筋混凝土空拼方式。

负环管片拼装方式对比　　表 5.1

项目	钢负环	钢筋混凝土负环管片
安装精度	钢负环安装精度高	混凝土负环安装精度较高
操作流程	需要先拼好钢负环才能焊接顶部盾尾，对盾构机组装工期有影响	可以在盾构机组装完成后拼装，对工期影响较小
经济性	一次性投入大，但可周转使用	一次投入小
应用工程	南京长江隧道	上海长江隧道

为了保证负环管片拼装位置正确，成环后不致发生位移或变形。管片浇筑前，在环向

纵向螺栓对应的内外弧面均设置预埋钢板，在整环拼装完成后立即通过工字钢和预埋钢板将管片环与环、块与块间进行焊接固定。管片脱出盾尾后及时进行支撑固定，具体措施包括：

① 在管片与盾构机导轨方钢之间插入直角梯形的钢楔子，间距为 1m，布置于管片接缝处和管片中央；

② 在管片侧下方焊接工字钢支撑；

③ 在盾体两侧的水平方向上焊接钢支撑，管片脱出后在钢支撑与管片之间打入木楔。

2. 洞门破除施工

盾构始发时需要对洞门范围内的端头维护结构进行凿除。苏通 GIL 综合管廊工程采用三轴搅拌桩以及单排高压旋喷桩组成的地下连续墙结构（墙厚为 100cm），洞门范围内的地下连续墙进行冷冻处理后，在洞门截面上布置 11 个深度为 3m 的水平探孔，对冷冻加固情况以及岩芯体强度进行检测。打探测孔时应避开冷冻管位置，在确保无水流出后破除洞门[4-5]。

为保证始发井支护结构稳定，尽量减小对盾构组装的影响，洞门凿除过程分为两个阶段进行。第一阶段破除洞门外侧 80cm 厚的混凝土以及第三道和第四道围檩，同时剥除地下连续墙内层钢筋。第二阶段凿除地下连续墙剩余 20cm 厚的混凝土及外侧钢筋，清理密封环内混凝土渣。洞门凿除采用从上至下，从中间至两边的方式。施工过程中需要观察土体稳定状态，及时与地面沉降监测人员沟通，保证施工作业安全。在盾构到达前，应对掌子面采取保温措施。

3. 建立泥水平衡

泥水盾构施工前，需要配制一定密度、黏度的泥浆供环流系统使用。在盾构始发前，泥浆池内第一次造浆量需达到 $600m^3$。盾构在始发洞口掘进时需建立泥水平衡，要求洞门具有良好的止水条件，防止大量泥水涌入井内。保证泥水仓内水压平衡与稳定，要求洞门临时密封效果满足要求。建立泥水平衡时需要观察洞门密封情况，若发生小规模渗漏可采用棉布、棉纱、砂袋、聚氨酯、盾尾密封油脂等材料进行封堵，并适当提高泥浆和高分子堵漏浆液的黏度。若发生较大渗漏，则需立即停止施工并查明原因。

4. 洞门二次密封

建立泥水平衡系统的同时，根据橡胶帘布漏水情况，通过渗漏点附近密封环的油脂孔注入添加有 NSHS-2 型的泥浆，封堵橡胶帘布与盾体之间的空隙。在第一道和第二道密封刷之间注入密封油脂。待盾尾完全穿过密封环板后，用 20mm 厚的密封钢板将密封圆环板与负 1 环管片外侧预埋钢板焊接，形成二次密封，提高密封效果，保证泥水压力平衡。

5.1.3　试掘进参数优化控制

1. 试掘进目的

① 检验切口压力、同步注浆量理论计算结果的准确性，获取相对最优的盾构施工控制参数（如：切口压力、同步注浆压力及注浆填充率等），有效降低隧道沿线地表沉降变形；

② 研究分析试掘进段盾构施工参数与地表变形监测数据，建立盾构施工参数与地表

沉降变形、隧道轴线偏差等之间的特征关系[6]，及时优化调整盾构施工参数，为盾构施工参数的选取和设定积累经验；

③ 评价克泥效壁后填充效果，分析克泥效注入参数对地表沉降变形的影响，研究克泥效对沼气的密封阻隔作用效果；

④ 通过试掘进熟悉盾构操作方法和机械性能，掌握盾构掘进、管片拼装操作工序，提高管片拼装质量，加快施工进度。

2. 试掘进段参数选取

始发试掘进包括搅拌桩加固段以及原状土地段，上覆土层主要为粉质黏土、淤泥质粉质黏土、粉砂以及粉土。根据试掘进段地质条件、覆土厚度以及施工状况等方面因素可以对盾构掘进参数取值进行估算[7-9]。

（1）切口泥水压力

采用水土分算方法计算切口泥水压力，按照朗肯土压力计算公式可得切口泥水压力的理论上限值 P_{max} 和理论下限值 P_{min}：

$$P_{max}=P_1+P_2+P_3 \tag{5.1}$$

$$P_{min}=P_1+P_2'+P_3 \tag{5.2}$$

$$P_1=\gamma_w \tag{5.3}$$

$$P_2=K_0(\gamma-\gamma_w)\cdot h+(H-h)\cdot\gamma \tag{5.4}$$

$$P_2'=K_a(\gamma-\gamma_w)\cdot h+(H-h)\cdot\gamma-2c\sqrt{K_a} \tag{5.5}$$

式中：P_{max}——切口泥水压力上限值，kPa；

P_{min}——切口泥水压力下限值，kPa；

P_1——地下水压力，kPa；

P_2——静止土压力，kPa；

P_2'——主动土压力，kPa；

P_3——施工中预留的变动土压力，常取 20kPa；

γ_w——水重度，kN/m^3；

γ——土体重度，kN/m^3；

h——地下水位至隧道中心的高度，m；

c——土体黏聚力，kPa；

H——隧道埋深，m；

K_0——静止土压力系数；

K_a——主动土压力系数。

计算结果表明苏通 GIL 综合管廊工程试掘进段切口泥水压力理论下限值 $P_{min}=86$kPa，理论上限值 $P_{max}=113$kPa。

（2）总推力

盾构掘进过程中总推力主要用于平衡掌子面的土压阻力、盾构机外壳与土体之间的摩擦阻力、盾尾与管片之间的摩擦阻力等[2]。因此，总推力主要包括盾构外壳与土层之间的摩擦力 F_1、掌子面的土压阻力 F_2、掌子面泥水压力引起的反向阻力 F_3、盾尾密封与管片间的摩擦阻力 F_s 以及施工过程中的台车等配套设备牵引力 F_{nl}。各项阻力理论计算公式为：

$$F=F_1+F_2+F_3+F_s+F_{nl} \tag{5.6}$$

$$F_1=\mu \cdot \pi \cdot D \cdot l \cdot \overline{p} \tag{5.7}$$

$$F_2=\frac{1}{4} \cdot \pi \cdot D^2 \cdot P_d \tag{5.8}$$

$$F_3=\frac{1}{4} \cdot \pi \cdot D^2 \cdot P_w \tag{5.9}$$

$$F_s=\mu_c \cdot w_s \cdot g \tag{5.10}$$

式中：μ——土体与盾壳间的摩擦系数，取 0.15；

D——盾体直径，取 12.01m；

l——盾体长度，取 13.5m；

$\overline{p}$——四周盾体土压载荷平均值，取 114kN/m^2；

P_d——正面土压载荷，取 106kN/m^2；

P_w——切削面中心泥水压力，取 100kN/m^2；

μ_c——盾尾密封与管片间的摩擦系数，取 0.3；

g——重力加速度，取 9.8m/s^2；

w_s——两环管片的重量。

通过计算可得苏通 GIL 综合管廊工程中盾构外壳与土层之间的摩擦力 $F_1=8698$kN，掌子面的土压阻力 $F_2=11978$kN，掌子面泥水压力引起的反向阻力 $F_3=11300$kN，盾尾密封与管片间的摩擦阻力 $F_s=1350$kN，考虑苏通 GIL 综合管廊工程采用下坡式始发方案，不需要考虑台车等配套设备的牵引力。综上所述，始发试掘进段推力的理论计算值$F=33326$kN。

(3) 注浆压力与注浆充填率

同步注浆压力应大于相应位置的水压以及静止土压力之和。注浆压力过大时，土体中可能会出现应力集中从而劈裂周围土体，造成跑浆影响注浆质量；注浆压力过小时，浆液填充速率过慢，填充不充分，从而影响同步注浆质量。苏通 GIL 综合管廊工程试掘进段同步注浆压力初步设定为 0.3～0.4MPa，注浆速度与盾构机推进速度相匹配，掘进与注浆同步进行，理论注浆量初步确定为 17.46m^3/环，充填率范围为 100%～200%，采用单液注浆方式。经过试掘进段掘进可知：当注浆充填率为 150%时，地表隆起量超过 50mm；当注浆充填率为 130%时，地表隆起超过 20mm；当注浆充填率为下调至 105%时，地表隆起量仅为 1～2mm。

苏通 GIL 综合管廊工程试掘进段参数理论值如表 5.2 所示。

试掘进段参数理论值 　　**表 5.2**

	泥水压力 (MPa)	推力 ($\times10^3$kN)	掘进速度 (mm/min)	刀盘转速 (r/min)	注浆充填率 (%)	注浆压力 (MPa)
选取范围	0.086～0.113	33.3～45.0	5～15	0.8～1.2	105～130	0.3～0.4

3. 地面变形控制措施

盾构始发通过洞门处于下坡阶段（图 5.1），机身重心整体偏前，进入软弱土体后易发生栽头现象。此外，空拼负环管片缺乏地层约束变形显著，顶部容易失稳掉落扰动周围

图 5.1　苏通 GIL 综合管廊工程泥水盾构始发

地层，造成地面变形以及施工风险。苏通 GIL 综合管廊工程通过采取以下控制措施防止地面过度沉降变形，确保泥水盾构顺利始发：

① 严格控制盾构施工控制参数，切口压力控制在 2kPa 内，保持掌子面前方土体稳定。采取智能化信息收集反馈系统，实时采集试掘进段盾构施工控制参数，并通过分析进行优化调整；

② 监控量测盾构影响范围内的地表变形，根据变形情况实时调整监测频率。通过分析地表变形监测数据优化调整盾构掘进参数，为后续施工参数的选取提供参考依据；

③ 采用同步注浆工艺和克泥效工法，及时充填盾尾和中盾间隙。对于沉降量偏大的掘进区间，采用水硬性浆液等材料进行二次补浆；

④ 当盾构下穿建构筑物时，应加强监控量测，确保建（构）筑物结构稳定，必要时可采用地面注浆加固措施。

5.1.4　掘进方向的控制与调整

由于受到软硬地层转换、盾壳与地层间摩擦阻力不均匀、隧道设计曲线和坡度变化等因素的影响，盾构推进方向可能会与隧道设计轴线间存在一定偏差。在不同掘进施工区段中，隧道掌子面泥水压力变化、刀盘切削阻力不均匀、推进千斤顶参数设定偏差等因素也会引起盾构掘进方向偏差。当掘进方向偏差超过一定界限时，会导致隧道衬砌侵限、盾尾间隙变化、管片局部受力不均[10]。

苏通 GIL 综合管廊工程线形设计呈三维状蜿蜒于江底，垂直方向变化幅度近 80m，水平方向最大移动量近 1000m，隧道线形中基本没有水平掘进段，非标准转角掘进段掘进给盾构姿态调整带来严峻挑战。因此，盾构施工过程中必须严格控制掘进方向，及时进行有效纠偏。

1. 盾构掘进方向控制

苏通 GIL 综合管廊工程采用 SLS-T 隧道自动导向系统（图 5.2）和人工辅助测量进行盾构姿态监测。SLS-T 隧道自动导向系统配置了导向、自动定位、掘进程序软件和显示器等，能够全天候动态显示盾构位置与隧道设计轴线的偏差及其变化趋势，可以根据偏差数据及时调整掘进方向，保持偏差量始终处于允许范围内。随着盾构不断推进，自动导向系统的后视基准点需要向前移动，为保证盾构推进方向的准确性，需要依靠人工辅助测量精确定位，校核自动导向系统的测量数据以及复核盾构姿态和位置。

结合隧道线形设计条件和自动导向系统中的盾构姿态信息，分区调整盾构推进油缸控制盾构掘进方向，具体表现为：上坡段掘进时，适当加大下方油缸推力；下坡段掘进时，适当加大上方油缸推力；左转弯曲线段掘进时，适当加大右侧油缸推力；右转弯曲线段掘进时，适当加大左侧油缸推力；直线段掘进时，保持所有油缸推力一致。此外，推进油缸

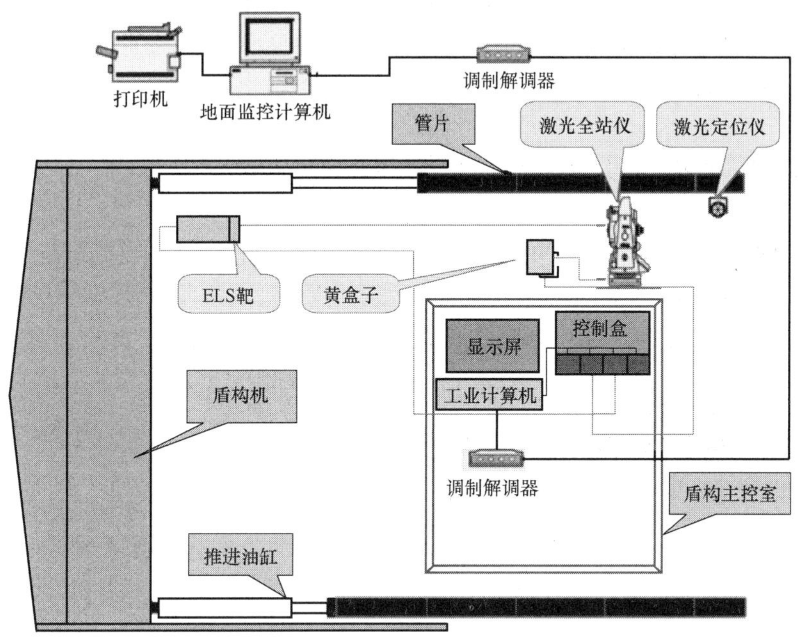

图 5.2　SLS-T 隧道自动导向系统示意图

的参数配置需要结合地层变化情况进行调整，具体表现为：均匀地层中掘进时，保持所有油缸推力一致；软硬不均地层中掘进时，应遵循适当加大硬地层一侧的油缸推力，适当减小软地层一侧油缸推力的原则进行控制调整。

2. 盾构掘进姿态调整与纠偏

隧道施工过程中，由于地质条件突变和线路坡度变化等原因，盾构可能产生较大的轴线偏差和滚动偏差。需要根据不同偏差类型及时调整盾构姿态，具体偏差类型和纠偏措施如下[11]：

① 盾构姿态调整：通过自动导向系统采集和分析数据，当偏差达到管理警戒值时，采用分区控制推进油缸来进行盾构姿态调整，纠正掘进方向偏差；

② 滚动纠偏：当滚动偏差超过其偏差允许值（1.5°）时，系统会自动报警提醒，采用盾构刀盘反转方法进行滚动偏差纠正；

③ 竖直方向纠偏：当盾构出现下俯趋势时，加大下方千斤顶推力进行纠偏；当盾构出现上仰趋势时，加大上方千斤顶推力进行纠偏；

④ 水平方向纠偏：当盾构出现左偏趋势时，加大左侧千斤顶推力进行纠偏；当盾构出现右偏趋势时，加大右侧千斤顶推力进行纠偏。

3. 方向控制及纠偏注意事项

在掘进方向控制与纠偏时，应严格设置警戒值与限制值，当达到警戒值时需立即进行纠偏，作业时要严格控制纠偏力度，防止发生盾构卡壳现象，同时也需要注意以下事项：

① 切换刀盘转动方向时，应保留一定时间间隔。推进油缸油压调整幅度不宜过大，调整速度不宜过快，否则可能造成管片因局部应力集中而损坏；

② 掘进方向纠偏时，蛇行修正应以长距离慢修为原则，修正过急容易导致掘进路线

蛇形化更加明显。直线段掘进时，选取盾构所在位置与设计轴线上较远的点作直线，并将该直线作为新基准进行线形管理；曲线段掘进时，应使盾构所在位置点与设计轴线上较远点的连线同隧道设计曲线相切。

5.2 盾构下穿长江大堤段安全监测控制

长江大堤作为防洪体系的重要组成部分，其抗洪能力直接关系到堤防范围内人民的生命财产安全。因此，盾构法越江隧道下穿大堤时，应通过合理控制地表变形尽量减少对江岸大堤扰动。保障大堤的基础和结构稳定是盾构下穿长江大堤段施工安全控制的重要研究内容[12]。

5.2.1 南北两岸长江大堤地质概况

南岸长江大堤为常熟市主江堤，属Ⅱ级堤防工程。隧道设计轴线与长江南岸大堤平面夹角约 85°，前期勘查结果显示大堤下无桩基础，大堤底部与隧道顶部之间的地层厚度为 16～18m，主要包括淤泥质粉质黏土、粉砂、粉质黏土、以及粉质黏土与粉土互层等。

北岸长江大堤位于南通市，属Ⅱ级堤防工程。隧道设计轴线与北岸长江大堤平面夹角约 60°，大堤下无桩基础以及芯墙构造。大堤底部与隧道顶部之间的地层厚度为 24～27m，主要包括细砂、粉细砂、粉砂夹粉土、粉质黏土夹粉土等。

5.2.2 下穿长江大堤安全控制难点

① 掌子面稳定控制难度大：下穿长江大堤时，掌子面容易失稳造成地层坍塌，引起长江大堤基础结构发生破坏；

② 地表变形控制要求高：近年长江汛期水位较高，长江大堤作为重要防洪工程设施，地表变形要求应严格控制在－30～10mm；

③ 盾构施工参数设置难度大：如果掘进参数及切口压力控制不好，会造成较大地层损失和不均匀沉降。同时，盾构下穿长江南岸大堤，地层从淤泥质粉质黏土层过渡到粉土层，掌子面泥水压力变化大[13]；

④ 地表变形监测要求高：地表监测数据的准确获取和及时反馈分析是盾构下穿长江大堤段重要的安全监控手段，也是盾构掘进参数调整的重要依据。

5.2.3 盾构掘进参数控制

盾构下穿大堤地段掘进参数控制遵循“高黏重浆、合理压力”的基本原则，尽可能缩短盾构下穿长江大堤的时间，减少盾构施工对长江大堤的扰动。

1. 泥水压力

盾构下穿长江大堤过程中，对每环泥水压力进行理论计算。下穿南岸长江大堤时，上覆土层的厚度为 18.3～22.3m，切口泥水压力理论计算值为 2.91～3.51bar；下穿北岸长江大堤时，上覆土层厚度为 27～31.3m，切口泥水压力理论计算值为 3.38～3.95bar。

泥水压力波动太大会加剧开挖面土体扰动，导致开挖面土体流失。因此，需要尽可能保持泥水压力稳定。在施工过程中，通过采用自动增加被压系统，可以将泥水压力的波动范围稳定控制在－10～10kPa。

2. 泥水质量

为了加强开挖面土体支护能力，建议采用重浆维持开挖面稳定。对于正常掘进段，泥浆密度为 1.08～1.15g/cm^3，黏度为 16～18s；下穿长江大堤段时，泥浆密度增加至1.20～1.25g/cm^3，黏度增加至 22～24s。同时，可在泥浆中适当添加堵漏材料，用于防止砂层中的泥浆失水现象，确保隧道开挖面稳定。

3. 推进速度

保持匀速合理的推进速度，可有效减小土体扰动，有效控制地表变形。泥水盾构下穿长江大堤时，掘进速度控制在 10～20mm/min，并尽量保持稳定，确保盾构匀速不间断下穿长江大堤。

4. 同步注浆

苏通 GIL 综合管廊工程洞壁与管片之间的间隙为 17.47m^3/环，普通掘进段按照120%～150%的充填率注入水泥砂浆；盾构下穿长江大堤时，按照 150%～200%的充填率加大注浆量（即：每环填充 26.21～34.95m^3 水泥砂浆）。注浆压力按照比掌子面泥水压力理论计算值高约 0.5bar 进行控制调整。

盾构下穿大堤时，适当调整同步注浆的浆液配比，增加水泥用量，缩短水泥砂浆初凝时间，加快浆液硬化速度，提高砂浆硬化强度。

5. 盾构姿态

盾构下穿长江南岸大堤为坡度 5.0%的下坡段，下穿长江北岸大堤段为坡度 5.0%的上坡段。当长江大堤位于施工影响范围内时，盾构需要保持平稳推进，尽量减少纠偏，平面位置控制在设计轴线±30mm 之内。

5.2.4 地表变形监测及处理

1. 地表变形监测

为保证盾构安全下穿长江大堤，在长江大堤地表加密布设变形监测点，安排测量人员进行变形测量，并及时反馈至地表变形监测系统。通过监测系统提供的数据及时控制调整盾构施工参数，使盾构施工对长江大堤的影响降到最低。南岸大堤地表累计变形曲线如图 5.3 所示，隧道轴线处地表变形量呈现沉降变形趋势，其中最大沉降变形量 18.52mm；大堤监测断面处地表沉降变形量随着与盾构轴线距离的增加而逐渐减少。其中，最大隆起变形量为 1.23mm，最大沉降变形量为 18.52mm。盾构下穿大堤地表变形量均满足变形控制要求（即：隆起变形量控制在 10mm 以内，沉降变形量控制在30mm 以内）。

2. 大堤变形处理

南岸大堤为土质护坡，在坡脚处填充抛填片石。北岸大堤为浆砌片石护坡。盾构下穿南北岸大堤时，若大堤护坡沉降量超过 30mm 或护坡上出现明显破损和裂缝，需要立即采用抛填片石或土石方填筑压实大堤护坡，并进行注浆处理。

当地表累计沉降在 30～50mm 或大堤出现局部破损及微小裂缝时，可采用水泥砂浆对地表裂缝进行修补。同时，利用隧道管片注浆孔进行二次（或多次）注浆，保证不影响

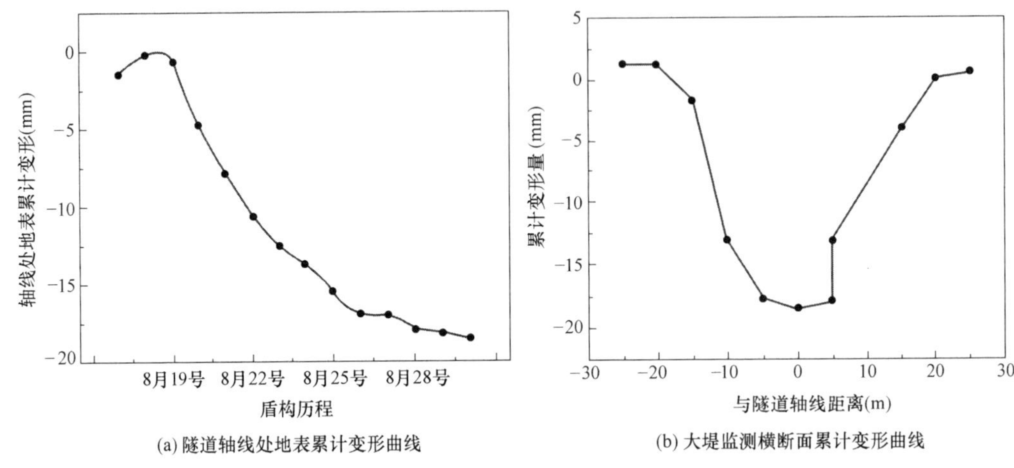

(a) 隧道轴线处地表累计变形曲线　　(b) 大堤监测横断面累计变形曲线

图 5.3　南岸大堤地表累计变形曲线图

大堤正常使用功能。当地表累计沉降变形超过 50mm，需要在沉降地面采用袖筏管注浆的方式进行填充补强处理，注浆范围为地面以下 3m 至袖筏管底。采用封闭泥浆钻孔至设计孔深，并插入单向塑料阀管至钻孔深度。待封闭泥浆凝固后，根据需要在塑料阀管中插入注浆芯管，进行注浆的同时以 33cm 为一节向上移动注浆芯管。注浆压力控制在 0.1～0.3MPa，流量控制在 20～25L/min。同时，需要及时监测大堤变形，调整注浆量及注浆工艺。

5.3　江底深槽段掌子面稳定性监测控制

苏通 GIL 综合管廊工程在 DK1＋780 位置下穿长江深槽，断面深度在－40m 左右，深槽摆幅在 500m 左右。隧道底部最大水压力可达 8.0bar，最大水土压力可达 9.5bar。盾构进入深槽过程中上覆土层厚度急剧减少，水土压力变化大。此外，盾构开挖断面面积大，掌子面稳定性控制难，容易发生失稳坍塌事故。

因此，为防止过度超挖、失稳坍塌以及地面沉降，可以通过对土体开挖量进行计算分析，间接评估隧道掌子面稳定情况[14-16]。目前，隧道开挖量计算分析大多基于膜模型，没有考虑泥浆滤失和地下水置换，计算精度难以满足工程实际需求[17-18]。通过对传统膜模型进行改进，提出了适用于渗透性砂层的渗滤模型，并对苏通 GIL 综合管廊工程的盾构开挖量进行计算分析。

5.3.1　基于膜模型的开挖量计算方法

膜模型假设隧道掌子面形成高黏致密泥膜，无法形成有效的泥浆渗透路径，膨润土泥浆的滤失量几乎可以忽略不计，基于该假设提出了盾构开挖量理论计算方法[19]。

1. 理论开挖量计算方法

(1) 单环理论开挖体积

理论体积是指理论上从隧道掌子面开挖的土体体积。对于饱和土体，理论体积包括固体颗粒体积和孔隙水体积。单环理论开挖体积如式 (5.11) 所示。

$$V_{tg}=\frac{\pi}{4}\cdot D_1^2\times L \tag{5.11}$$

式中：V_{tg}——单环理论开挖体积；

D_1——隧道开挖直径；

L——混凝土管片宽度。

(2) 单环理论开挖质量

理论开挖质量可以通过将理论开挖体积乘以原位土体密度获得，单环理论开挖质量如式（5.12）所示。

$$M_{tg}=\frac{\pi}{4}\cdot D_1^2\times L\times\rho_{in} \tag{5.12}$$

式中：M_{tg}——单环理论开挖质量；

ρ_{in}——开挖土体的原位密度。

(3) 单环理论开挖干质量

理论开挖干质量是指单环土体颗粒的理论质量，可以通过将单环理论开挖质量减去单环开挖土体中水的质量获得，如式（5.13）所示。

$$M_{td}=\frac{\pi}{4\times(1+w)}\times D_1^2\times L\times\rho_{in} \tag{5.13}$$

式中：M_{td}——单环理论开挖干质量；

w——土体含水率。

(4) 单环理论开挖固体体积

理论固体体积是指土体颗粒体积，不随压缩密实程度的变化而改变。单环理论开挖固体体积可以通过单环开挖干质量除以固体密度获得，如式（5.14）所示。

$$V_s=\frac{\pi}{4(1+\omega)}\times D_1^2\times L\times\frac{\rho_{in}}{\rho_s} \tag{5.14}$$

式中：V_s——单环理论开挖固体体积；

ρ_s——开挖土体的干密度。

2. 实际开挖量计算方法

(1) 单环实际开挖体积

单环实际开挖体积通过排浆流量和进浆流量之差对时间进行积分，加上开挖仓内的体积损失进行计算，如式（5.15）所示。

$$V_{ag}=\int_{\mathrm{RingStart}}^{\mathrm{RingEnd}}(Q_d-Q_f)\delta t+\Delta V_c \tag{5.15}$$

式中：V_{ag}——单环实际开挖体积；

Q_d——排浆流量；

Q_f——进浆流量；

ΔV_c——开挖仓内体积损失。

排浆流量 Q_d 和进浆流量 Q_f 可以通过安装在排浆管和进浆管上的流量计进行测量，开挖仓体积损失 ΔV_c 与盾构开挖仓的结构密切相关。单仓式泥水盾构掘进过程中几乎不会发生体积变化，双仓式泥水盾构机，体积变化与仓室尺寸和泥浆液位密切相关。假设液面变化部分开挖仓和主轴承形状为梯形截面的棱柱体（图 5.4），开挖仓体积变化 ΔV_c 可通过式（5.16）近似计算。

$$\Delta V_c=\left\{\frac{D_e}{2}\cdot\sin\left(\arccos\frac{2h}{D_e}\right)+\frac{D_e}{2}\cdot\sin\left[\arccos\frac{2(h+\delta h)}{D_e}\right]\right\}\times\delta h\times L_e$$
$$-\left\{\frac{D_m}{2}\cdot\sin\left(\arccos\frac{2h}{D_m}\right)+\frac{D_m}{2}\cdot\sin\left[\arccos\frac{2(h+\delta h)}{D_m}\right]\right\}\times\delta h\times L_e \tag{5.16}$$

式中：D_e——盾构开挖仓直径；

L_e——开挖仓长度；

D_m——主轴承直径；

h——弦心距；

δh——泥浆液位差。

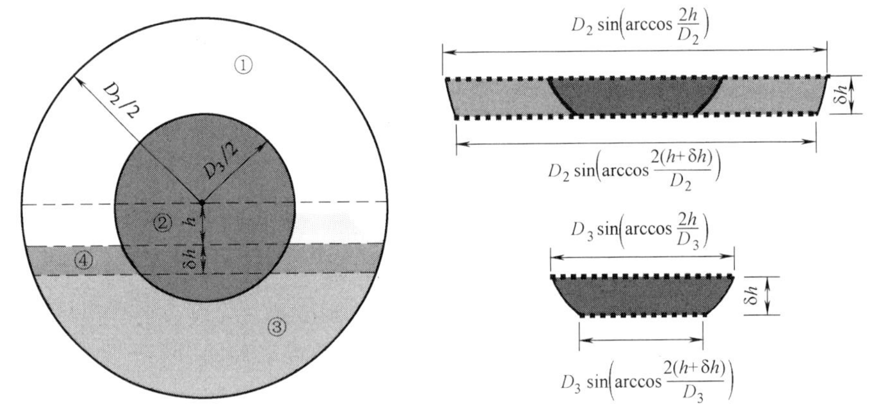

①—开挖仓；②—主轴承；③—膨润土泥浆；④—体积变化量ΔV_c

图 5.4　泥水盾构开挖仓液位变化示意图

（2）单环实际开挖质量

单环实际开挖质量可以通过排浆质量和进浆质量差对时间积分，加上开挖仓的质量损失进行计算。其中，排（进）浆质量等于排（进）浆体积和排（进）浆密度的乘积，质量损失可以通过开挖仓内泥浆液位读数变化计算。单环实际开挖质量计算公式如式（5.17）所示。

$$M_{ag}=\int_{\text{RingStart}}^{\text{RingEnd}}(Q_d\times\rho_d-Q_f\times\rho_f)\delta t+\Delta V_c\times\rho_d \tag{5.17}$$

式中：M_{ag}——单环实际开挖质量；

ρ_d——排浆管中含渣泥浆密度；

ρ_f——进浆管中膨润土泥浆密度。

（3）单环实际开挖干质量

干质量是指土体中土体颗粒的质量，可以通过采用式（5.18），从总质量中减去水的质量进行计算。

$$M_s=M_g-M_w \tag{5.18}$$

式中：M_s——单环实际开挖干质量；

M_g——单环实际开挖质量；

M_w——开挖土体中水的质量。

由于干质量等于固体质量，式（5.18）可表示为式（5.19）。

$$\rho_s \times V_s = \rho_g \times V_g - \rho_w \times (V_g - V_s) \tag{5.19}$$

式中：ρ_g——开挖土体密度；

V_g——开挖土体体积；

ρ_w——水的密度。

对于饱和土体，可以通过从总体积中减去固体体积获得水的体积。单环实际开挖干质量可以通过式（5.20）进行计算。

$$M_s = V_g \times \frac{\rho_g - \rho_w}{\rho_s - \rho_w} \times \rho_s \tag{5.20}$$

膨润土泥浆可以视为特殊的饱和土体，单环实际开挖干质量的计算可以参照式（5.20）。其中，进浆管中的单环膨润土泥浆干质量可采用式（5.21）进行计算。

$$M_{fd} = \int_{\text{RingStart}}^{\text{RingEnd}} \left(Q_f \times \frac{\rho_f - \rho_w}{\rho_b - \rho_w} \times \rho_b \right) \delta t \tag{5.21}$$

式中：M_{fd}——单环膨润土泥浆干质量；

ρ_b——膨润土颗粒密度。

排浆管中的单环含渣泥浆干质量可通过式（5.22）进行计算。

$$M_{dd} = \int_{\text{RingStart}}^{\text{RingEnd}} \left(Q_d \times \frac{\rho_d - \rho_w}{\rho_s - \rho_w} \times \rho_s \right) \delta t \tag{5.22}$$

式中：M_{dd}——单环含渣泥浆干质量。

单环实际开挖干质量等于排浆管中的单环含渣泥浆质量减去和进浆管中的单环膨润土泥浆干质量，再加上开挖仓内的干质量损失。具体可以通过式（5.23）进行计算。

$$M'_{as} = M_{dd} - M_{fd} + \Delta V_c \times \frac{\rho_d - \rho_w}{\rho_s - \rho_w} \times \rho_s \tag{5.23}$$

式中：M'_{as}——单环实际开挖干质量。

由于膨润土颗粒和土体颗粒的密度差异一般很小，通常可以认为两者近似相等。取水的密度为 1t/m^3，式（5.23）可以简化为式（5.24）。

$$M'_{as} = M_{dd} - M_{fd} + \Delta V_c \times \frac{\rho_d - 1}{\rho_s - 1} \times \rho_s \tag{5.24}$$

（4）单环实际开挖固体体积

由于开挖土体的干质量等于固体质量，单环实际开挖固体体积可以通过式（5.25）进行计算。

$$V'_{as} = \frac{M_{dd} - M_{fd}}{\rho_s} + \Delta V_c \times \frac{\rho_d - 1}{\rho_s - 1} \tag{5.25}$$

式中：V'_{as}——单环实际开挖固体体积。

5.3.2 泥浆滤失量及地下水置换量的计算方法

1. 泥浆渗透距离

泥水压力与掌子面水土压力理论上应满足受力平衡条件。然而，为了防止掌子面失稳坍塌，泥水压力实际上一般略高于水土压力。随着泥水压力超过水土压力，膨润土泥浆会逐渐渗透至周围地层形成泥浆饱和土。泥浆最大渗透距离 e_{max} 与泥水压力和水土压力之差 ΔP、颗粒界限粒径 d_{10} 呈正相关关系，与膨润土的剪切强度 τ、颗粒尺寸与流量通道有效半径之间相关系数 λ 呈负相关关系，计算公式如式（5.26）所示。

$$e_{max}=\frac{\Delta P\times d_{10}}{\lambda\times\tau} \tag{5.26}$$

式中：e_{max}——最大渗透距离；

ΔP——泥水压力和水土压力之差；

d_{10}——颗粒界限粒径，即：小于该粒径的颗粒含量占全部颗粒的 10%；

τ——膨润土抗剪强度；

λ——颗粒尺寸与流量通道有效半径之间的相关系数，λ 通常取 2～4。

膨润土泥浆渗透速度较慢，需要足够的时间才能达到最大渗透距离 e_{max}。但随着盾构持续推进，刀盘将不断切削泥浆渗透区域。同时，泥浆会再次渗透至开挖面前方，并形成新的渗透区域。盾构实际掘进过程中，泥浆往往没有充足的渗透时间，无法达到最大渗透距离。泥浆实际渗透距离与渗透时间密切相关，可以通过式（5.27）进行计算[5]。

$$e(t)=e_{max}\times\frac{t}{\xi+t} \tag{5.27}$$

式中：$e(t)$——泥浆实际渗透距离；

t——渗透时间；

ξ——达到最大渗透距离一半所用时间，推荐取值范围为 1～3min[20]。

2. 泥浆径向滤失量

如图 5.5 所示，假定膨润土泥浆沿径向的渗透速度恒定，由于开挖区内的泥浆饱和土在盾构掘进过程中将被切削进入开挖仓和泥浆循环系统，在计算径向滤失量时应减去该部分泥浆。因此，泥浆径向滤失区域是一个与隧道同中心轴线的圆环体，外径为 D_2，内径为 D_1，长度为 δL。其中，外径 D_2 等于内径 D_1 加上 2 倍的渗透距离 $e(t)$，可以通过式（5.28）进行计算。

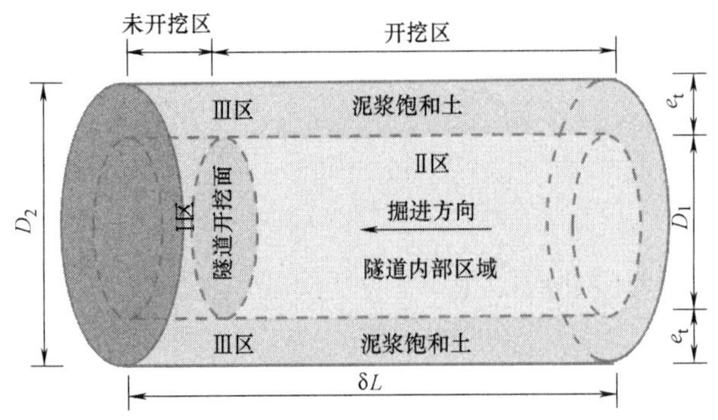

图 5.5 泥浆渗透域的分布示意图

$$D_2=D_1+2e(t) \tag{5.28}$$

式中：D_2——泥浆径向滤失区域的圆环体外直径。

D_1——泥浆径向滤失区域圆环体内直径。

假定周围土体的孔隙率为 n，泥浆径向滤失量 δV_f 可以通过式（5.29）进行计算。

$$\delta V_{\mathrm{f}}=\left(\frac{\pi D_2^2}{4}-\frac{\pi D_1^2}{4}\right)\times\delta L\times n \tag{5.29}$$

式中：δV_{f}——膨润土泥浆的滤失量；

δL——圆环区的长度；

n——土体的孔隙率，定义为孔隙体积与总体积之比。

掘进距离 δL 可以通过掘进速度 V 乘以时间 δt 获得，则膨润土泥浆的滤失量 δV_{f} 可以通过式（5.30）进行计算。

$$\delta V_{\mathrm{f}}=\left\{\frac{\pi[D_1+2e(t)]^2}{4}-\frac{\pi D_1^2}{4}\right\}\times V\times n\times\delta t \tag{5.30}$$

式中：V——掘进速度；

δt——掘进时间；

δV_{f}——膨润土泥浆在开挖时间 δt 内的径向滤失量。

单环膨润土泥浆径向滤失量 V_{f} 可以通过采用式（5.31）对 δV_{f} 进行积分求得。

$$V_{\mathrm{f}}=\int_{\mathrm{RingStart}}^{\mathrm{RingEnd}}\left\{\left[\frac{\pi[D_1+2e(t)]^2}{4}-\frac{\pi D_1^2}{4}\right]\times V\times n\right\}\delta t \tag{5.31}$$

式中：V_{f}——单环膨润土泥浆的径向滤失量。

3. 地下水轴向置换量

隧道开挖过程中膨润土泥浆不断向开挖面前方土体（Ⅰ区）渗透（图 5.5），土体孔隙中的水将逐渐被膨润土泥浆取代。渗透区域圆柱体的长度和直径分别为 δl 和 D_1。取开挖面前方土体的孔隙率为 n，沿掘进方向被膨润土泥浆置换的孔隙水的体积可以通过式（5.32）进行计算。

$$\delta V_{\mathrm{d}}=\frac{\pi}{4}\times D_1^2\times\delta l\times n \tag{5.32}$$

式中：δV_{d}——被膨润土泥浆置换的水的体积；

δl——轴向泥浆渗透区域的长度。

轴向泥浆渗透区域（Ⅰ区）的长度 δl 取决于泥浆渗透速度与盾构掘进速度之间的相对大小。当泥浆渗透速度小于或等于盾构掘进速度时［式（5.33）］，轴向泥浆渗透区域（Ⅰ区）的长度等于泥浆渗透距离［式（5.34）］。

$$V\geqslant\frac{e_{\max}}{\xi+T} \tag{5.33}$$

式中：T——刀盘转一圈所需的时间。

$$\delta l=e(T) \tag{5.34}$$

式中：$e(T)$——刀盘转一圈膨润土泥浆的渗透距离。

否则，轴向泥浆渗透区域（Ⅰ区）的长度应等于盾构掘进距离：

$$\delta l=V\times\delta t \tag{5.35}$$

综上所述，被膨润土泥浆驱替的水的体积可通过式（5.36）进行计算。

$$\delta V_{\mathrm{d}}=\begin{cases}\dfrac{\pi}{4}\times D_1^2\times V\times n\times\delta t & V<\dfrac{e_{\max}}{\xi+T}\\[2ex]\dfrac{\pi}{4}\times D_1^2\times\dfrac{e(T)}{T}\times n\times\delta t & V\geqslant\dfrac{e_{\max}}{\xi+T}\end{cases} \tag{5.36}$$

被泥浆驱替的单环地下水的体积 V_d 可以通过采用式（5.37）求得。

$$V_d=\begin{cases}\int_{\text{RingEnd}}^{\text{RingStart}}\left(\frac{\pi}{4}\times D_1^2\times V\times n\right)\delta t & V<\frac{e_{max}}{\xi+T}\\ \int_{\text{RingStart}}^{\text{RingEnd}}\left(\frac{\pi}{4}\times D_1^2\times\frac{e(T)}{T}\times n\right)\delta t & V\geqslant\frac{e_{max}}{\xi+T}\end{cases}\tag{5.37}$$

式中：V_d——被膨润土泥浆置换的单环水的体积。

5.3.3 基于渗滤模型的开挖量计算方法

基于膜模型的计算方法忽略了膨润土泥浆的滤失量和土体中水的置换量，开挖量计算结果难以准确判断隧道超欠挖以及开挖面坍塌等异常工况。渗滤模型通过考虑上述两方面因素的影响，对传统膜模型进行了改进[21]。

1. 理论开挖量计算方法

（1）单环理论开挖体积

基于渗滤模型的单环开挖理论体积通过基于膜模型的对应值减去被膨润土泥浆驱替的水的体积获得，可以采用式（5.38）进行计算。

$$V'_{tg}=\begin{cases}\frac{\pi}{4}D_1^2\times L-\int_{\text{RingStart}}^{\text{RingEnd}}\left(\frac{\pi}{4}\times D_1^2\times V\times n\right)\delta t & V\leqslant\frac{e_{max}}{\xi+T}\\ \frac{\pi}{4}D_1^2\times L-\int_{\text{RingStart}}^{\text{RingEnd}}\left(\frac{\pi}{4}\times D_1^2\times\frac{e(T)}{T}\times n\right)\delta t & V\leqslant\frac{e_{max}}{\xi+T}\end{cases}\tag{5.38}$$

式中：V'_{tg}——基于渗滤模型的单环理论开挖体积。

（2）单环理论开挖质量

基于渗滤模型的单环理论开挖质量等于理论体积与原位土体密度的乘积，可以通过式（5.39）进行计算。

$$M'_{tg}=\rho_{in}\times V'_{tg}\tag{5.39}$$

式中：M'_{tg}——基于渗滤模型的单环理论开挖质量。

（3）单环理论开挖干质量

基于膜模型的单环理论开挖干质量计算式（5.13），可以得到基于渗滤模型的单环理论开挖干质量计算式（5.40）。

$$M'_{tg}=\frac{\rho_{in}}{1+\omega}\times V'_{tg}\tag{5.40}$$

式中：M'_{td}——基于渗滤模型的单环理论开挖干质量。

（4）单环理论开挖固体体积

基于渗滤模型的单环理论开挖固体体积可以通过将单环理论开挖干质量除以固体颗粒密度获得，可以通过式（5.41）进行计算。

$$M'_{tg}=\frac{\rho_{in}}{\rho_s(1+\omega)}\times V'_{tg}\tag{5.41}$$

式中：V'_{ts}——基于渗滤模型的单环理论开挖固体体积。

2. 实际开挖量计算方法

（1）单环实际开挖体积

基于渗滤模型的单环实际开挖体积可以在膜模型的基础之上增加膨润土泥浆滤失体积获得，通过式（5.42）进行计算。

$$V_{ag}=\int_{\text{RingStart}}^{\text{RingEnd}}(Q_d-Q_f)\delta t+\Delta V_c+V_f \tag{5.42}$$

式中：V_{ag}——基于渗滤模型的单环实际开挖体积。

（2）单环实际开挖质量

单环泥浆滤失质量 M_f 可以采用单环泥浆滤失体积 V_f 乘以膨润土泥浆密度 ρ_d 获得，通过式（5.43）进行计算。

$$M_f=\rho_d\times V_f \tag{5.43}$$

式中：M_f——单环泥浆滤失质量。

基于渗滤模型的单环实际开挖质量可以在膜模型的基础之上增加膨润土泥浆滤失质量获得，通过式（5.44）进行计算。

$$M_{ag}=\int_{\text{RingStart}}^{\text{RingEnd}}(Q_d\times\rho_d-Q_f\times\rho_f)\delta t+\Delta V_c\times\rho_d+M_f \tag{5.44}$$

式中：M_{ag}——基于渗滤模型的单环实际开挖质量。

（3）单环实际开挖干质量

单环泥浆滤失干质量可以将单环泥浆滤失质量减去泥浆中水的质量获得，通过式（5.45）进行计算。

$$M_{fs}=V_f\times\frac{\rho_d-\rho_w}{\rho_s-\rho_w}\times\rho_s \tag{5.45}$$

式中：M_{fs}——单环滤失泥浆的干质量。

基于渗滤模型的单环实际开挖干质量可以在膜模型的基础之上增加膨润土泥浆滤失干质量获得，通过式（5.46）进行计算。

$$\begin{aligned}M_{as}=&\int_{\text{RingStart}}^{\text{RingEnd}}\left[\left(Q_d\times\frac{\rho_d-\rho_w}{\rho_s-\rho_w}\times\rho_s-Q_f\times\frac{\rho_f-\rho_w}{\rho_b-\rho_w}\times\rho_b\right)\right]\delta t\\&+\Delta V_c\times\frac{\rho_d-\rho_w}{\rho_s-\rho_w}\times\rho_d+M_{fs}\end{aligned} \tag{5.46}$$

式中：M_{as}——基于渗滤模型的单环实际开挖干质量。

（4）单环实际开挖固体体积

基于膜模型的单环实际开挖固体体积计算式（5.25），可以得到基于渗滤模型的单环实际开挖固体体积计算式（5.47）。

$$V_{as}=\int_{\text{RingStart}}^{\text{RingEnd}}\left(Q_d\times\frac{\rho_d-\rho_w}{\rho_s-\rho_w}-Q_f\times\frac{\rho_f-\rho_w}{\rho_b-\rho_w}\right)\delta t+\Delta V_c\times\frac{\rho_d-\rho_w}{\rho_s-\rho_w}+\frac{M_{fs}}{\rho_s} \tag{5.47}$$

式中：V_{as}——基于渗滤模型的单环实际开挖固体体积。

5.3.4 盾构开挖量的计算

苏通 GIL 综合管廊工程隧道沿线地层以⑤$_1$ 粉细砂（32.1%）、④$_1$ 粉质黏土夹粉砂（24.4%）、④$_2$ 粉砂（16.6%）、⑤$_2$ 细砂（14.5%）和⑥$_1$ 中粗砂（3.1%）等为主。下面将分别采用基于膜模型和渗滤模型的计算方法对泥水盾构在上述五种类型土体中的开挖量进行计算，并对比分析上述两种模型对不同类型地层的适应能力。

1. 基于膜模型的开挖量计算

采用膜模型对苏通 GIL 综合管廊工程泥水盾构开挖量进行计算。其中，盾构结构参数（开挖直径、开挖仓直径、主轴承直径、开挖仓长度）和地层土体参数（原位密度、固体密度和含水率）如表 5.3 和表 5.4 所示。

苏通 GIL 综合管廊工程盾构结构参数 **表 5.3**

盾构主要参数	开挖直径(m) 12.07	盾体总长(m) 140	额定水压力(MPa) 0.10	总功率(kW) 7900
主驱动参数	直径(m) 6.20	额定扭矩(kN·m) 20512	分离扭矩(kN·m) 28306	额定推力(kN) 156753
开挖仓参数	直径(m) 12.01	长度(m) 2.40	外壳厚度(m) 0.10	液位传感器 2

苏通 GIL 综合管廊工程地层土体参数 **表 5.4**

地层类型	占比(%)	黏聚力 c (kPa)	内摩擦角 φ (°)	含水率 w (%)	孔隙率 n	天然密度 ρ_{in} (g/cm^3)	干密度 ρ_s (g/cm^3)	有效粒径 d_{10} (mm)	水平渗透系数 k_h (cm/s)	垂直渗透系数 k_v (cm/s)
①$_2$ 粉砂夹粉土	1.0	5.10	32.40	37.74	0.44	1.92	2.64	—	6.20×10^{-4}	5.50×10^{-5}
①$_{2-1}$ 粉质黏土夹粉土	1.6	4.90	27.30	50.82	0.50	1.81	2.66	—	6.00×10^{-4}	5.20×10^{-5}
①$_3$ 粉砂	1.8	3.30	32.60	32.45	0.41	1.97	2.64	—	3.50×10^{-4}	1.40×10^{-4}
③$_3$ 淤泥质粉质黏土	0.2	10.90	23.20	65.02	0.53	1.78	2.66	—	1.55×10^{-6}	5.78×10^{-7}
③$_4$ 粉质黏土夹粉土	0.3	4.80	25.85	43.78	0.47	1.84	2.65	—	2.20×10^{-4}	1.52×10^{-4}
③$_5$ 淤泥质粉质黏土	2.1	10.63	21.17	57.65	0.52	1.79	2.66	0.010	4.54×10^{-6}	1.73×10^{-7}
③$_6$ 粉质黏土	0.8	12.15	22.95	51.17	0.50	1.82	2.65	0.014	2.50×10^{-5}	1.67×10^{-6}
④$_1$ 粉质黏土混粉土	24.4	7.30	23.10	49.66	0.50	1.81	2.80	0.018	3.75×10^{-5}	2.75×10^{-5}
④$_{1-1}$ 粉细砂	1.2	1.50	29.70	33.87	0.43	1.92	2.64	0.035	2.60×10^{-4}	9.00×10^{-5}
④$_2$ 粉土	16.6	4.00	27.23	39.18	0.46	1.87	2.60	0.010	8.25×10^{-5}	4.50×10^{-5}
⑤$_1$ 粉细砂	32.1	3.68	31.45	29.37	0.41	1.96	2.62	0.034	4.02×10^{-4}	2.73×10^{-4}
⑤$_{1-2}$ 中粗砂	0.2	5.55	35.15	17.99	0.34	2.03	2.61	0.088	3.82×10^{-4}	3.0×10^{-4}
⑤$_2$ 细砂	14.5	4.15	33.25	26.98	0.39	1.98	2.63	0.061	5.05×10^{-4}	3.16×10^{-4}
⑥$_1$ 中粗砂	3.1	4.60	35.23	15.27	0.30	2.06	2.60	0.101	7.47×10^{-4}	5.55×10^{-4}
⑥$_{1-1}$ 粉砂	0.1	4.55	33.38	25.31	0.35	2.04	2.64	0.064	4.40×10^{-4}	1.95×10^{-4}

盾构单环掘进长度 $L=2.0$m，泥浆循环参数的时间间隔 $\delta t=20$s。通过采用取自泥水盾构控制系统终端流量计、密度计以及仓内液位传感器实时记录的监测数据，计算可得上述五种类型地层中单环土体开挖量（图 5.6～图 5.10）。

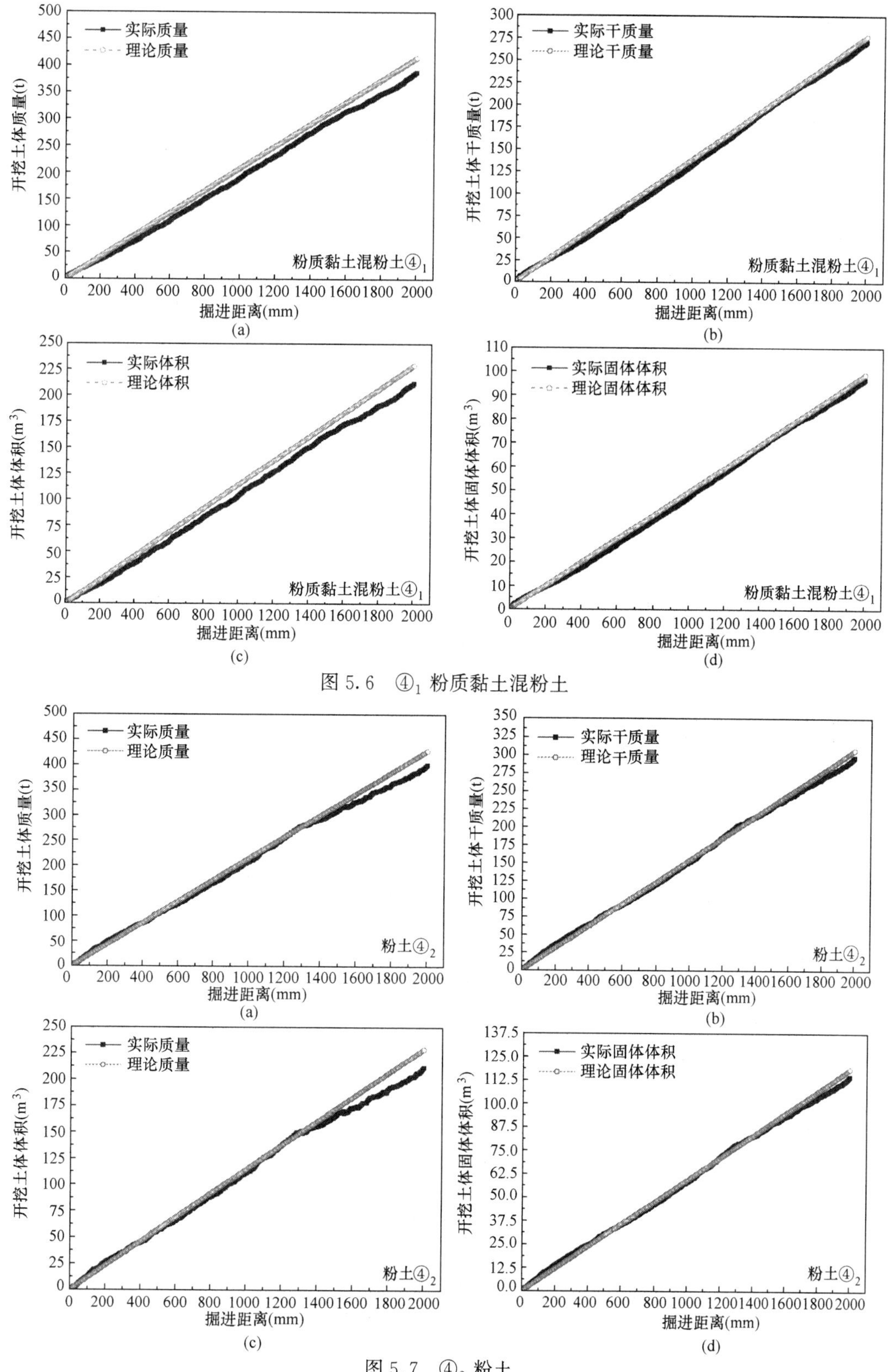

图 5.6　④$_1$ 粉质黏土混粉土

图 5.7　④$_2$ 粉土

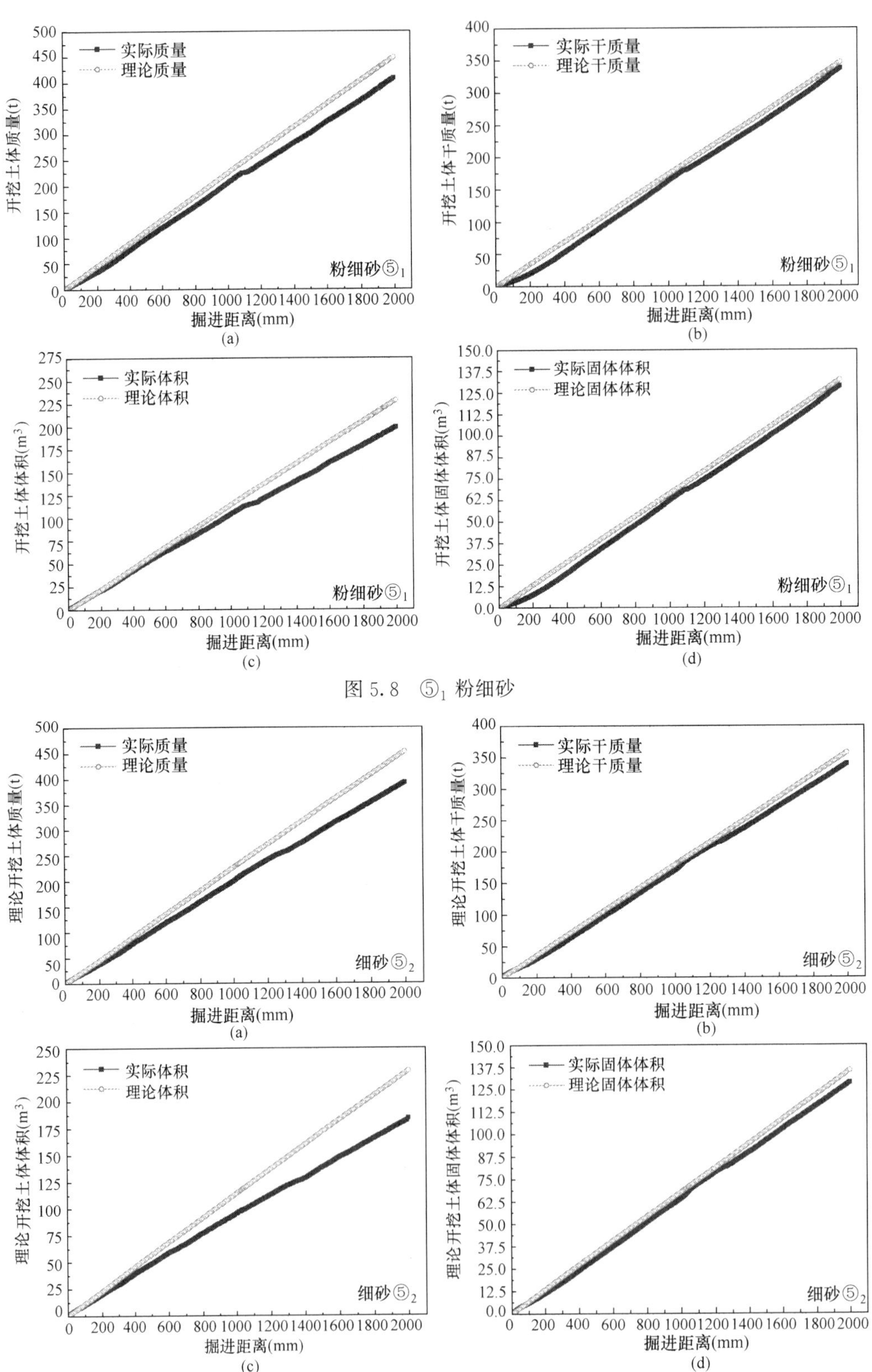
实际质量
理论质量
开挖土体质量(t)
粉细砂⑤1
掘进距离(mm)
(a)
实际干质量
理论干质量
开挖土体干质量(t)
粉细砂⑤1
掘进距离(mm)
(b)
实际体积
理论体积
开挖土体体积(m3)
粉细砂⑤1
掘进距离(mm)
(c)
实际固体体积
理论固体体积
开挖土体固体体积(m3)
粉细砂⑤1
掘进距离(mm)
(d)
图 5.8 ⑤1 粉细砂
实际质量
理论质量
理论开挖土体质量(t)
细砂⑤2
掘进距离(mm)
(a)
实际干质量
理论干质量
理论开挖土体干质量(t)
细砂⑤2
掘进距离(mm)
(b)
实际体积
理论体积
理论开挖土体体积(m3)
细砂⑤2
掘进距离(mm)
(c)
实际固体体积
理论固体体积
理论开挖土体固体体积(m3)
细砂⑤2
掘进距离(mm)
(d)

图 5.9 ⑤$_2$ 细砂

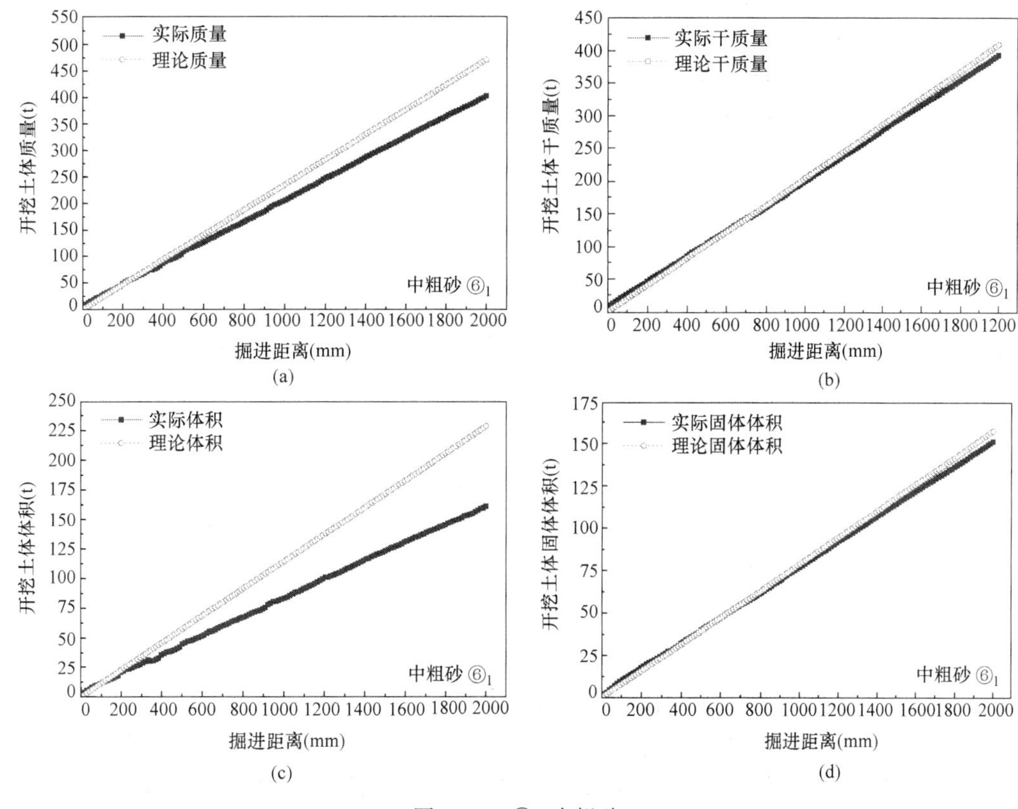

图 5.10　⑥$_1$ 中粗砂

计算结果表明，理论开挖量随掘进距离增加呈完全线性增加趋势，而实测计算值随着掘进距离呈近似线性增加趋势。实测计算值局部波动与盾构掘进参数变化以及传感器标定误差密切相关。在搅拌器参数来不及调整的前提下，盾构掘进参数突变会导致渣土难以与泥浆均匀混合，密度传感器的读数会出现偏大（或偏小）等情况，难以准确测试含渣泥浆的平均密度。

5 种土体的理论值和实际值的偏差率（理论值和实际值之差与理论值之比的绝对值）如表 5.5 所示。可以看出，质量和体积的偏差率远大于干质量和固体体积的偏差率。这与膜模型未考虑泥浆沿轴线渗滤导致水的置换密切相关。土体中水的置换造成质量和体积的计算误差，而对干质量和固体体积并无显著影响。

基于膜模型的单环开挖量偏差率　　　**表 5.5**

	质量(%)	体积(%)	干质量(%)	固体体积(%)
④$_1$ 粉质黏土夹粉土	6.50	7.56	2.17	2.17
④$_2$ 粉砂	6.93	7.85	0.70	1.27
⑤$_1$ 粉细砂	8.98	12.76	2.69	0.84
⑤$_2$ 细砂	13.40	19.44	5.04	3.23
⑥$_1$ 中粗砂	14.58	29.66	3.96	3.96

通过分析开挖量偏差率与水平和垂直渗透性参数之间的相关关系发现，单环开挖量偏差率随水平和垂直渗透系数的增大而增大（图 5.11）。仅以单环开挖质量和体积为例，当

水平和垂直渗透系数分别为 3.75×10^{-5}cm/s 和 2.75×10^{-5}cm/s 时，质量和体积偏差率仅分别为 6.50%和 7.56%；而当水平和垂直渗透系数达到 7.47×10^{-4}cm/s 和 5.55×10^{-4}cm/s 时，质量和体积的偏差率分别高达 14.58%和 29.66%。随着地层渗透性逐渐增强，膜模型的适应性逐渐变差。

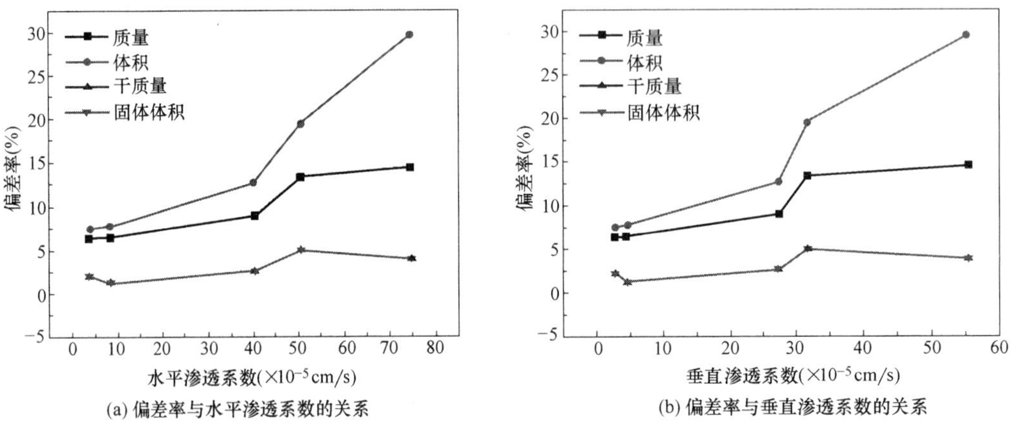

图 5.11 膜模型单环开挖量偏差率与地层渗透系数之间的关系

这与膨润土泥浆在地层中的渗透密切相关。如图 5.5 所示，泥水盾构掘进过程中，膨润土泥浆沿轴向渗透至Ⅰ区会引起地层中水的置换，致使单环开挖质量和体积损失。水平和垂直渗透系数越高，单环开挖质量和体积损失越大。此外，膨润土泥浆沿径向渗透至Ⅲ区会引起泥浆滤失，致使单环开挖质量、体积、干量和固体体积损失。对于苏通 GIL 综合管廊工程，由于泥浆径向渗透距离远小于开挖直径（即：Ⅲ区体积远小于Ⅰ区体积）。因此，单环开挖干质量和固体体积的偏差率远小于单环开挖质量和体积的偏差率。

2. 泥浆径向滤失量计算

苏通 GIL 综合管廊工程泥水盾构长度为 13.65m，隧道开挖直径为 12.07m，单环管片长度为 2m，单环掘进时间为 100min，平均掘进速度 $V=32$mm/min，泥水压力和水土压力的压差 $\Delta P=30$kPa，粒径与流量通道有效半径的相关系数取 $\lambda=3$，膨润土的抗剪强度为 $\tau=10$Pa。管片与土体之间的间隙在 682.5min 后才能通过同步注浆充填。在此期间，膨润土泥浆可沿径向渗透。膨润土泥浆的渗透时间 t 远大于达到最大渗透距离一半的时间 ξ，实际渗透距离 $e(t)$ 近似等于最大穿透距离 e_{max}。因此，膨润土泥浆在上述 5 种土体中的渗透距离可根据式（5.26）进行计算，单环泥浆滤失量 V_f 可根据式（5.31）进行计算，结果如表 5.6 所示。

不同地层中泥浆最大渗透距离和滤失量 **表 5.6**

土层类型	④$_1$ 粉质黏土夹粉土	④$_2$ 粉砂	⑤$_1$ 粉细砂	⑤$_2$ 细砂	⑥$_1$ 中粗砂
最大渗透距离 e_{max}(mm)	18	10	34	61	101
泥浆滤失量 V_f(m^3)	0.341	0.174	0.529	0.904	1.153

3. 沿轴线水的置换量计算

随着膨润土泥浆逐渐渗透，Ⅰ区土体中的水将被泥浆取代。根据式（5.36），被泥浆驱替的水量取决于渗透速度和掘进速度的相对大小。刀盘转动一圈所需时间为

$T=1.16\text{min}$，达到最大渗透距离一半的所需时间取 $\xi=2\text{min}$，可以计算出膨润土泥浆的渗透速度（表 5.7）。基于盾构控制终端实时记录的参数统计结果，刀盘平均掘进速度 $V=32\text{mm/min}$，大于上述 5 种土体的泥浆渗透速度。因此，Ⅰ区的长度 δl 可以通过对泥浆渗透速度进行积分获得，由此计算可知单环掘进过程中水的置换体积如表 5.7 所示。

不同地层中泥浆渗透速度和水的置换体积　　表 5.7

土层类别	④$_1$ 粉质黏土夹粉土	④$_2$ 粉砂	⑤$_1$ 粉细砂	⑤$_2$ 细砂	⑥$_1$ 中粗砂
渗透速度 $e(T)/T$(mm/min)	5.70	3.16	10.76	19.30	31.96
水的置换体积 V_d(m^3)	20.37	10.39	31.53	53.80	68.53

4. 考虑渗滤影响的开挖土体计算

通过采用渗滤模型对苏通 GIL 综合管廊工程泥水盾构在上述 5 种土体中的单环开挖量进行计算分析。其中，盾构结构参数、隧道施工参数和土体物理力学参数与 5.3.4.1 节保持一致，计算结果如图 5.12～图 5.16 所示。

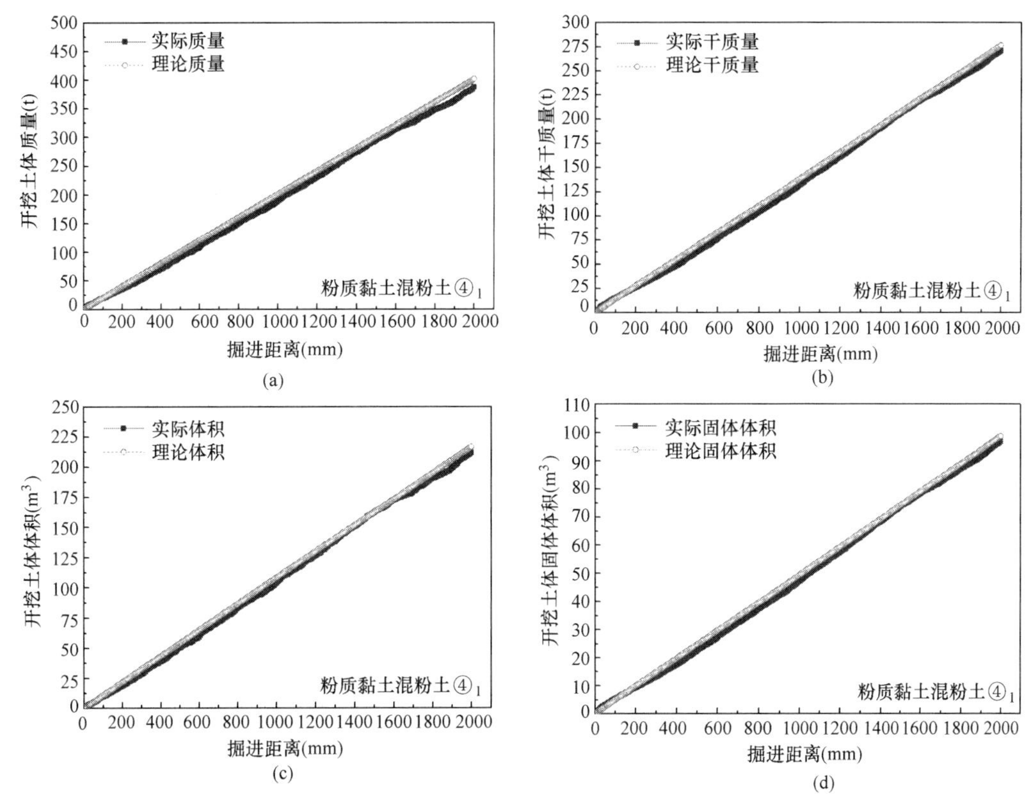

图 5.12　④$_1$ 粉质黏土混粉土

计算结果表明，基于渗滤模型的单环理论开挖量随掘进距离呈线性增长趋势，而单环实测开挖量则随掘进距离呈近似线性增长趋势。此外，统计分析结果显示，上述 5 种土体的单环理论开挖量和实际开挖量的偏差率均未超过 5.0%（表 5.8）。渗滤模型对开挖体积、质量、干质量和固体体积的计算均表现出良好的适应性。

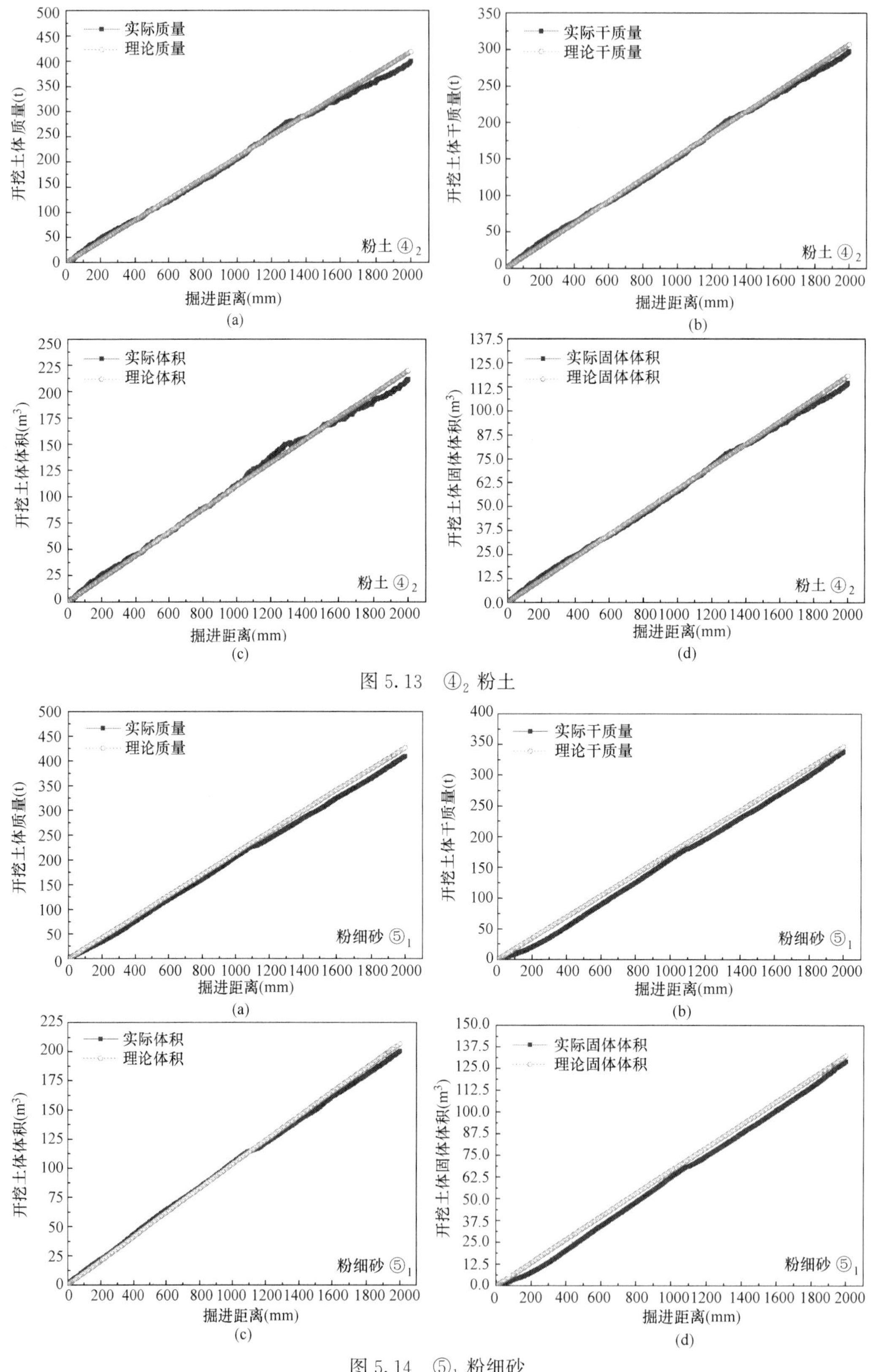

图 5.13 ④$_2$ 粉土

图 5.14 ⑤$_1$ 粉细砂

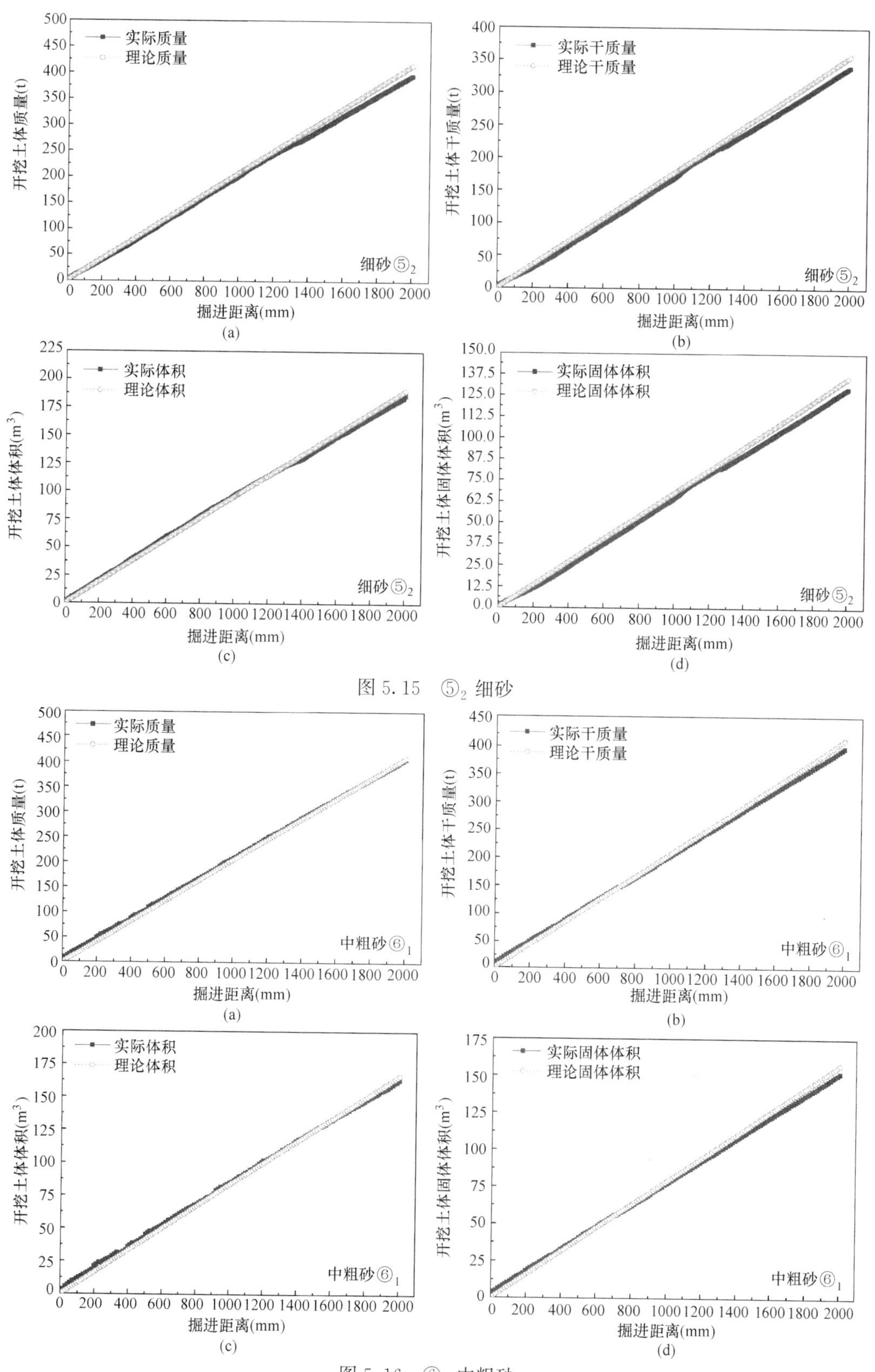

图 5.15 ⑤$_2$ 细砂

图 5.16 ⑥$_1$ 中粗砂

基于渗滤模型的单环开挖量偏差率 表 5.8

	质量(%)	体积(%)	干质量(%)	固体体积(%)
④$_1$ 粉质黏土夹粉砂	3.86	2.08	2.05	2.05
④$_2$ 粉砂	4.71	3.67	0.79	2.37
⑤$_1$ 粉细砂	3.97	3.02	2.51	0.65
⑤$_2$ 细砂	4.87	3.04	4.72	2.90
⑥$_1$ 中粗砂	1.04	1.75	3.54	3.54

此外，通过分析单环开挖量偏差率与水平和垂直渗透系数之间的关系发现，单环开挖质量、干质量、体积和固体体积的偏差率与水平（或垂直）渗透系数之间均不存在显著的相关性（图 5.17），基于渗滤模型的开挖量计算方法对不同类型地层均表现出良好的适应性。

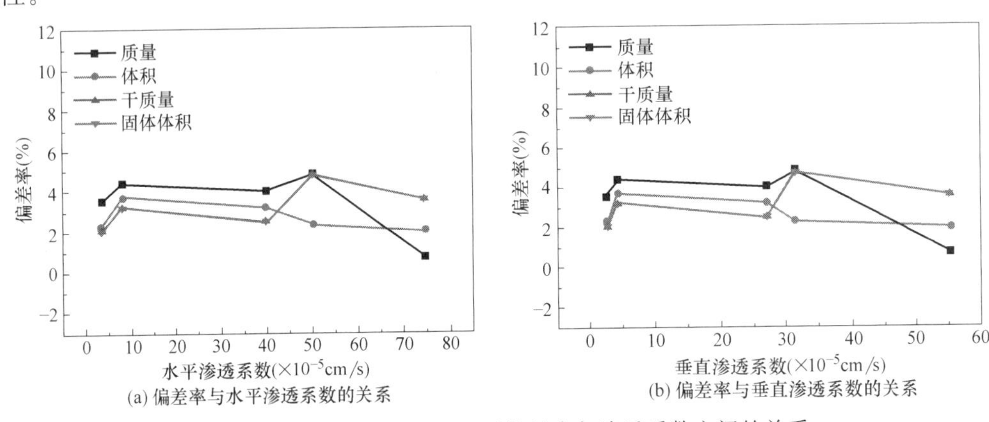

图 5.17 渗滤模型单环开挖量偏差率与渗透系数之间的关系

5.3.5 结果对比分析

1. 理论计算开挖量对比分析

通过将基于膜模型和渗滤模型的单环理论土体开挖量进行对比分析发现，基于渗滤模型的单环理论开挖土体质量和体积小于基于膜模型中的对应值，而单环理论开挖干质量和固体体积与膜模型中的对应值相等（图 5.18）。

通过将泥浆沿掘进方向的滤失量 V_d 与理论开挖体积 V_{tg} 之比定义为轴向滤失系数 α，则可表示为式（5.48）。

$$\alpha=\frac{V_d}{V_{tg}} \tag{5.48}$$

其中，α 为轴向滤失系数。

通过代入式（5.1）、式（5.27）和式（5.37），式（5.48）可以表示为：

$$\alpha=\begin{cases}\int_{\text{RingStart}}^{\text{RingEnd}}\left(\frac{V\times n}{L}\right)\delta t & V\leqslant\frac{e_{\max}}{\xi+T}\\ \int_{\text{RingStart}}^{\text{RingEnd}}\left(\frac{e(T)}{T}\times\frac{n}{L}\right)\delta t & V>\frac{e_{\max}}{\xi+T}\end{cases} \tag{5.49}$$

由于上述 5 种土体中的泥浆渗透速度均小于盾构掘进速度，轴向滤失系数 α 可以表示

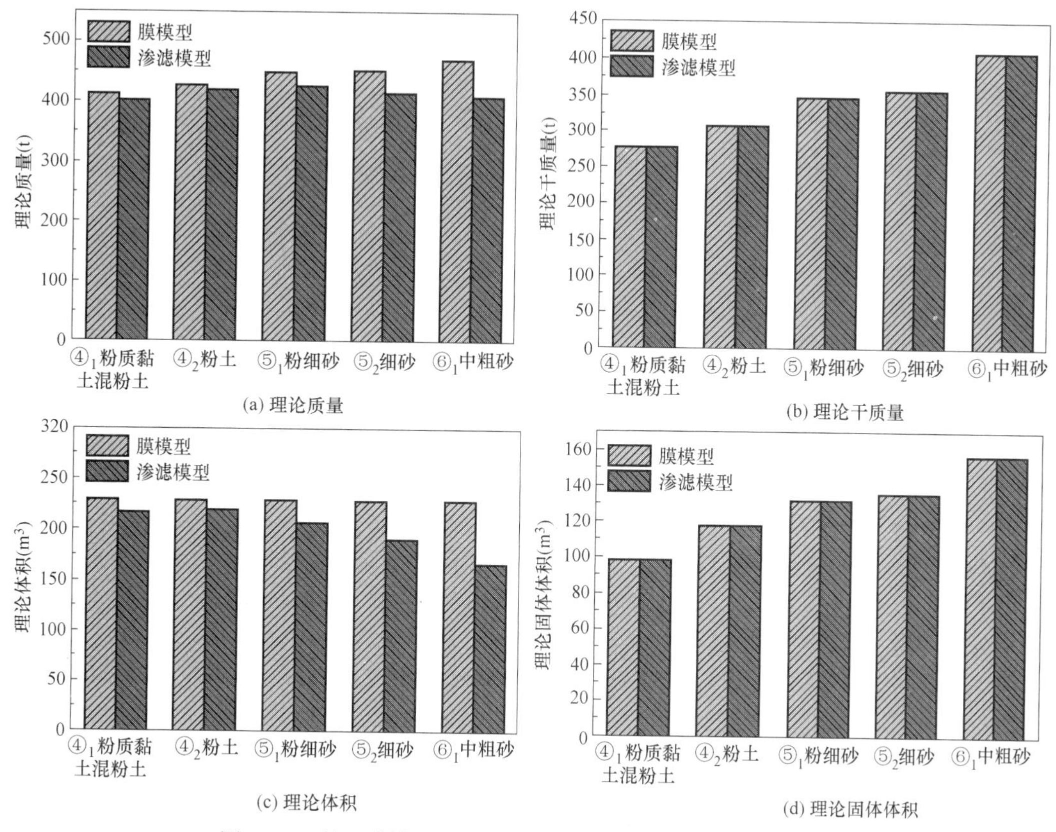

图 5.18 基于膜模型和渗滤模型的单环理论开挖量对比分析

为式（5.50）。

$$\alpha=\int_{\text{RingStart}}^{\text{RingEnd}}\left(\frac{e(T)}{T}\times\frac{n}{L}\right)\delta t \tag{5.50}$$

轴向滤失系数是与开挖直径无关的无量纲参数，可以作为泥水盾构掘进过程中膨润土泥浆轴线滤失的定量评价指标。苏通 GIL 综合管廊工程中，上述 5 种土体的轴向滤失系数 α 如表 5.9 所示。

苏通 GIL 综合管廊工程 5 种土体的轴向滤失系数 **表 5.9**

土体类型	④$_1$ 粉质黏土夹粉砂	④$_2$ 粉土	⑤$_1$ 粉细砂	⑤$_2$ 细砂	⑥$_1$ 中粗砂
轴向滤失系数 α	0.089	0.045	0.138	0.235	0.300

2. 实测计算开挖量对比分析

通过将基于膜模型与基于渗滤模型的单环实测计算开挖量进行对比发现，基于膜模型的实测计算开挖质量、体积、干质量和固体体积均略小于基于渗滤模型的对应值（图 5.19）。

将泥浆径向滤失量 V_f 与单环理论开挖体积 V_{tg} 之比定义为径向滤失系数 β，则可以按照式（5.51）进行计算。

$$\beta=\frac{V_f}{V_{tg}} \tag{5.51}$$

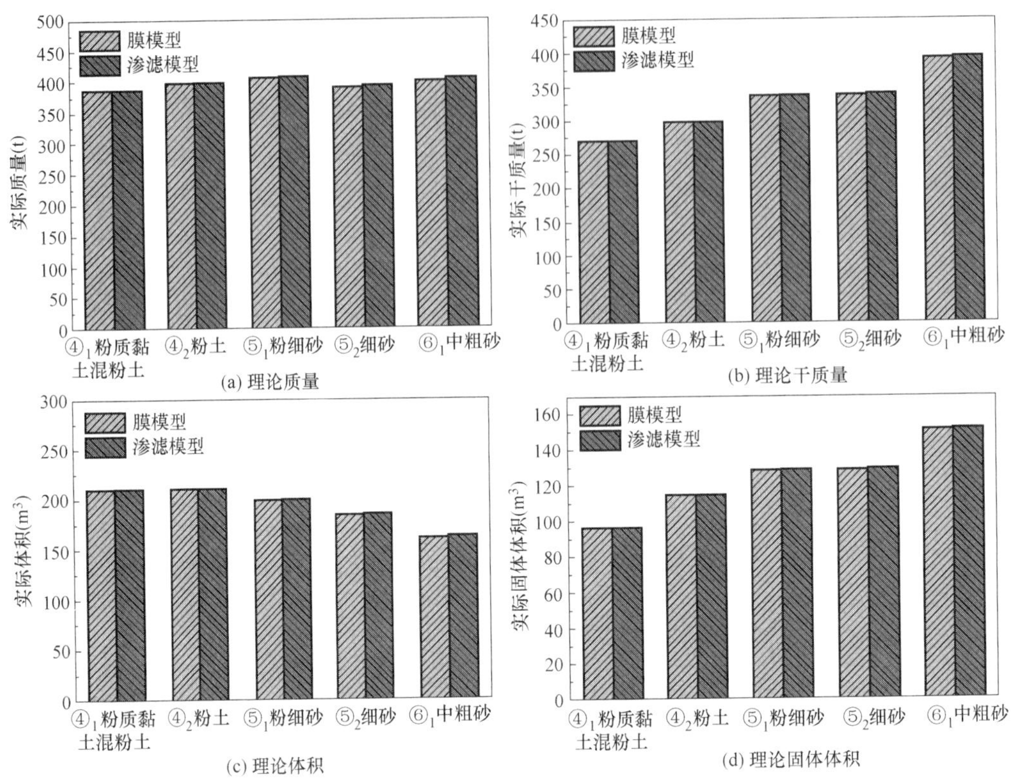

图 5.19　基于膜模型和渗滤模型的单环实测计算开挖量对比分析

其中，β 为泥浆径向滤失系数。

通过代入式（5.1）、式（5.21）和式（5.41），式（5.51）可以表示为：

$$\beta=\int_{\text{RingStart}}^{\text{RingEnd}}\left[\left(\frac{4\times e(t)}{D_1\times L}+\frac{4\times e^2(t)}{D_1^2\times L}\right)\times V\times n\right]\delta t \tag{5.52}$$

苏通 GIL 综合管廊工程膨润土泥浆沿径向的渗透时间 t 远大于达到最大渗透距离一半的时间 ξ，实际渗透距离 $e(t)$ 近似等于最大渗透距离 $e_{\max}$。式（5.42）可以表示为式（5.53）。

$$\beta=\int_{\text{RingStart}}^{\text{RingEnd}}\left[\left(\frac{4\times e_{\max}}{D_1\times L}+\frac{4\times e_{\max}^2}{D_1^2\times L}\right)\times V\times n\right]\delta t \tag{5.53}$$

径向滤失系数是与开挖直径和泥浆渗透距离相关的无量纲参数。开挖直径越大（或泥浆渗透距离越小），径向滤失系数越小。苏通 GIL 综合管廊工程盾构开挖直径为 12.07 m，5 种土体泥浆渗透距离最大值仅为 0.101m。与单环理论开挖体积相比，泥浆径向滤失量几乎可以忽略不计。

综上所述，基于渗滤模型的单环土体开挖量计算误差小于基于膜模型的单环土体开挖量对应值（图 5.20）。特别是对于单环开挖土体质量和体积，通过考虑泥浆渗滤的影响显著降低了由于土体中水的置换导致的计算误差。在基于传统膜模型的计算方法中，开挖土体质量和体积的计算误差随着地层渗透系数的增大而增大；而在基于渗滤模型的计算方法中，开挖土体质量和体积的计算误差均很小，且与地层渗透系数之间并无明显的相关关

系。由于在苏通 GIL 综合管廊工程 5 种典型土层中泥浆径向滤失量较小，基于膜模型和渗滤模型的开挖土体干质量和固体体积计算结果差异很小。当泥水盾构在渗透性更强的地层中掘进时，干质量与固体体积计算误差将会更加显著。

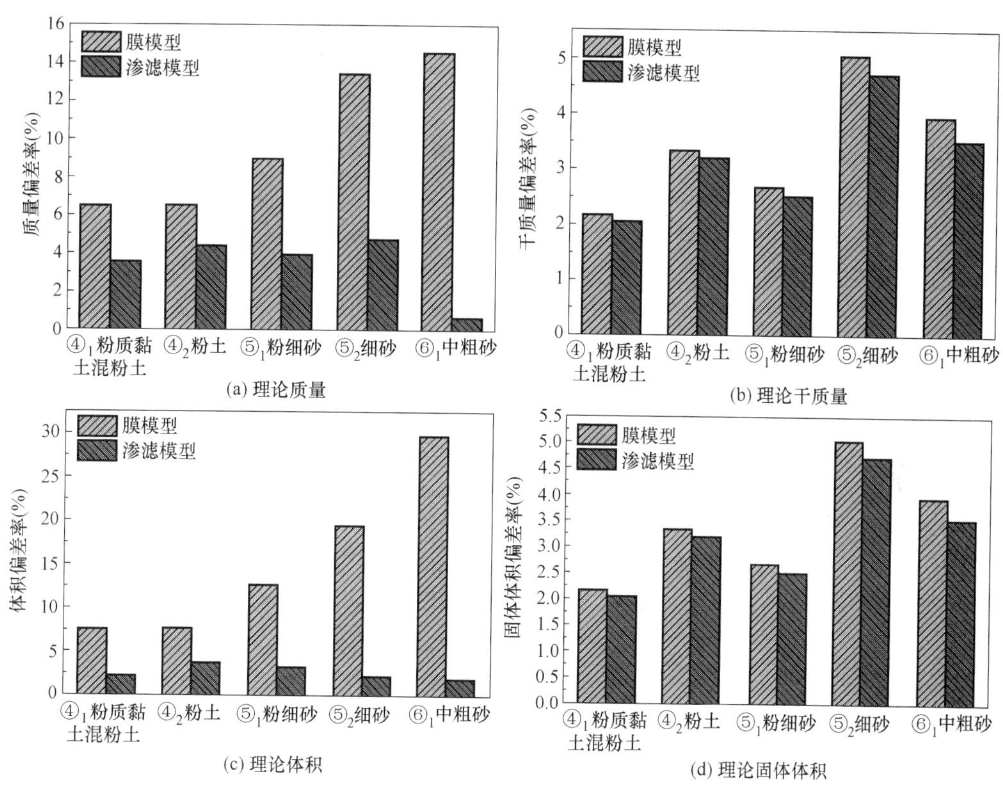

图 5.20 基于膜模型和渗滤模型的开挖量计算方法误差对比分析

5.4 盾构接收段安全监测控制

盾构接收段包括盾构机掘进到达接收井之前 50m 的区间范围，盾构到达时需要破除洞门范围内地下连续墙，但是地下连续墙破除后洞门范围内的土体容易失稳塌方，导致泥砂涌入掩埋盾构机。隧道开挖直径越大，盾构接收施工的风险也就越高，尤其是在工程地质条件差的地层。因此，盾构的接收相对于区间隧道的施工具有其特殊性与重要性，需要对盾构接收过程进行安全监测以及评估控制。

5.4.1 盾构接收安全控制技术

1. 盾构接收井端头加固

苏通 GIL 综合管廊工程接收井主要位于高水压富水砂层，还包括粉砂、粉质黏土混粉土、淤泥质粉质黏土等地层，覆土厚度为 10.1m，地层起伏较小且厚度较为稳定。接收井地层的承载能力差，地层渗透系数大、地下水压力较高。为保障盾构安全接收，参考始发井端头加固方法，考虑到接收井砂土地层的渗透性更强，最终确定采用三轴搅拌桩+高压旋喷桩+垂直冷冻固结+U 形外包素墙进行加固。

2. 盾构轴线定位及复核

当盾构推进至接收段施工范围内时，应对盾构机位置、测量控制点以及盾构接收井的洞门位置进行复核测量，检验隧道实际中心轴线与设计中心轴线之间的关系。并根据贯通时中心轴线与隧道设计轴线的偏差以及接收洞门位置偏差确定盾构机的贯通姿态及掘进纠偏计划。

3. 洞门破除施工

盾构接收井洞门处 120cm 厚的地下连续墙结构分两次进行破除。第一次在接收端地层冷冻完成并达到设计要求后进行，破除外侧 80cm 厚的混凝土以及洞门内的第四、五道围檩混凝土。第二次在盾构机进入端头加固区后进行，完成地下连续墙剩余 40cm 厚的混凝土以及内侧钢筋凿除，及时清除密封环内的混凝土残渣。洞门破除遵循从上至下、从中间至两边的基本原则，在洞门破除后及时对冷冻墙体采取保温措施。

凿除工作中需要观察洞口土体稳定状态以及地表沉降变形情况。同时对洞门范围内的墙体位移进行密切监测，如果发现洞门墙体出现较大变形或者渗漏水需要立即停止洞门连续墙破除，对变形以及渗水部位进行注浆封堵。

4. 井内黏土回填及灌水

类似地质条件下的盾构施工经验表明：洞门破除完成后，通过向盾构工作井内回填黏土及灌水可以保证周围地层稳固，降低盾构与洞门圈间隙涌水涌砂以及地表沉降风险。具体实施操作过程为：向竖井内回填黏土，在基座和加固体之间填充早强混凝土，使盾构通过洞门后下部存在混凝土支撑，洞口回填土可以对上部洞门起到一定的侧压作用。此外，为了确保接收时内外压力平衡，回填黏土后应向工作井内灌入清水。在盾构进入工作井并向前推进过程中，继续进行泥水循环及同步注浆，确保近洞门段管片环注浆密实，控制管片变形及土体沉降。

5. 洞门密封与二次注浆

盾构停机且盾尾完全脱离洞门后，应立即焊接密封钢板，并在正点位置预留 6 个二次注浆孔球阀。密封钢板焊接完成后，采用水泥浆进行洞门二次注浆，从底部注浆孔开始注浆，按预留注浆孔位置依次向上进行，直至注浆密实饱满。

5.4.2 盾构接收施工参数控制

1. 接收段施工参数选取

针对盾构接收段工况以及地质条件，将其划分为到达段、加固段以及进洞段（到达工作井）三个区段。针对不同区段的特点和需求选取合适的施工参数，可以确保泥水盾构安全进洞接收，各个阶段的施工参数理论取值如表 5.10 所示。

盾构接收过程中各个阶段的施工参数理论值 **表 5.10**

	泥水压力(bar)	掘进速度(mm/min)	刀盘转速(rpm)	泥浆比重(g/cm^3)
到达段	2.2	15～20	0.8	1.05～1.1
加固区	0.9	<15	0.8	1.05～1.1
进洞段	0	<15	0.8	—

（1）到达段掘进

盾构到达段掘进速度保持平稳，以减低对周围土体的扰动。同时，加强隧道轴线控制，尽量减少盾构纠偏。同步注浆量和注浆压力应根据推进速度、出渣量适当调整。同步注浆量不宜过大，防止盾尾出现漏浆等不良现象。

（2）加固段掘进

加固土体强度较高，掘进速度小于15mm/min。盾构进入加固段后加强接收井沉降监测，根据实时监测数据及时调整泥水压力等施工参数，加固段掘进遵循低速度、小推力基本原则，合理设置泥水压力，严格保证同步注浆质量。

（3）进洞段掘进

盾构刀盘破除冷冻墙进入工作井继续向前推进时，应保持泥水循环系统进排浆泵流量一致。保证管片拼装以及同步注浆质量，使得注浆均匀充足，管片环间密封良好，无渗漏水等不良状况。

2. 接收段参数控制

（1）泥水压力

当进入到达段降水影响范围内时，泥水压力取值偏差幅度严格控制在±0.1bar以内。泥水循环系统进浆比重控制在1.10～1.20g/cm^3，排浆比重控制在1.20～1.30g/cm^3，泥浆黏度控制在18～20s。

（2）掘进速度及刀盘转速

施工参数控制遵循低速度、小扭矩、小推力的标准，严格控制参数偏差和波动范围。

（3）同步注浆

接收段粉细砂层的级配不良，砂层充填物易被冲刷，需加强同步注浆控制，保证同步浆液质量，防止盾尾漏浆、隧道上浮及地层失稳。同步注浆的浆液比重为1.8g/cm^3，浆液的坍落度控制在18～20cm。注浆量控制在24～26m^3。同时，根据泥水压力及时调整注浆压力，防止因注浆压力过大而击穿土层。

（4）盾构姿态控制

工程经验表明，盾构及成型管片在浅覆土砂层中易上浮。接收过程中需要严格控制盾构姿态，确保洞门环实测轴线与设计轴线的水平及竖向偏差控制在－10～＋10mm。

3. 盾尾二次注浆

盾尾进入加固区内后通过管片预留的二次注浆孔进行二次注浆，在素混凝土墙内外形成环箍效应，起到良好的止水和隔水的作用。二次注浆选择注浆压力与注浆量同步控制方式，采用水泥砂浆＋水玻璃双液浆，需要注意以下事项：

① 注入过程中严密监视压力情况，注浆压力控制在0.3～0.5MPa；

② 注浆前应检查盾尾注脂仓压力，压力偏低时应适当补注盾尾油脂，防止注浆过程中出现盾尾漏浆；

③ 注入过程中出现压力过高但效果不佳的情况时，优先检查注浆泵及注浆管路是否堵管。

4. 洞门端头降水与盾构接收

通过适当降低承压水头压力切断加固区地下水补给源，可以保证洞门密封施工与盾构接收安全。洞门端头降水先于密封施工阶段，具体操作流程为：在接收端头加固区土体四周布设14口深度为48m的应急降水井，加固区内布设4口深度为30m的应急降水井。降水井钻孔孔径为650mm，井管管径273mm，壁厚4mm，采用钢制全孔滤管，外包80目的锦纶滤网，填充中粗砂等滤料。完成降水井施工后进行抽水试验，确定达到目的水位所需时间。苏通GIL综合管廊工程采用水下接收工法（图5.21），通过合理控制掘进参数保证盾构顺利接收。

图5.21　苏通GIL综合管廊工程盾构接收

5.5　本章小结

本章通过对盾构始发掘进、下穿长江大堤、下穿江底深槽以及盾构水下接收等方面的施工风险进行分析，提出了相应的安全控制技术。结合工程地质条件和地表变形监测数据，对不同区段的盾构施工参数进行理论计算和优化调整，有效地控制了隧道沿线地表变形。通过提出泥浆轴向排水和径向滤失定量计算方法，改进了基于膜模型的传统开挖量计算方法，建立了基于渗滤模型的开挖量计算方法，提高了泥水盾构开挖量计算精度。监控和计算结果显示，泥水盾构掘进过程中，开挖量理论计算值与实测计算值基本吻合，盾构掘进过程中未出现明显的超挖和塌方情况，泥水盾构始终处于安全掘进状态。

参考文献

[1]　贲志江，杨平，陈长江，等. 地铁过江隧道大型泥水盾构的水中接收技术［J］. 南京林业大学学报（自然科学版），2015，39（1）：119-124.

[2]　李大勇，王晖，王腾. 盾构机始发与到达端头土体加固分析［J］. 铁道工程学报，2006（1）：87-90.

[3]　胡俊，杨平，董朝文，等. 盾构始发端头化学加固范围及加固工艺研究［J］. 铁道建筑，2010（2）：47-51.

[4]　朱世友，林志斌，桂常林. 盾构始发与到达端头地层加固方法选择与稳定性评价［J］. 隧道建设，2012，32（6）：788-795.

[5]　张公社. 超大直径泥水平衡式盾构机始发技术［J］. 铁道建筑技术，2009（8）：57-61.

[6]　张飞进，高文学. 盾构隧道沉降影响因素分析与施工优化［J］. 北京工业大学学报，2009，35（5）：621-625.

[7]　路平，郑刚，雷华阳，等. 盾构掘进参数的统计试验与优化控制［J］. 天津大学学报（自然科学

与工程技术版)，2016，49 (10)：1062-1070.

[8] 曹军，王振勇，李璐乾，等. 盾构施工参数相关性及对地表沉降影响的研究 [J]. 低温建筑技术，2020，42 (7)：123-127.

[9] 颜波，杨国龙，林辉，等. 盾构隧道施工参数优化与地表沉降控制研究 [J]. 地下空间与工程学报，2011，7 (S2)：1683-1687.

[10] 彭涌涛. 盾构掘进姿态控制技术研究 [J]. 森林工程，2013，29 (6)：106-110.

[11] 朱江涛. 盾构掘进姿态的影响因素及纠偏 [J]. 建设机械技术与管理，2017，30 (Z1)：88-90.

[12] 吴世明，林存刚，张忠苗，等. 泥水盾构下穿堤防的风险分析及控制研究 [J]. 岩石力学与工程学报，2011，30 (5)：1034-1042.

[13] 王凯，孙振川，牛紫龙，等. 超大直径泥水盾构软土地层推力、转矩分析与计算 [J]. 隧道建设(中英文)，2019，39 (12)：2074-2080.

[14] 曹利强，张顶立，房倩，等. 泥水盾构泥浆在砂土地层中的渗透特性及对地层强度的影响 [J]. 北京交通大学学报，2016，40 (6)：7-13.

[15] 曾垂刚. 泥水盾构泥浆循环技术的探讨 [J]. 隧道建设，2009，29 (2)：162-165.

[16] He C，Wang B. Research progress and development trends of highway tunnels in China [J]. Journal of Modern Transportation，2013，21 (4)：209-223.

[17] Rostami J. Performance prediction of hard rock Tunnel Boring Machines (TBMs) in difficult ground [J]. Tunnelling and Underground Space Technology，2016，57：173-182.

[18] Min F，Zhu W，Lin C，et al. Opening the excavation chamber of the large-diameter size slurry shield：a case study in Nanjing Yangtze River Tunnel in China [J]. Tunnelling and Underground Space Technology，2015，46：18-27.

[19] Duhme R，Rasanavaneethan R，Pakianathan L，et al. Theoretical basis of slurry shield excavation management systems [J]. Tunnelling and Underground Space Technology，2016，57：211-224.

[20] Duhme R，Rasanavaneethan R，Pakianathan L，et al. Theoretical basis of slurry shield excavation management systems [C]//International Conference on Tunnel Boring Machines in Difficult Grounds (TBM DiGs) Singapore. 2015：18-20.

[21] Tang S H，Zhang X P，Liu Q S，et al. Analysis on the excavation management system of slurry shield TBM in permeable sandy ground [J]. Tunnelling and Underground Space Technology，2021，113：103935.

第6章　高石英含量致密砂层刀具磨损评价及换刀方案

长距离独头掘进隧道施工过程中盾构刀具的耐久性极为重要，尤其是对于高石英含量致密砂层，砂粒通过剧烈的挤压和摩擦作用使刀具发生偏磨、破损、脱落和崩裂[1-2]。这不仅会降低盾构掘进效率，而且易导致刀盘荷载上升，严重时将诱发盾构停机和开仓检修，延误隧道工期和增加施工成本[3]。目前，国内外普遍的换刀工法主要包括带压换刀和常压换刀两种[4]。其中，带压换刀是指在维持压力状态下施工人员进入压力仓进行作业，而常压换刀则是指加固刀盘前方土体后施工人员进入刀盘前方作业[5]。刀具更换过程中会遇到盾构开仓、设备卸装、刀具吊装、人员安全等技术问题。早期，国内仅掌握了地层相对稳定条件下的换刀技术，高水压、强渗透、破碎带等复杂地层条件下的换刀技术基本被国外垄断。近年来，随着我国长距离盾构隧道施工技术的高速发展，复杂地层水下换刀技术体系已经形成并日趋完善。

本章首先基于国内外典型隧道工程施工经验，回顾了水下换刀技术发展历程，总结了水下换刀的风险挑战和关键技术。其次针对苏通 GIL 综合管廊工程长距离穿越高石英含量致密砂层盾构刀具磨损潜在风险，采用自主研制的刀具磨损试验装置开展刀具硬度优化试验，分析了刀具磨损随合金硬度变化规律，提升了刀具切削距离寿命，降低了高水压强渗透地层换刀频率和施工风险。而后基于形状不规则刀具形貌特征，通过采用三维激光扫描技术获取了刀具磨损云图，提出了新的刀具磨损参数指标和评价体系，合理评价了盾构刀具的不均匀磨损和偏一侧磨损。最后，提出了基于分段体积统计分析的磨耗系数计算方法，优化了长距离密实砂层盾构刀具磨损预测分析模型，提升了刮刀磨损和换刀时机的预测精度，并通过与实际换刀方案进行对比分析，验证了优化后刀具磨损预测模型的可靠性。

6.1　水下常压换刀技术及其挑战

水下隧道长距离穿越高石英含量致密砂层盾构刀具磨损在所难免，频繁停机检修和换刀作业已经成为制约掘进效率和施工安全的重要因素之一。近年来，国内外学者通过对水下换刀技术不断进行研究与实践，极大推动了现有换刀技术在越江跨海隧道中的应用，同时也为新型换刀技术的研发积累了宝贵经验，本节结合国内外典型水下隧道工程，回顾了水下常压换刀技术发展历程，并从隧道开挖面稳定性、停机换刀地层加固、复合地层换刀风险等方面系统总结了水下换刀风险挑战及关键技术。

6.1.1 水下常压换刀发展历程

盾构停机换刀面临施工安全和工期延误风险，尤其是对于超高水压不稳定地层，停机时间越长施工风险越大。围绕换刀过程中开挖面稳定和施工人员安全问题，国内外目前普遍采用带压换刀和常压换刀两类工法[6]。其中，带压换刀是指施工人员在维持压力状态下进仓换刀的作业方式，主要可以分为常规压缩空气带压换刀和饱和气体带压换刀[7]。常规压缩空气带压换刀过程中，施工人员进入人闸加压后在泥水仓内换刀，作业完成后返回人闸进行减压，这种换刀方式的压力极限仅为 0.6MPa，每班次有效工作时间为 20～25min，减压时间超过 180min。施工人员每天多次执行减压程序极易患上减压病及“氮麻醉”。饱和气体带压换刀作业人员呼吸氦氧混合气体，进仓作业期间生活在高压生活仓内，由高压穿梭仓与盾构气压仓对接，施工人员进入压力仓中工作，完成作业后再由高压穿梭仓回到高压生活仓。换刀作业过程中预先采用渗透型泥膜扩散至开挖面前方降低地层渗透性，而后通过致密型泥膜阻隔高压饱和气体逃逸。换刀过程中对泥膜质量要求高，施工人员需要有专业潜水作业经验。此外，还应采取实时监控换刀仓内压力等一系列措施保障施工人员安全。

常压换刀技术起源于 20 世纪 70 年代，总体思路是形成与刀盘仓高压区域隔离的独立常压区域，作业人员可在该常压区域内进行盾构刀具的更换[8]。以常压刀盘出现为节点，常压换刀工法主要可以分为两种方式。早期常压换刀工法通过加固盾构刀盘前方土体使得开挖面整体稳定，然后施工人员进入刀盘前方进行作业，具有工程量大、工期长、成本高等显著特点，并不适宜在高水压或者深埋区域频繁使用；新型常压换刀工法起源于 20 世纪末期，历经第一代顶推法常压换刀、第二代小空间常压换刀和第三代套筒法常压换刀技术日臻完备[9]。在维持开挖面稳定的情况下，通过将固定刀具的刀桶抽出，使用闸板阀进行隔压之后，施工人员在常压条件下进行换刀，合理解决了开挖面稳定和施工人员安全问题，其优越性能主要表现为：

① 安全性好：常压刀盘上设计刀腔结构，刀具可通过刀桶抽出，使用闸板阀进行隔压之后，施工人员在常压条件下换刀，合理解决了开挖面稳定性和施工人员安全问题，操作人员可以在常压下进行刀齿的检查、更换工作。

② 工作效率高：常压换刀平均 2h 更换一把刀，一次停机换刀仅需 2～3d，相比之下，带压换刀每次进仓工作 1.5h，出仓减压需要 3～4h，每次换刀约需要 12～15d。

③ 施工成本低：带压换刀需由专业人员进行，并需配备专业的保障设备，效率相对较低。人员、设备费用高昂。而常压换刀作业中，熟练的工人即可完成操作，人员、设备成本较低。

1. 第一代顶推法常压换刀

第一代常压换刀装置[10] 主要由刀齿、刀座、固定螺栓、刀腔和闸门等组成（图 6.1）。刀齿和刀座通过螺栓固定在刀腔内部，采用专用螺杆沿刀具轴线方向前后移动。盾构掘进期间，刀齿和刀座被推到前端固定；刀盘检修期间，刀具缩回至闸门后部。常压刀盘利用丝杠顶推方法，通过导向螺栓更换刮刀。导向杆和螺栓受到冲击和疲劳荷载时，端头限位装置极易发生损坏。

(a) 安装导向杆

(b) 拆除固定螺栓

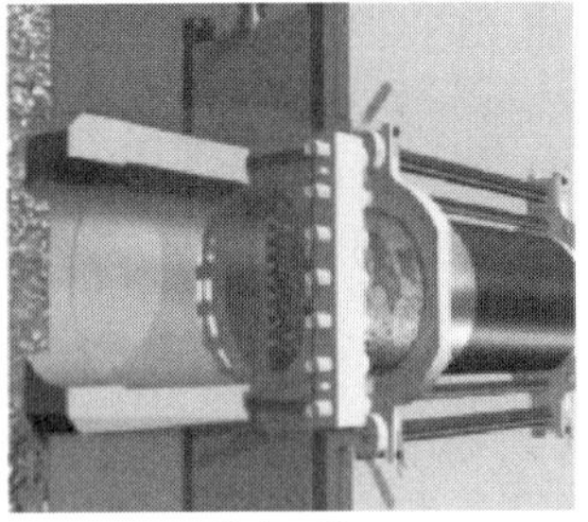
(c) 退出刀具

(d) 关闭闸门、更换新刀

图 6.1 第一代丝杠顶推法刀具更换流程[10]

2. 第二代小空间常压换刀

第二代常压换刀技术[10] 在第一代的基础之上进行了优化设计（图 6.2）。首先，取消导向螺杆设计，改用更安全的油缸顶推设计。其次，改进了刀头的固定方式和安装方式。设置了刀具定位销适配孔，设计了与换刀套筒配套的多级油缸。优化之后的盾构刀盘由 5 个主臂和辅臂组成。其中，主臂采用空心体形式。背装式刀具刀腔内设置闸板，人员可在常压下通过刀盘中心体直接进入主刀臂内，完成常压换刀作业。

(a) 安装换刀装置

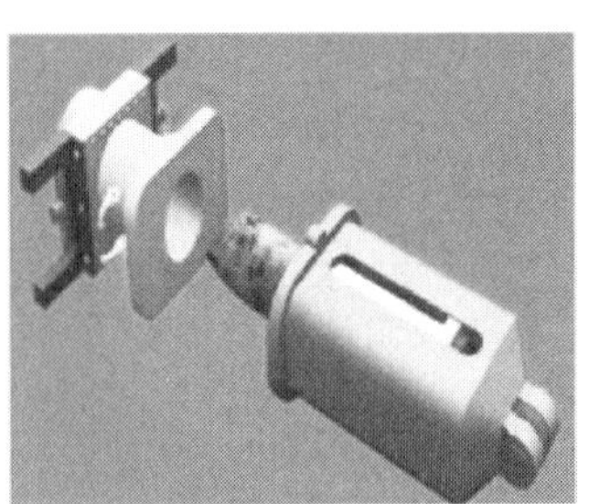
(b) 松开刀具

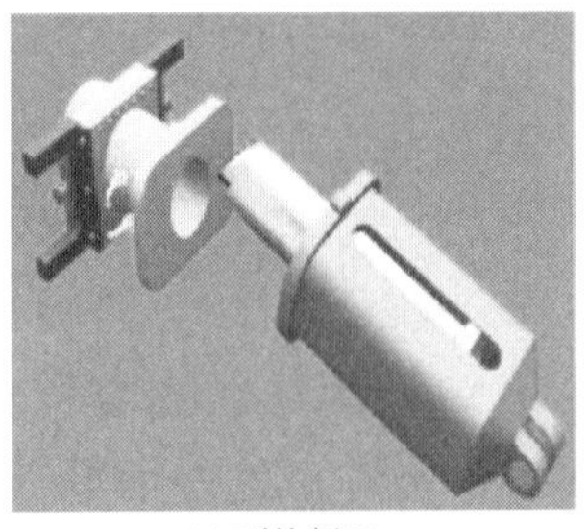
(c) 更换新刀

(d) 安装新刀

图 6.2 第二代小空间换刀技术流程[10]

3. 第三代套筒法常压换刀

为了解决高水压条件下复杂困难地层盾构掘进施工难题，第三代整体套筒常压换刀技术[10]配备滚刀、齿刀互换技术的刀盘（图 6.3）。在上软下硬复合地层采用滚刀、先行刀、刮刀配合开挖，在全断面软土地层更换所有滚刀为单刃或双刃齿刀，采用齿刀、先行刀、刮刀配合开挖。常压滚刀、齿刀互换时首先将刀盘转动到指定位置，并用新制泥浆置换泥水仓中的渣土。盾构刀盘采用常压进舱式刀盘，利用刀腔前后两端闸门实现泥水仓高压区域和刀盘中心常压区域的联通和隔离。施工人员经过联通—半抽出—隔离—泄压—抽出等操作后将刀筒放置在常压区域进行滚刀和齿刀的磨损检测和更换。

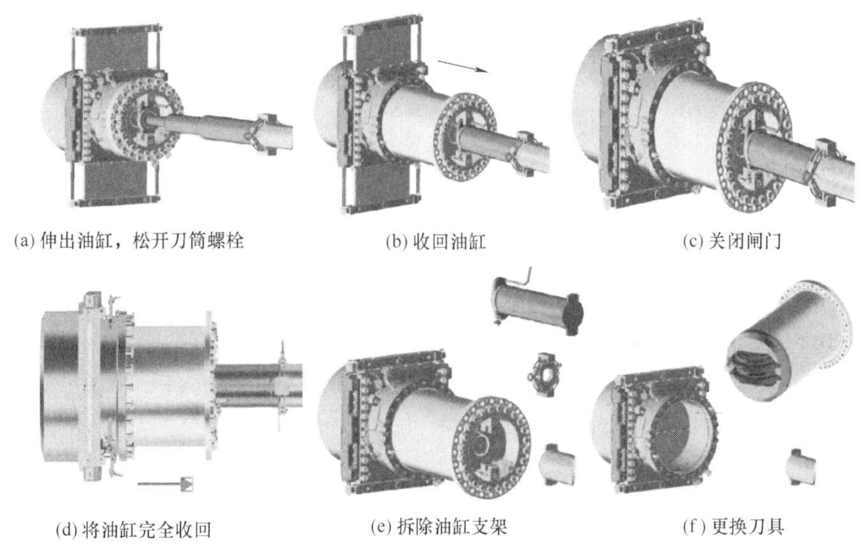

图 6.3　第三代套筒法换刀流程[10]

4. 水下常压换刀新兴方法

2017 年 10 月，日本熊谷组与隧道挖掘机事业公司 JIMT 共同开发了名为“SinriseBit 工法”的旋转式换刀新技术[11]（图 6.4）。该工法是指在盾构刀盘辐臂内安装配备有多把切削刀的旋转装置（旋转体），作业人员无需进入换刀位置，可在安全的场所进行远程操作，通过液压油缸使该装置旋转更换磨损刀具的技术。根据必要的换刀次数需求，最多可配备 8 把先行刀。相对于传统常压换刀作业方法，该技术更智能、更高效、更安全，可以缩短工期，降低施工成本。“SinriseBit 工法”通过预先在盾构刀盘辐臂内安装配备多把切削刀具，转动旋转装置迅速实现刀具更换，极大缩短了盾构停机检修时间，尤其是对于超过 10km 的超长距离磨蚀性地层隧道，累计多次换刀节省时间对于缩短项目工期和提升掘进效率具有显著的促进作用。

图 6.4　“SinriseBit 工法”旋转式换刀技术[11]

此外，“SinriseBit 工法”旋转换刀过程中作业人员无需进入换刀位置，可在安全的场所进行远程操作，能够有效提高大埋深和高水压等极端困难工况条件下的换刀作业安全。

6.1.2 水下常压换刀风险挑战

1. 大直径隧道开挖面稳定性差

泥水盾构停机换刀期间，利用膨润土泥浆在隧道开挖面上形成致密泥膜，并在泥膜外侧施加压力平衡水土压力[12]。泥浆压力过小容易引起变形破坏和地表沉降；泥浆压力过大则会导致泥膜劈裂和地表隆起。尤其是对于高水压强渗透地层大直径泥水盾构隧道施工，高水土压力条件下强渗透性地层中局部孔隙极易形成渗流通道，膨润土泥浆难以形成致密泥膜；此外，大直径隧道开挖面压差超过 0.1MPa 时极易失稳破坏，造成覆土塌方涌入开挖仓等不良后果。

2. 水下换刀周围地层加固困难

砂土地层自稳能力差、极易漏气且富含孔隙水，若不进行地层土体加固无法保证开仓时掌子面稳定[13]。此外，泥水盾构始终在水下进行掘进施工，无法采用地面隧道常用的高压旋喷桩加固换刀位置附近地层。长时间水下停机换刀作业过程中，若开挖面前方土体失稳容易出现严重塌方，地下水随之涌入泥水盾构和成形隧道内部诱发工程安全事故。

3. 软硬不均复合地层换刀风险高

水下隧道穿越软硬不均复合地层刀具磨损严重，高水压强渗透地层换刀作业在所难免。开挖面土体极易因过度扰动而失稳破坏，诱发涌水涌砂等安全事故，威胁作业人员安全[14]。此外，对于抗压强度相对较高的岩层，采用齿刀切削磨损严重，需要及时改用滚刀进行破岩。然而，江底复杂施工环境条件下的滚齿互换技术在国内鲜见，如何实现安全高效的滚齿互换已经成为制约软硬不均水下隧道安全高效施工的关键技术难题。

6.1.3 水下常压换刀关键技术

1. 隧道开挖面泥浆成膜关键技术

为解决高压水强透水地层泥浆成膜问题，国内外学者通过利用自制的泥浆成膜及渗透装置，开展了各种不同制浆材料、环境压力、渗透模式、孔隙水压等条件下的泥浆渗透试验[15-18]。通过测试滤失水量、地层孔压、泥膜厚度、闭气时间等技术参数，获得了泥膜渗透系数、泥浆压力转化率、泥膜进气值等关键指标，系统分析了泥膜的成形机理、致密程度和透气失效性能，提出了以“旧浆＋废浆＋制浆剂”（NSHS-1 和 NSNS-3）为核心的泥浆制备方案。南京长江隧道和南京地铁 10 号线越江隧道施工经验表明，成型泥膜较好地满足了开挖面稳定需求。

2. 水下换刀点地层加固关键技术

高水压强渗透性地层盾构隧道施工过程中，通过在预定区域设置主动换刀结构实施安全换刀。结合水下隧道地质、埋深、水深等基本条件，每间隔一定距离设置加固区域。按照预设加固区的位置设置海上作业平台，并在平台上进行钻孔注浆施工，按照设计位置依次完成注浆加固作业[19]。盾构停机点至预设加固区一定范围内设置加强注浆管片，进入预设加固区后盾构匀速掘进，刀盘抵达加固区端头一定距离时停机准备检查刀具，并进行常压换刀作业。盾构尾部与加固范围的交界处管片应通过预留孔注入聚氨酯浆液，形成隔

水加固环封堵后方地下水，并利用水平超前注浆孔在洞内补充加固刀盘前方和上方地层[20]。水下换刀点地层加固关键技术已经在厦门地铁 2 号线和 3 号线海底隧道施工过程中得到应用[21]。

3. 软硬不均复合地层滚齿互换技术

长江中游地区水底广泛分布粉细砂、强风化砾岩、弱胶结砾岩、中等胶结砾岩和圆砾土，属于强透水性软硬不均复合地层。以武汉地铁 8 号线越江隧道为例[10]，通过将盘型滚刀、贝壳形先行刀和楔形刮刀合理搭配形成多层次切削体系，提高了泥水盾构对磨蚀性地层的适应能力。此外，针对江底软硬不均复合地层分布特点采用滚齿互换技术。通过利用刀筒盖板和刀腔闸门实现高压区域和常压区域的联通和隔离，施工人员可以通过中心锥运输通道进入刀盘中空区域，使用伸缩油缸通过联通—半抽出—隔离—泄压—抽出等一系列操作，将抽出的滚刀（或齿刀）刀筒放置在常压区域，再根据“软土＋软岩”“软土＋硬岩”等地层组合形式合理选择齿刀（或滚刀）进行原位装回。

6.2　刀具硬度耐磨优化设计

苏通 GIL 综合管廊工程长距离穿越高石英含量致密砂层，泥水盾构刀具的耐磨优化设计极为关键。施工经验表明，切削刀具的耐磨性能与刀具形状、金属材质、合金硬度、布置方式（如：刀间距、刀高差）等密切相关，通过对上述因素进行优化设计可以有效提升盾构刀具使用寿命。目前，国内外盾构刀具制造厂家针对磨蚀性砂层的刀具形状、金属材质和布置方式设计方案已经相对成熟，通过选择碳化钨（WC-Co）等耐磨合金制备贝壳形先行刀和楔形刮刀，并采用“先行刀预先犁松＋刮刀辅助切削”的组合方式按照一定高差进行布置刀具，有效提升了盾构刀具在砂（卵）石地层中的适应性[22]。

然而，目前针对刀具合金硬度的研究成果仍相对较少，以往类似的工程案例中刀具合金硬度设计大多基于经验，缺乏具有针对性的设计理论和技术方法，盾构施工过程中合金崩裂和脱落等异常磨损现象仍相对比较普遍。针对苏通 GIL 综合管廊工程盾构刀具磨损潜在风险，通过采用自主研制的试验装置开展了密实砂层刀具硬度优化试验，揭示了刀具磨损随合金硬度的变化规律及内在机制，获得了适用于高石英含量致密粉细砂层的刀具硬度敏感区间和推荐刀具硬度区间，在合理降低盾构刀具磨损的前提下尽量避免了合金崩裂，有助于提升刀具切削距离寿命，减少长距离水下隧道换刀频率，降低高水压强渗透地层换刀风险。

6.2.1　刀具磨损试验装置研发

1. 现有试验装置及测试方法

为了揭示砂土磨蚀性规律，提升盾构刀具耐磨性能，国内外学者通过对“土体-刀具”摩擦系统进行分析，提出了包括矿物硬度类试验、表面划痕类试验、球磨机类试验、探针-磨盘类试验、旋转-摩擦类试验和掘进-磨损类试验等多种试验方法[23]。然而，早期的试验装置和测试方法多基于岩石磨蚀性和 TBM 滚刀磨损试验改进而来，难以模拟刀盘刀具的切削状态[24]。近年来提出的试验装置和测试方法大多针对某一个（或几个）方面因素对刀具磨损的影响设计，没有对“土体-刀具”摩擦系统进行全面分析，具体表现为如下几个方面：

① 以矿物硬度类试验、表面划痕类试验、球磨机类试验和探针-磨盘类试验为代表的早期试验装置多基于岩石磨蚀性和滚刀磨损试验装置改进而来。这些试验装置大多用于测试矿物颗粒或岩石粉末的磨蚀性，与盾构掘进过程中土体-刀具相互作用机理存在显著差异，往往难以揭示切削刀具磨损的内在机制。

② 近年来新研发的旋转-摩擦类试验和掘进-磨损类试验装置大多为解决某一个（或者少数几个）方面因素对刀具磨损的影响设计，没有对“土体-刀具”摩擦系统进行全面分析，试验装置和测试方法的功能单一，难以针对刀具磨损量随土体基本参数、刀具特征参数和土体添加剂参数变化规律进行系统研究。

③ 缺乏完备的智能监测系统和自动控制系统。早期土体磨蚀性及刀具磨损试验装置能获取的数据信息极其有限。虽然近年来提出的旋转-摩擦类试验和掘进-磨损类试验装置已经配置了监测传感器，但目前仍缺乏可实时显示、记录和存储掘进参数的监测系统和控制系统，这对分析刀具磨损试验过程和揭示土体-刀具相互作用机制极为不利。

④ 以矿物硬度类试验、表面划痕类试验、球磨机类试验和探针-磨盘类试验为代表的早期试验方法和以旋转-摩擦类试验及掘进-磨损类试验为代表的新型试验装置及方法均需要对土体样本进行预先筛分和干燥处理，而这在很大程度上改变了颗粒级配、颗粒粒径、矿物成分、密实程度、土体含水量等物理力学性能参数，难以真实合理地反映土体磨蚀性及其对盾构刀具磨损的影响。

2. 盾构刀具磨损试验装置研发

为提出更为全面合理的土体磨蚀性及盾构刀具磨损测试方法，武汉大学土木建筑工程学院研制了一种盾构刀具磨损试验装置[24]，主要由试验仓、驱动轴、模型刀盘、切削刀具、高压气泵、高压水泵、驱动电机以及控制终端组成［图 6.5（a)］。试验仓净高 420mm，内径 180mm，允许填充粒径不超过 15mm 的土体样本（如：黏土、粉土、砂土、砂砾等)。为模拟刀盘所处压力环境，试验仓采用密封设计，最高可以承受 1.50MPa 气体压力。试验仓前方设置钢化玻璃视窗，试验人员可以通过肉眼观察或者高速摄像机拍摄仓体内部刀盘掘进状态［图 6.5（b)］。试验仓安装在移动平台上，通过转动仓体两侧手轮降低试验平台可以预留足够空间清除残留土样。

驱动轴通过特制构件与两台变频电机连接，分别用于控制模型刀盘旋转和掘进。驱动轴底部安装模型刀盘，由两根长度 150mm，横截面 15mm×15mm 的薄壁矩形管组成。薄壁矩形管 1 和 2 分别布置在上下两个平面内［图 6.5（c)］。其中，矩形管 1 主要是由于土体和管壁相互挤压和摩擦造成的初次磨损，而矩形管 2 则主要是由于残余渣土反复磨削和碰撞造成的二次磨损。模型刀盘与仓体内壁之间的间隙宽约 15mm，允许最大粒径土体颗粒自由通过，能够有效减少边界效应对试验结果的影响。

为了避免薄壁矩形管过度磨损并准确测量刀具质量，管体表面安装 30CrMo 合金材料制成的切削刀具［图 6.5（d)］。由于切削刀具质量远低于薄壁矩形管，可以采用高精度（0.001g）电子天平进行称量。此外，切削刀具预先开挖土样可以避免模型刀盘出现过度磨损，以最大限度地减少薄壁矩形管的检修和更换。

此外，刀具磨损试验装置设计了土体添加剂注入通道，用于模拟泡沫添加剂和膨润土泥浆随盾构掘进实时动态添加过程。进液管通过特制连接件与中心轴内部的轴心孔密封连

接，轴心孔端部直接连通刀盘中心孔，土体添加剂最终将从薄壁矩形管表面孔随刀盘掘进动态喷涌而出。进液管输入端安装了流量计和电磁阀，可实时记录进液管中的添加剂输入参数。与以往将添加剂施加在土样表面或者与土样预混合的传统方式相比，注入通道的设计能够将土体添加剂直接输送至刀具和土样的接触表面，有助于准确评估土体添加剂对刀具磨损的影响。

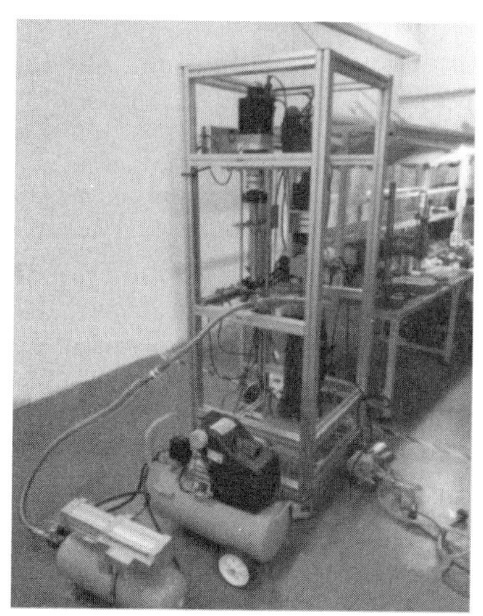

(a) 整体结构

(b) 试验舱

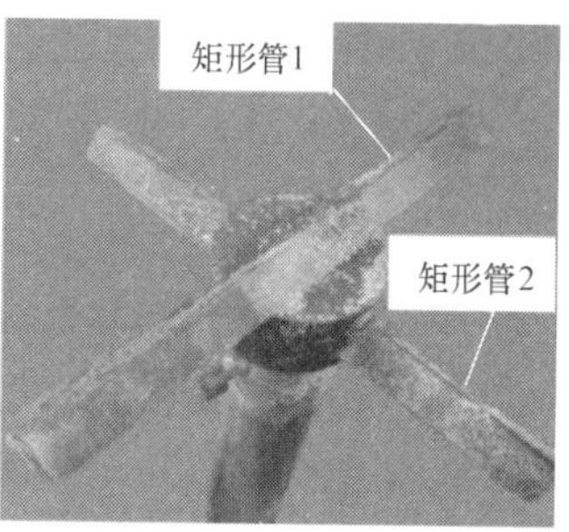

(c) 模型刀盘

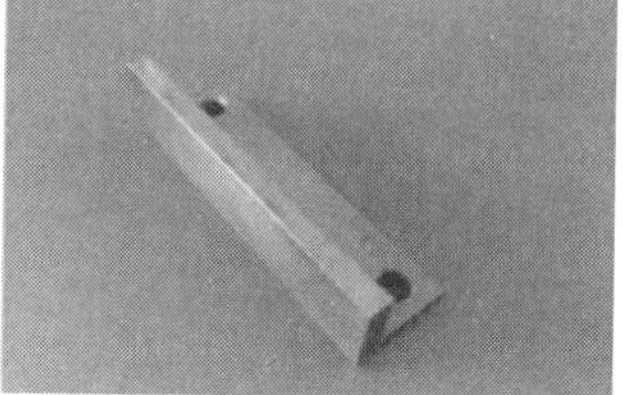

(d) 切削刀具

图 6.5　盾构刀具磨损试验装置[25]

3. 盾构刀具磨损试验测试流程

采用盾构刀具磨损试验装置进行测试的操作流程如图 6.6 所示。

(1) 试验装置开机

合上主控电源闸刀，为刀具磨损试验装置主机供电。按下控制面板解锁按钮，启动自动控制系统。开启计算机显示终端，登录数据监测软件，待弹出初始化操作界面后即完成试验装置开机。

(2) 刀具质量称量

取若干试验刀具预先进行清洁和干燥处理，并按照一定次序进行编号。而后采用高精度（0.001g）电子天平对试验刀具质量进行称量，并及时记录在试验专用表格中。

(3) 试验刀具安装

将经过预先称重的试验刀具按照编号依次安装在模型刀盘上。待试验刀具安装完毕后，将模型刀盘安装在中心驱动轴底部，并通过中心螺栓进行固定。

(4) 试验土样填充

当采用原状土样时，取类似土样填充试验仓底部，将试验盒沿母线切开，同时手动施加环向压力，避免土体结构破坏。将原状土样置于试验仓中心，缓慢移出试验盒，同时在试验仓周围填充类似土样。每当填充高度达到 50mm 左右时进行一次手动压实。如此反复，直至填充高度与原状土样一致。当采用重塑土样时，密封容器中的土体样本将被均匀填充于试验仓内。每当填充高度达到约 50mm 时，需要进行一次手动压实，直至填充高度满足需求。

（5）刀具磨损测试分析

待完成土体样本填充后，在控制面板编辑程序输入刀盘运动指令（工作状态、运动方式、刀盘复位和异常识别等）和工作参数（如：位置坐标、刀盘转速、掘进速度、刀盘扭矩和测试时间等）。按下控制终端启动按钮，使刀盘按照预设参数进行刀具磨损试验。

（6）试验刀具拆卸和清理

待达到预设测试时间之后驱动电机在控制系统的作用下将自动停止运转。保存监测系统记录的掘进参数，调节试验土仓安放平台，提升模型刀盘至合适位置。拧松底部中心螺栓，拆下模型刀盘和试验刀具。而后，对磨损后的试验刀具进行清洁和干燥处理。

（7）试验刀具质量再称量

对清洁和干燥后的试验刀具按照预先编号再次进行质量称量，并记录于试验专用表格中。对比磨损前后试验刀具的质量变化，获取不同安装位置的刀具磨损量。

(a) 刀具磨损试验

(b) 磨损后刀盘

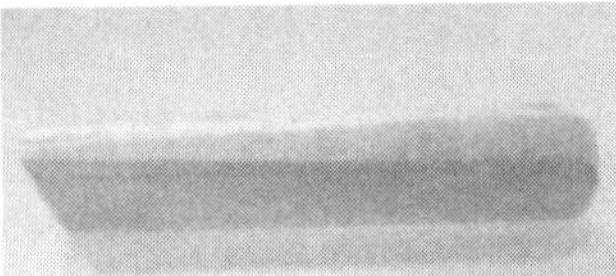

(c) 磨损后刀具

(d) 电子天平(0.001g)

图 6.6　盾构刀具磨损试验流程[24]

4. 刀具磨损试验装置优越性能

刀具磨损试验装置具备评估土体物理力学参数、刀具形状材质参数和土体添加剂参数等对刀具磨损影响的能力。较之于现有的试验装置和测试方法，其优越性能主要表现为如下几个方面：

（1）现有的试验方法采用预先烘干和筛分处理的重塑土样，物理力学性质已经发生显著变化，试验测试结果的可靠性极其有限。为了尽量减少预先处理土样对测试结果的影响，本书提出的测试方法允许采用未经扰动的原状土样，能够相对更准确地模拟实际掘进工况条件下盾构刀具磨损特征规律。

（2）现有的试验装置大多采用敞开式试验仓，难以模拟盾构刀盘所处的压力环境。此外，模型刀盘往往只能在原位旋转，无法模拟盾构刀盘的掘进过程。本书提出的试验装置仓内压力最高可达 1.50MPa，能够模拟高水压越江跨海隧道盾构刀盘工作环境压力。此外，模型刀盘的转速和掘进速度在 0～200rpm/min 和 0～250mm/min 范围内连续可调，可以同时模拟盾构刀盘的旋转和掘进过程。

（3）试验仓体正面设置钢化玻璃视窗，操作人员可通过相机拍摄模型刀盘掘进状态，研究分析刀具与土体之间的相互作用机理。此外，通过对土体添加剂进行预先染色处理，操作人员可以透过钢化玻璃视窗清晰观测土体添加剂（如：泡沫添加剂和膨润土泥浆）的渗透扩散过程。

（4）较之于现有试验方法将添加剂施加在土样表面或者与土样预先混合方式，盾构刀具磨损试验装置通过设计注入通道可以将土体添加剂直接输送至刀具和土样的接触表面，有助于量化评估泡沫类添加剂和膨润土添加剂特征参数（如：浓度、注入比率等）对刀具磨损影响。

6.2.2　刀具硬度优化分析试验

1. 试验土样与合金材质参数

试验采用取自苏通 GIL 综合管廊工程的粉细砂样（表 6.1），矿物成分主要包括石英（58.58%）、长石（23.50%）、云母（2.78%）、白云石（5.50%）、绿泥石（5.38%）和其他（4.26%）。试验刀具采用 30CrMo 合金钢制作（表 6.2），通过气体渗碳方式改变合金刀具表面硬度。例如，通过对 30CrMo 合金钢进行气体渗碳处理可以获得 HRC＝27、41、47、52 和 63 的试验刀具。

粉细砂样物理力学参数　　表 6.1

不均匀系数 C_u	曲率系数 C_c	有效粒径 d_{10}(mm)	中间粒径 d_{30}(mm)	界限粒径 d_{60}(mm)	黏聚力 c(kPa)
7.45	1.52	0.022	0.074	0.164	3.68
内摩擦角 φ(°)	密度 ρ(g/cm³)	含水率 w(%)	孔隙比 e	石英含量(%)	
31.45	1.96	22.70	0.69	58.58	

30CrMo 合金钢化学成分　　表 6.2

C(%)	Si(%)	Mn(%)	S(%)	P(%)
0.26～0.34	0.17～0.37	0.40～0.70	<0.035	<0.035
Cr(%)	Ni(%)	Cu(%)	Mo(%)	
0.80～1.10	<0.03	<0.03	0.15～0.25	

2. 刀具磨损随合金硬度变化规律

通过采用 HRC＝27、41、47、52 和 63 的切削刀具对细粉砂样进行刀具磨损试验（图 6.7），在常压环境下对每种硬度的切削刀具进行两次测试，刀盘转速 $N=100$rpm/min，掘进速度 $V=1$mm/min。测试结果显示：刀具磨损量随合金硬度增大而逐渐减小。仅以两次测试结果的平均值为例：当合硬度 HRC＝27 时，刀具磨损量 $M_{max}=278.3$mg；当合金硬度 HRC＝63 时，刀具磨损量 $M_{min}=197.3$mg。

刀具磨损量变化规律曲线呈倒“S”形（图 6.8）。当合金硬度 HRC<41 时，刀具磨损量 $M>265.0$mg。随着合金硬度增加至 HRC＝47，刀具平均磨损量缓慢降低至 $M=252.1$mg，刀具磨损对合金硬度不敏感。随着合金硬度继续增加至 HRC＝52，刀具磨损量迅速降低至 $M=206.4$mg，刀具硬度敏感区间为 HRC＝[47，52]。随着合金硬度继续增加至 HRC＝63，刀具磨损量缓慢降低至 $M=197.3$mg，刀具磨损对合金硬度不敏感。

由于合金硬度与抗弯强度呈负相关关系，合金硬度过高往往极易导致刀具崩裂。此时，不宜继续增大合金硬度降低刀具磨损。

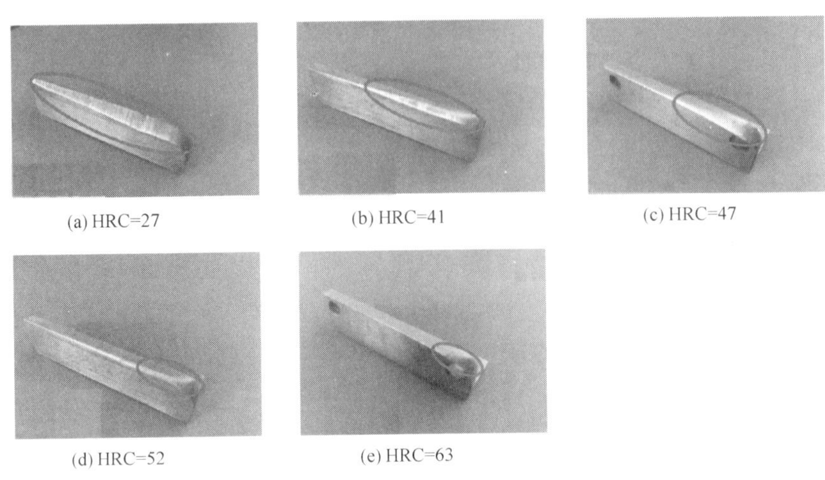

图 6.7　不同硬度条件下的刀具磨损试验[25]

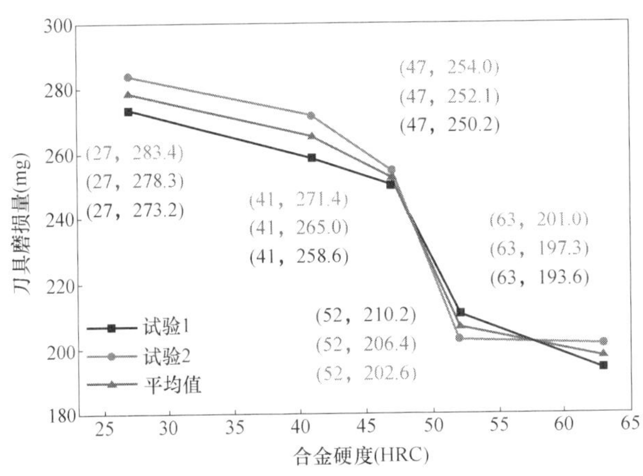

图 6.8　刀具磨损量随合金硬度变化规律曲线[24]

6.2.3　刀具硬度耐磨优化设计

1. 刀具硬度敏感区间

磨蚀性地层盾构刮刀磨损主要为磨料磨损。研究分析结果表明，刮刀和磨料的相对硬度对磨料磨损具有重要影响[25]。当合金硬度低于磨料硬度时，硬质颗粒微凸体在法向挤压的作用下极易侵入金属表面，而后在切向摩擦的作用下形成深度切削，金属颗粒迅速流失，刮刀磨损量保持在相对较高水平，且对合金硬度不敏感。随着合金硬度逐渐增加至接近磨料硬度，硬质颗粒微凸体逐渐变得难以侵入金属表面，刮刀磨损量急剧减小，且对合金硬度敏感。而当合金硬度增加至大于磨料硬度时，硬质颗粒微凸体已经很难侵入金属表面形成深度切削，金属颗粒流失发生在浅层表面，刮刀磨损量维持在相对较低水平，且对合金硬度不敏感。

在刀具硬度优化试验中，合金刀具和砂土颗粒分别是“刀具-土体”摩擦系统中的磨损材料和硬质磨粒。当合金硬度 HRC＞58 时，砂粒表面微凸体很难侵入合金刀具表面形成深度切削，刀具磨损量相对较小且对合金硬度不敏感。随着合金硬度降低至 HRC＝[47，52]，砂粒表面微凸体逐渐侵入合金刀具表面形成深度切削，刀具磨损迅速增加且对合金硬度极为敏感。而当合金硬度降低至 HRC＜47 时，砂土颗粒表面绝大部分的微凸体已经侵入合金刀具表面形成深度切削，刀具磨损相对较小且对合金硬度不再敏感。

此外，由于试验采用的粉细砂样是由石英、长石、云母、绿泥石等多种矿物组合而成的多相非均质材料。只有当合金刀具硬度高于（或低于）硬质砂粒中硬度最大（或最小）的矿物组分时，刀具磨损量才能完全实现从低位（或高位）状态过渡到高位（或低位）状态。否则，刀具磨损量将始终处于高低状态转化的过渡阶段。因此，刀具磨损随合金硬度变化规律曲线中表现为合金硬度敏感区间而非硬度敏感间断点。

2. 刀具硬度推荐区间

根据传统摩擦学基本原理，合金硬度与抗弯强度之间呈负相关关系[26]。对于同一刀具材料，合金硬度越高，抗弯强度越低。盾构隧道施工期间，通过提高合金硬度可以增强刀具耐磨性能。但是硬度过大的刀具抗弯强度往往过低。当与硬质颗粒发生碰撞时，极易产生合金崩裂等异常磨损。因此，在合金硬度满足需求的情况下，应尽可能选择抗弯强度高的合金作为刀具材料。刀具合金硬度优化分析试验结果表明：当合金硬度 HRC＝[47，52] 范围内时，刮刀磨损量随合金硬度增大而急剧减小，通过适当增大合金硬度可以显著降低刮刀磨损。而当合金硬度 HRC＝[52，63] 时，刮刀磨损量随合金硬度增大而缓慢减小，继续增大合金硬度不仅作用效果极其有限，而且极易导致刮刀因韧度过低而产生崩裂。因此，粉细砂层刮刀合金硬度推荐区间为 HRC＝[52，63]。

6.2.4　刀具合金硬度对比分析

苏通 GIL 综合管廊工程同时采用洛氏硬度 HRC＝69 和 HRC＝62 的刀具在粉细砂层中进行原位掘进试验（图 6.9）。测试结果表明，合金硬度 HRC＝69 的切削刀具由于抗弯强度过低出现明显的刃部崩裂现象，而合金硬度 HRC＝62 的切削工具仅出现轻微的磨粒

(a) 局部崩裂(HRC=69)

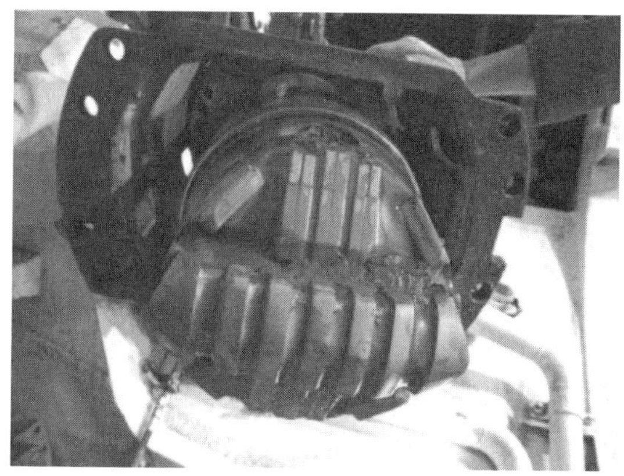

(b) 正常磨损(HRC=62)

图 6.9　不同硬度刀具的磨损情况[24]

磨损，原位掘进试验结果与硬度优化分析结果之间具有良好的一致性。

6.3 刀具磨损三维量化评估方法

苏通 GIL 综合管廊工程长距离穿越高石英含量致密砂层，刀具磨损程度定量评价对于换刀作业时机的准确判断至关重要。尤其是对于形状不规则刀具，当刀刃发生非均匀磨损或者刀体出现偏一侧磨损时，传统的尺规测量和一维参数往往很难准确表征刀具磨损情况，这对于评价刀具使用寿命和提升刀具利用效率极为不利。本节针对传统尺规测量方法存在的缺陷和不足，通过对形状不规则刀具形貌特征进行分析，采用三维激光扫描技术重构了刀具三维实体模型，获取了刀具三维磨损云图，提出了无量纲化的刀具磨损评价指标，建立了刀具磨损评价体系，合理评价了形状不规则刀具的非均匀磨损和偏一侧磨损，可以为准确判断刀具失效和换刀时机提供参考依据。

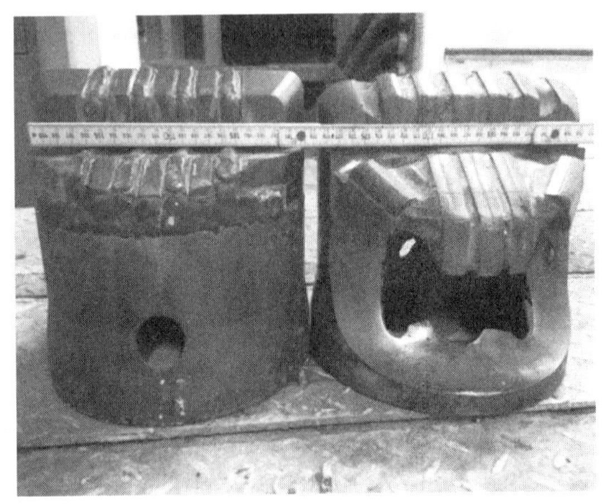

图 6.10 基于尺规测量的盾构刀具磨损评价方法

6.3.1 现有方法及缺陷与不足

目前施工现场普遍采用游标卡尺和直尺测量盾构刀具尺寸，选取刀刃高差表征盾构刀具磨损情况[27]。由于先行刀和刮刀形状严重不规则，该方法不仅难以操作实施，而且测量精度有限。尤其是盾构刀具出现严重的不均匀磨损或者偏一侧磨损时（图 6.10），往往难以全面合理表征盾构刀具的实际磨损情况，这对于刀具磨损量化评估分析和盾构换刀作业时机准确判别极为不利。

6.3.2 刀具磨损量化评估方法

1. 盾构刀具扫描测试

三维激光扫描技术可以获取测试对象的空间点位信息，快速建立三维实体模型，具有非接触、实时性、主动性、高精度、数字化、自动化等优越性能。采用三维激光扫描技术获取盾构刀具的形貌特征和磨损情况，可以突破传统尺规测量方法和一维表征参数的缺陷和不足[28]。通过重构形状不规则刀具三维实体模型和磨损分析云图，有助于实现形貌特征和磨损情况的量化评估分析。

苏通 GIL 综合管廊工程采用 Freescan X3 手持式三维激光扫描仪，分辨率为 0.10mm，精度为 0.03mm，速率为 240000 次/s（表 6.3）。扫描仪背部设置四种不同颜色的指示灯，用于表征实际扫描距离和理论扫描距离之间的关系。蓝色指示灯表示实际扫描距离小于理论扫描距离，绿色指示灯表示实际扫描距离接近理论扫描距离，而紫色和红色指示灯分别表示实际扫描距离大于和远大于理论扫描距离。测试过程中绿色指示灯应保持明亮，以便于高效获取刀具形貌信息。为确保能够被扫描仪有效识别，刀具表面需粘贴荧光标志点。此外，通过在刀具表面均匀喷涂白色 DPT-5 型渗透探伤剂，有助于显著提

高图像质量和扫描效率。

Freescan X3 手持式三维激光扫描仪性能参数　　表 6.3

长度(mm)	宽度(mm)	高度(mm)	测量精度(mm)
130	90	310	0.030
分辨率(mm)	扫描速率(次/s)	理论距离(mm)	扫描范围(mm)
0.100	240000	300	280×250

采用手持式三维激光扫描仪进行刀具磨损测试时，首先应将三维激光扫描仪、计算机终端、软件加密锁和电源设备连接并启动扫描设备和控制软件［图 6.11（a)］。其次，需要在预先清洗和干燥的刀具表面均匀喷涂白色 DPT-5 型渗透探伤剂［图 6.11（b)］。待其干燥后可将荧光标志点粘贴在刀具表面。荧光标志点内径和外径分别为 6mm 和 10mm，呈“V”字形排布，间距宜为 5～10cm，以确保激光束能同时照射不少于 3 个标志点。而后，将经过预处理后的刀具放置在黑色背景布上，并在背景布上以相同方式均匀粘贴适量荧光标记点［图 6.11（c)］。在对盾构刀具进行扫描之前，应当预先识别黑色背景布和盾构刀具上的荧光标志点，以便于扫描仪预先定位和适应作业环境［图 6.11（d)］。

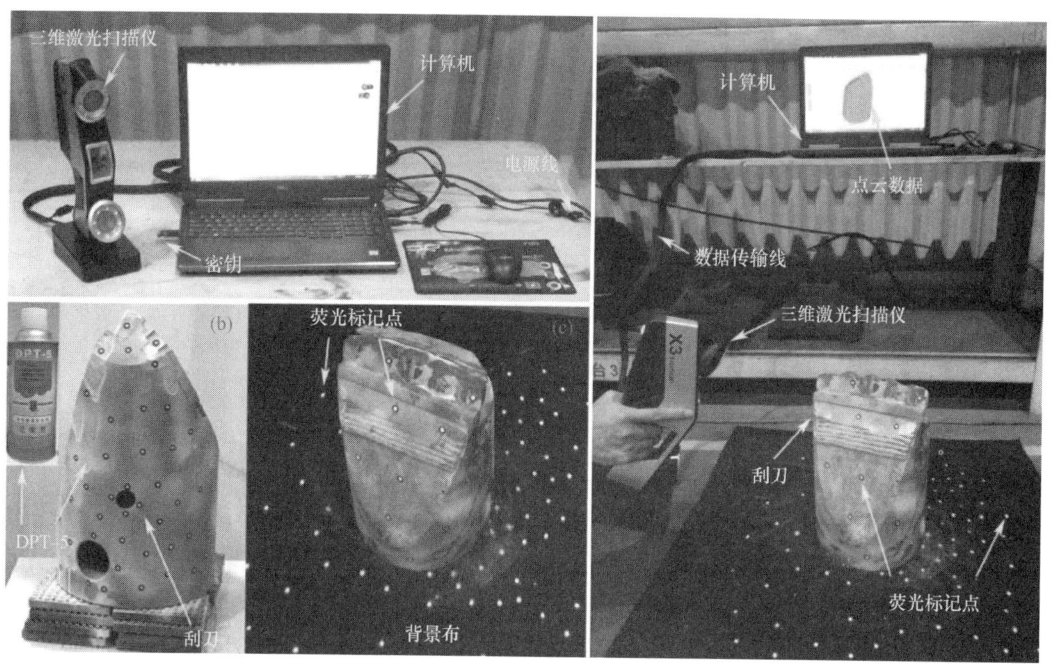

图 6.11　基于三维激光扫描技术的刀具扫描流程

扫描仪与盾构刀具的实际工作距离宜保持在 300mm 左右，以便于使绿色指示灯一直处于明亮状态。扫描过程中生成的点云数据可以通过控制软件 Freescan 实时记录和显示。操作人员可以根据点云数据分布情况及时调整扫描区域，如果模型局部出现点云缺失情况，可以通过重复扫描盾构刀具对应区域及时获取缺失数据信息。待裸露表面扫描完毕之后，将按下暂停按钮停止扫描，删除控制软件中背景布上的荧光标志点。将盾构刀具进行翻转，使得原本隐藏的底面裸露出来。而后触发启动按钮继续进行扫描测试。由于此时盾构刀具与背景布的相对位置发生变化，为确保刀具底面能在控制软件中正确识别并自动拼接，需参照刀具的标志点重新识别背景布上的标志点。待刀具底面扫描完毕后，点云数据模型将以 ASC 格式文件进行存储。

2. 刀具模型重构分析

通过三维激光扫描获取的盾构刀具点云数据模型将被导入 Geomagic Control 软件中重建刀具三维实体模型（图 6.12）。数据处理过程中，首先需要预先清除刀具和背景表面的杂质点。而后可采用三角形单元对点云数据进行拟合分析，重构刀具三维实体模型。鉴于刀具表面形貌过于复杂，曲率过大的局部凹陷往往难以扫描，点云数据可能出现局部缺失情况，三维实体模型将会产生局部孔洞。通过采用填充内部孔或边界孔方式，可以有效修复三维实体模型局部孔洞，修复后的刀具模型可根据金属表面粗糙程度进行平滑处理，以便于构建相对更为真实的盾构刀具三维实体模型。

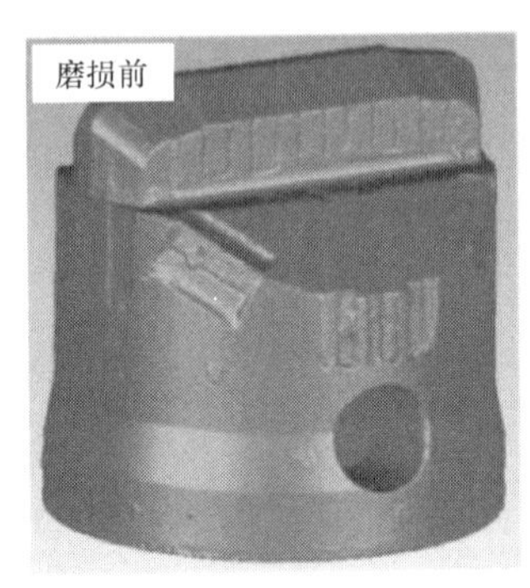

(a) 先行刀

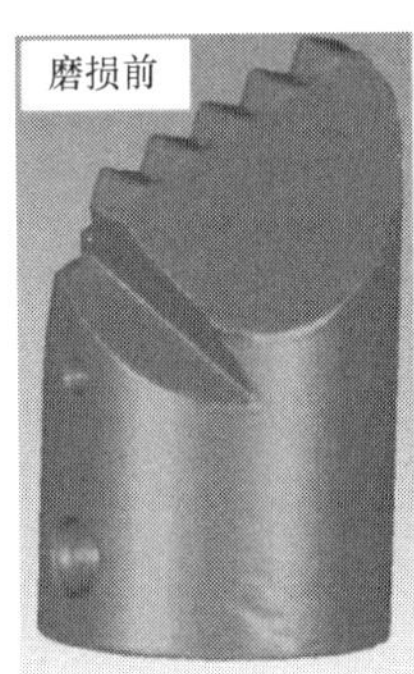

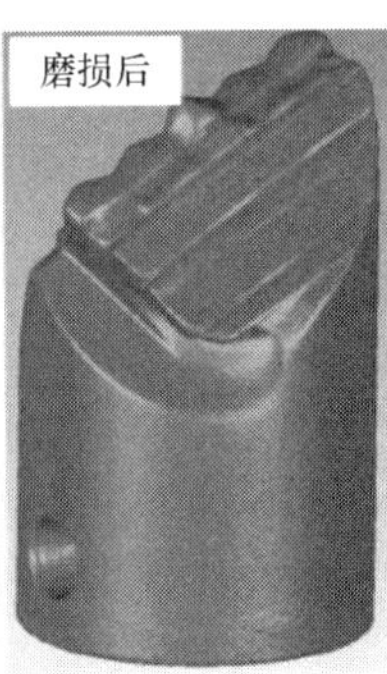

(b) 刮刀

图 6.12　盾构刀具三维实体模型

3. 刀具三维磨损云图

通过刀具扫描测试和模型重构分析可以获取三维实体模型。通过将磨损前后的刀具模型分别视为参考对象和测试对象，采用模型叠加对比方法可以获取刀具三维磨损云图。Geomagic Control 软件中可以选用最佳拟合重叠和特征平面重叠两种模式。最佳拟合重叠通过拟合磨损前后刀具模型质心和最小惯量主轴方式进行对齐，而特征平面重叠则是根据用户自己选择特征平面进行对齐。由于盾构刀具磨损主要集中于刃部和侧壁，底部直接与刀座进行连接并无显著磨损。若采用最佳拟合重叠模式，盾构刀具底部将会出现对齐偏差，这将直接影响刀具磨损评价分析结果的准确性。选择底部平面和两个不平行的侧面作为特征平面，通过采用特征平面叠加模式将磨损前后刀具模型重叠（图 6.13）。而后，借助 Geomagic Control 软件中的 3D 比较模块，可以获取刀具三维磨损分析云图（图 6.14），实现不规则盾构刀具磨损三维定量评价分析。

6.3.3　刀具磨损量化评价体系

虽然三维磨损云图可以直观地表征刀具磨损情况，但目前仍缺乏可靠的刀具磨损定量评价方法。特别是对于不规则刀具，复杂的表面形貌使得磨损程度难以定量描述。有鉴于此，本节提出了一种形状不规则盾构刀具磨损量化评估方法。

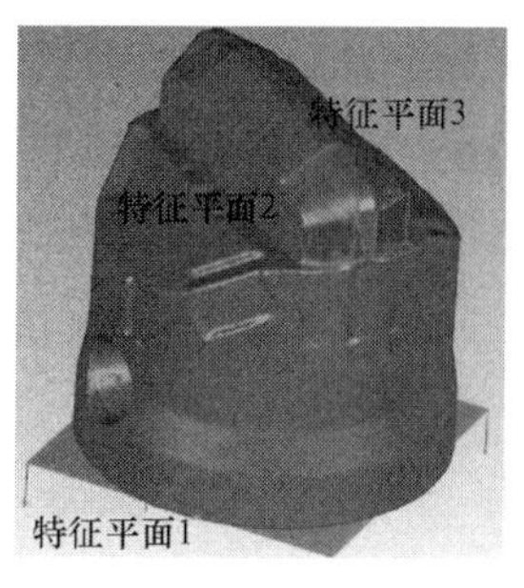

(a) 先行刀

(b) 刮刀

图 6.13　盾构刀具特征平面选取

(a) 先行刀

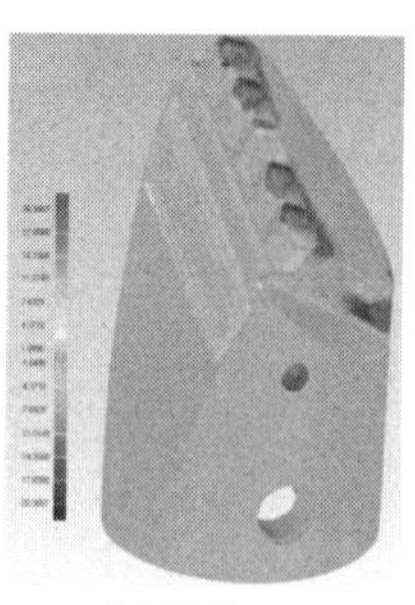

(b) 刮刀

图 6.14　盾构刀具三维磨损云图

1. 评价指标选取原则

定量评价指标选取对于形状不规则刀具磨损评估极为关键，相对合理的盾构刀具量化评价指标应该具备如下几个方面的特征：

① 根本特征：不仅能够客观地表征形状不规则刀具刃部磨损情况，而且可以有效反映偏一侧磨损和不均匀磨损等刀具异常磨损情况；

② 基本特征：综合采用多种维度形貌特征参数，不仅能够描述刀具局部磨损特征，而且可以表征刀具整体磨损情况；

③ 其他特性：定量评价指标应尽量选取无量纲参数，可以避免尺寸效应的影响，体现不规则刀具的固有属性和本质特征。

2. 刀具磨损评价指标

综合考虑刀具磨损评价指标特征，建议采用三维无量纲参数体积磨损率（CVWR）和一维无量纲参数高度磨损率（CHWR）定量评价形状不规则盾构刀具的磨损情况。其中，体积磨损率（CVWR）是指刀具体积损失与原始刀具体积之比，可以通过式（6.1）进行计算。

$$\mathrm{CVWR}=\frac{\Delta V}{V} \tag{6.1}$$

式中：CVWR——刀具体积损失率；

ΔV——刀具体积损失；

V——刀具初始体积。

高度磨损率 CHWR 是指刀齿最大高度差（或：刀体最大厚度差）与刀齿初始高度（或：刀体初始厚度）之比，可以通过式（6.2）计算。

$$\mathrm{CHWR}=\frac{\Delta H}{H} \tag{6.2}$$

式中：CHWR——刀具高度磨损率（包括刀刃高度损失率和刀体壁厚损失率）；

ΔH——刀齿最大高度差（或：刀体最大厚度差）；

H——刀齿初始高度（或刀体初始厚度）；

由于体积损失 ΔV 表征刀具三维形貌特征，刀具体积损失率 CVWR 侧重于评估盾构刀具整体磨损情况。而刀齿最大高度差或刀体最大厚度差 CHWR 表征刀具一维局部信息，刀具高度损失率 CHWR 侧重于评估刀具局部磨损情况。通过综合采用上述两个无量纲参数作为刀具磨损量化指标，可以实现形状不规则盾构刀具失效量化评估分析。

3. 刀具失效评价流程

基于刀具体积损失率CVWR和高度磨损率CHWR可以构建形状不规则盾构刀具失效量化评估分析流程（图6.15）。首先通过重构刀具三维实体模型获取形状不规则刀具体积损失率，并与相应的刀具体积磨损率限定值进行对比分析。若刀具体积损失率超过限定值，即可认为不规则盾构刀具已经发生损坏。若刀具体积磨损率低于限定值，则可将盾构刀具分为刀刃和刀体两部分进行评价。通过分别计算刀刃和刀体的体积损失率CVWR和高度磨损率CHWR，并与相应的限定值进行比较。当它们均小于对应的限定值时，盾构刀具可以继续使用。否则，即可认为盾构刀具已经发生损坏。

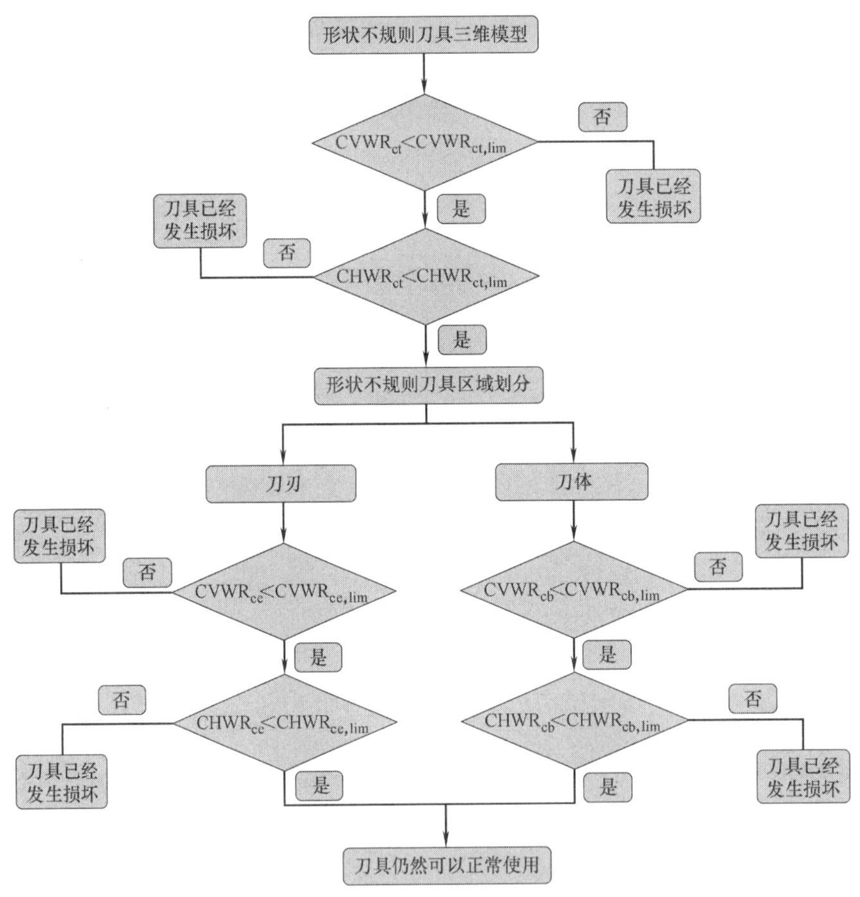

图6.15 盾构刀具失效量化评估流程

6.3.4 刀具磨损三维评价分析

1. 盾构刀具特征参数统计

苏通GIL综合管廊工程泥水盾构分别在DK1＋396、DK2＋326、DK3＋448和DK4＋970位置累计进行4次刀盘检修和刀具更换（表6.4）。统计分析结果表明，盾构施工期间共计使用 3 种类型先行刀和 3 种类型刮刀。根据刀具在结构和功能方面的差异，可以将其划分为刀刃和刀体两个部分。上部刀刃用于犁松和切削开挖面土体，下部刀体用于支撑刀具结构。以图 6.16 所示的平面为界进行划分，可以得到刀齿高度、刀刃体积和刀体体积（表 6.5）。

苏通 GIL 综合管廊工程盾构刀具更换情况　　表 6.4

换刀位置	先行刀	刮刀
DK1+396	28,29,30	—
DK2+326	24,27,28,30	—
DK3+448	11,12,16,19,21,23,25,28,29,30	16L,16R,17L,17R,18L,18R,19L,19R,20L,20R,21L,21R,23L,23R,26L,26R
DK4+970	12,20,22,23,25,26,28,29,30,31	14L,14R,24L,24R,25L,25R,27L,27R,29L,29R,30L,30R

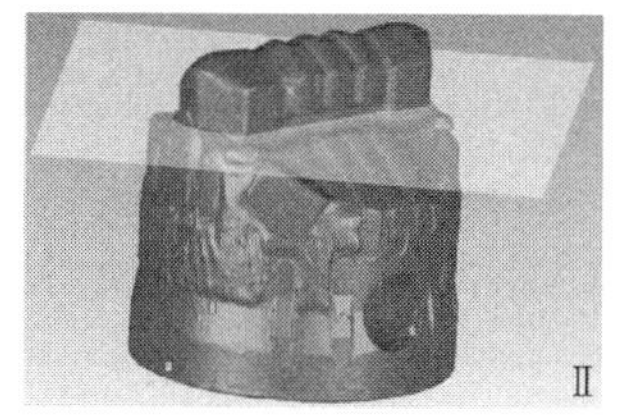

Ⅲ

(a) 先行刀

Ⅰ

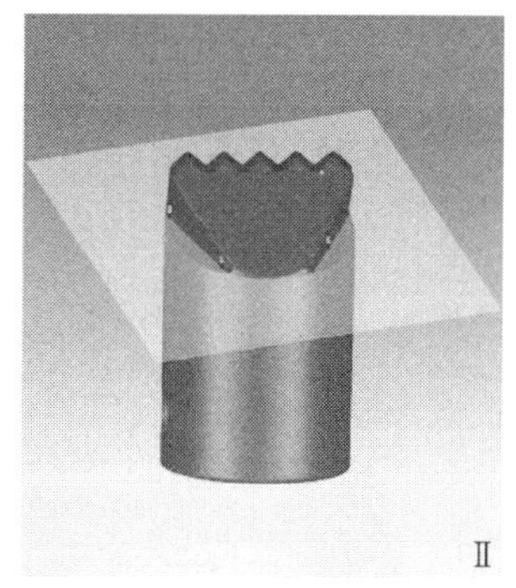

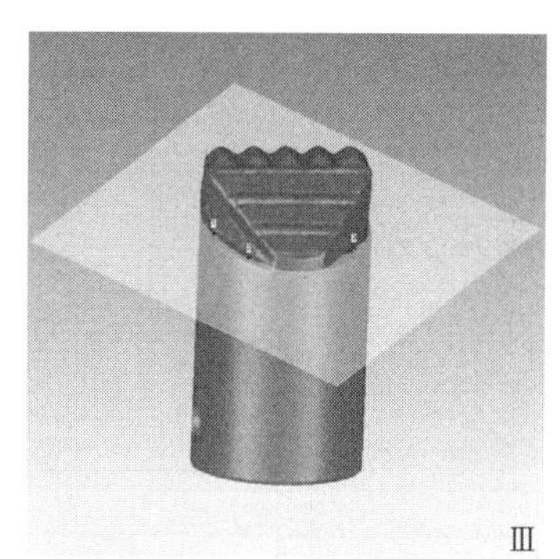

(b) 刮刀

图 6.16　刀刃和刀体划分界面

先行刀和刮刀特征参数　　表 6.5

	刀齿高度(mm)	刀刃体积(mm^3)	刀体体积(mm^3)	总体积(mm^3)
先行刀 Ⅰ	50	650705	4288655	4939360
先行刀 Ⅱ	50	583270	4294785	4878055
先行刀 Ⅲ	50	682355	4455880	5138235
刮刀 Ⅰ	42	1183170	7875910	9059080
刮刀 Ⅱ	42	1459515	7935175	9394690
刮刀 Ⅲ	42	1524995	10200855	11725850

2. 先行刀磨损特征规律分析

DK1＋396、DK2＋326、DK3＋448 和 DK4＋970 的位置更换的先行刀数量分别为 3 把、4 把、10 把和 10 把（表 6.4）。通过采用 Freescan X3 手持式 3D 激光扫描仪对先行刀进行扫描分析，并将点云数据导入 Geomagic Control 软件重构先行刀三维实体模型。通过以磨损前先行刀模型为参考对象，磨损后先行刀模型为测试对象，采用特征平面叠合模式进行模型对比分析，获取了盾构先行刀磨损分析云图（图 6.17）。

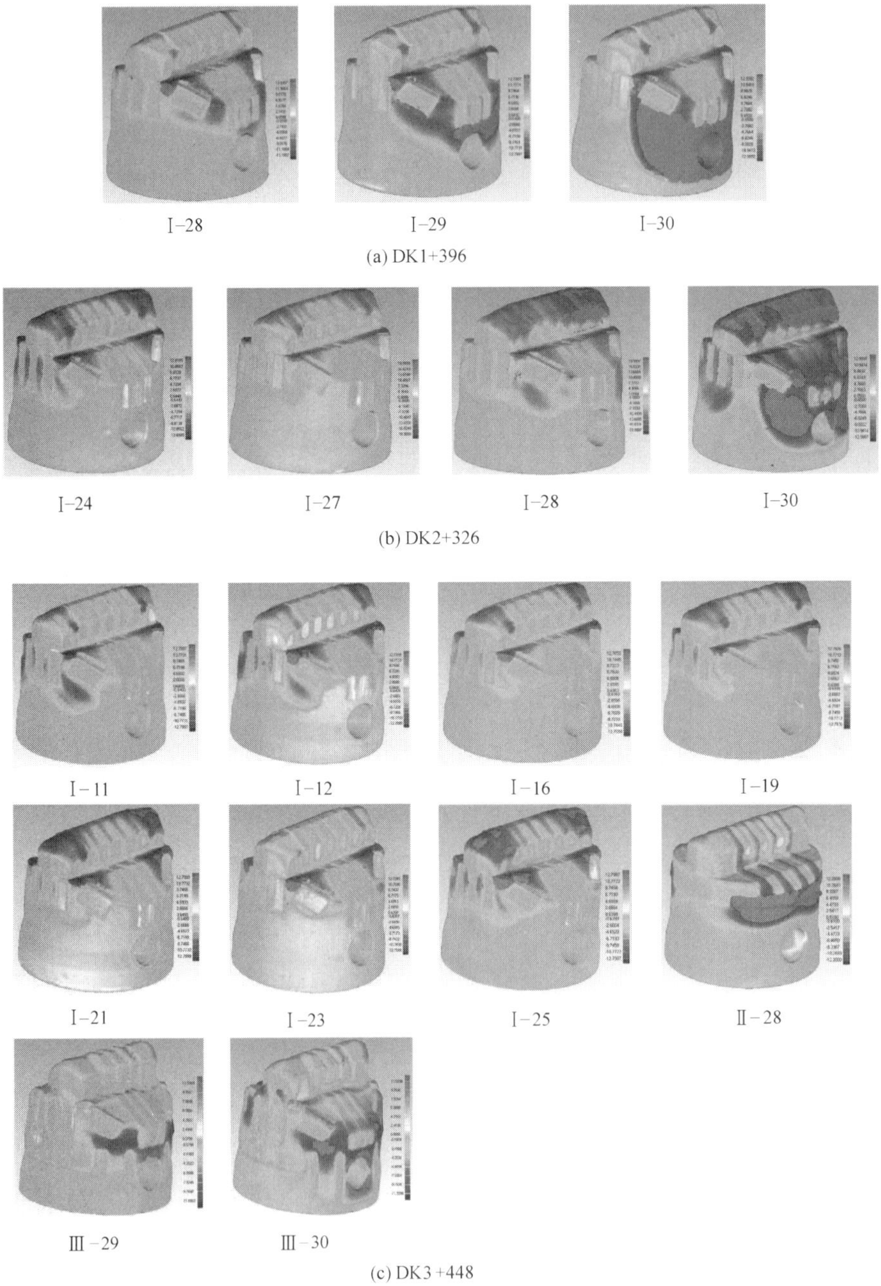

Ⅰ-28　Ⅰ-29　Ⅰ-30

(a) DK1+396

Ⅰ-24　Ⅰ-27　Ⅰ-28　Ⅰ-30

(b) DK2+326

Ⅰ-11　Ⅰ-12　Ⅰ-16　Ⅰ-19

Ⅰ-21　Ⅰ-23　Ⅰ-25　Ⅱ-28

Ⅲ-29　Ⅲ-30

(c) DK3+448

图 6.17　先行刀磨损分析云图（一）

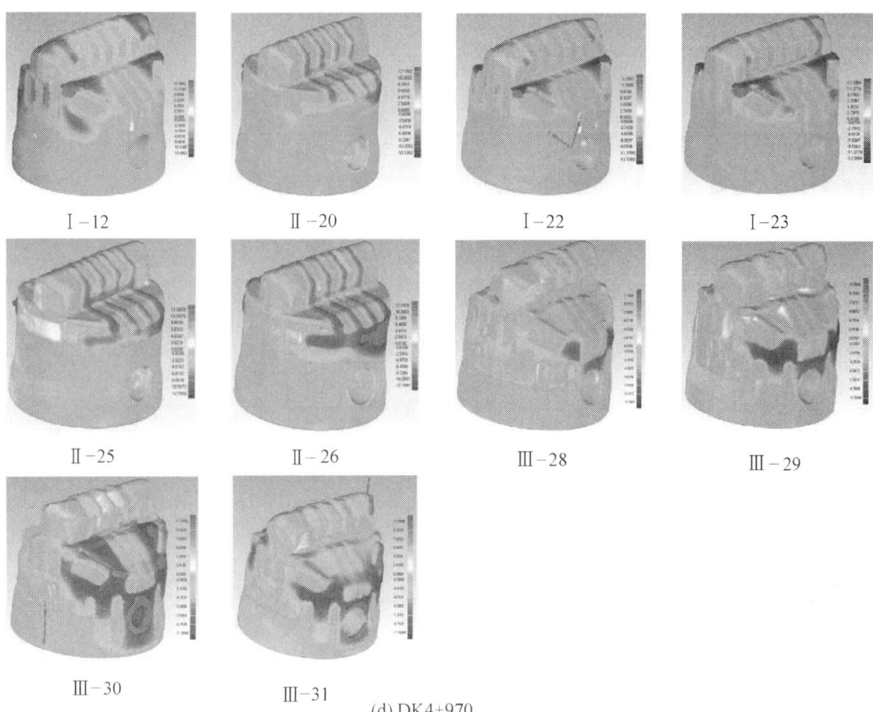

(d) DK4+970

注：浅色表示该区域几乎没有磨损，深色表示该区域磨损严重。

图 6.17　先行刀磨损分析云图（二）

先行刀呈现出明显的不均匀磨损现象，两侧刀齿的磨损程度远比中间刀齿更为严重（图 6.18），这与先行刀切削机理密切有关。当泥水盾构在致密砂层中掘进时，先行刀将对开挖面砂土进行犁松。侧面刀齿首先接触砂土颗粒。在强烈的挤压和摩擦作用下，两侧刀齿将发生严重磨损。因此，先行刀两侧刀齿磨损程度远比中心刀齿严重。此外，编号为 28、29、30 和 31 的先行刀呈现出严重的偏一侧磨损现象，这主要取决于先行的刀安装角度。与编号为 1～27 的直装先行刀不同，编号为 28～31 的先行刀斜装于刀盘面板外缘（图 6.17）。当过量渣土淤积于开挖面与刀盘面板之间时，高石英含量砂粒将对先行刀外侧（远离刀盘面板的一侧）造成严重磨损。因此，编号为 28～31 的先行刀磨损云图呈现出明显的偏一侧磨损现象。

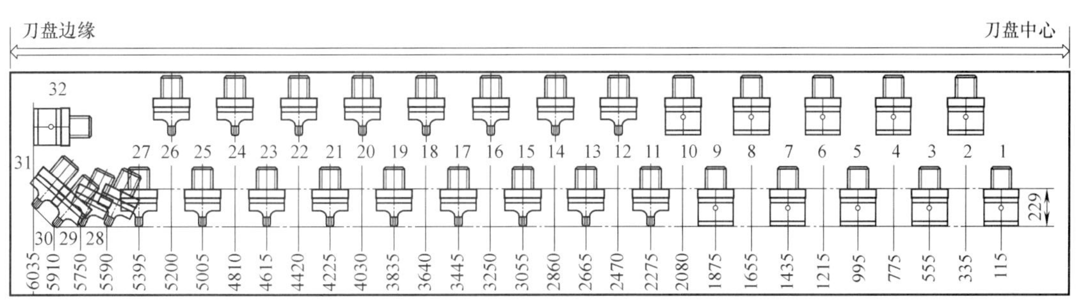

图 6.18　先行刀的安装半径及布置方式

通过对泥水盾构先行刀体积损失进行计算分析，可以获取体积磨损率（$CVWR_{rt}$）、刀刃体积磨损率（$CVWR_{re}$）和刀体体积磨损率（$CVWR_{rb}$）。统计结果表明：对于多数先行刀，$CVWR_{re}$相对最大，$CVWR_{rt}$相对次之，$CVWR_{rb}$相对最小，先行刀磨损主要出现在刀刃部位（图 6.19）。然而，对于 DK1＋396、DK3＋448 和 DK4＋970 位置更换的编号为 28～30、29～30 和 28～31 先行刀，$CVWR_{rb}$ 和 $CVWR_{rt}$ 显著大于 $CVWR_{re}$，这与渣土过量淤积和刀具安装角度密切相关。当斜装先行刀 28～31 周围淤积过量高石英含量渣土时，先行刀体将发生严重二次磨损。此时，刀体体积损失显著大于刀刃的对应值，故而 $CVWR_{rb}$ 和 $CVWR_{rt}$ 大于 $CVWR_{re}$。

此外，先行刀体积磨损率 $CVWR_{rt}$、$CVWR_{re}$ 和 $CVWR_{rb}$ 的平均值被进行了统计分析。为了消除极值对分析结果的影响，DK1＋396 位置更换的 30 号先行刀、DK2＋326 位置的 28 和 30 号先行刀、DK3＋448 位置更换的 29 号先行刀和 DK4＋970 位置更换的 28、29 和 31 号先行刀的磨损数据被预先剔除。结果显示其余 20 把先行刀磨损评价指标 $CVWR_{rt}$、$CVWR_{re}$ 和 $CVWR_{rb}$ 的平均值分别为 3.83%、11.34%和 2.69%，它们被视为苏通 GIL 综合管廊工程先行刀体积磨损率限定值。

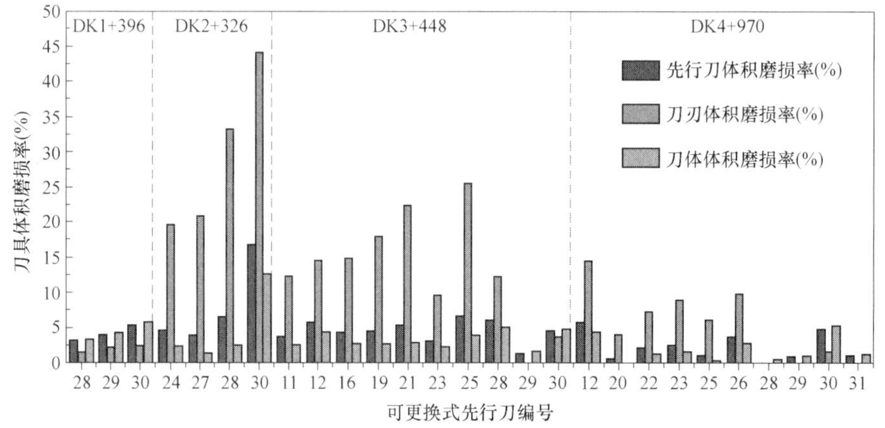

图 6.19　先行刀体积磨损率统计分析

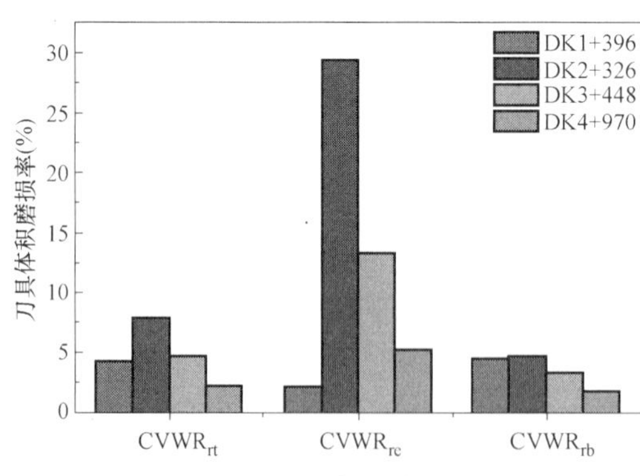

图 6.20　先行刀平均体积磨损率对比分析

通过对 DK1＋396、DK2＋326、DK3＋448 和 DK4＋970 位置更换先行刀的平均体积磨损率进行对比分析发现：DK2＋326 位置更换先行刀的平均体积磨损率显著高于 DK1＋396、DK3＋448 和 DK4＋970 位置（图 6.20），这与泥水盾构刀具检修方案密切相关。苏通 GIL 综合管廊工程泥水盾构在 DK1＋700～DK2＋200 区间下穿长江深槽上覆压力最高可达 0.95MPa，在高水压强渗透地层中掘进极易出现隧道开挖面失稳等工程安全事故。为规避换刀作业风险，第一次刀具检修提前至 DK1＋396 位置，第二次刀具检修延后至 DK2＋326 位置。泥水盾构需在高石英含量致密砂层中连续掘进 900m 以上，先行刀极易出现过度磨损情况。因此，DK2＋326 位置更换的先行刀体积磨损率较之于 DK1＋396、DK3＋448 和 DK4＋970 位置相对更高。

Ⅰ、Ⅱ、Ⅲ型先行刀齿高度 $H=50$mm，可接受的刀齿最大高度差（或刀体厚度差）$\Delta H=15$mm。根据式（6.2）可知，刀具高度磨损率为 $CHWR_{rt}=30.00\%$，即为先行刀高度磨损率的限定值。

3. 刮刀磨损特征规律分析

苏通 GIL 综合管廊工程刀盘刀具检修结果表明：DK1＋396 和 DK2＋326 位置仅针对先行刀进行检修，刮刀更换发生在 DK3＋448 和 DK4＋970 位置。通过采用 Freescan X3 手持式 3D 激光扫描仪对刮刀进行扫描分析，并将点云数据导入 Geomagic Control 软件重构三维实体模型。如图 6.13 所示，通过以磨损前刮刀模型为参考对象，磨损后刮刀模型为测试对象，采用特征平面叠合模式进行模型对比分析，获取了盾构刮刀磨损分析云图（图 6.21）。通过分析可以看出：刮刀磨损集中在刀齿以及刀刃与刀体之间的衔接部位。

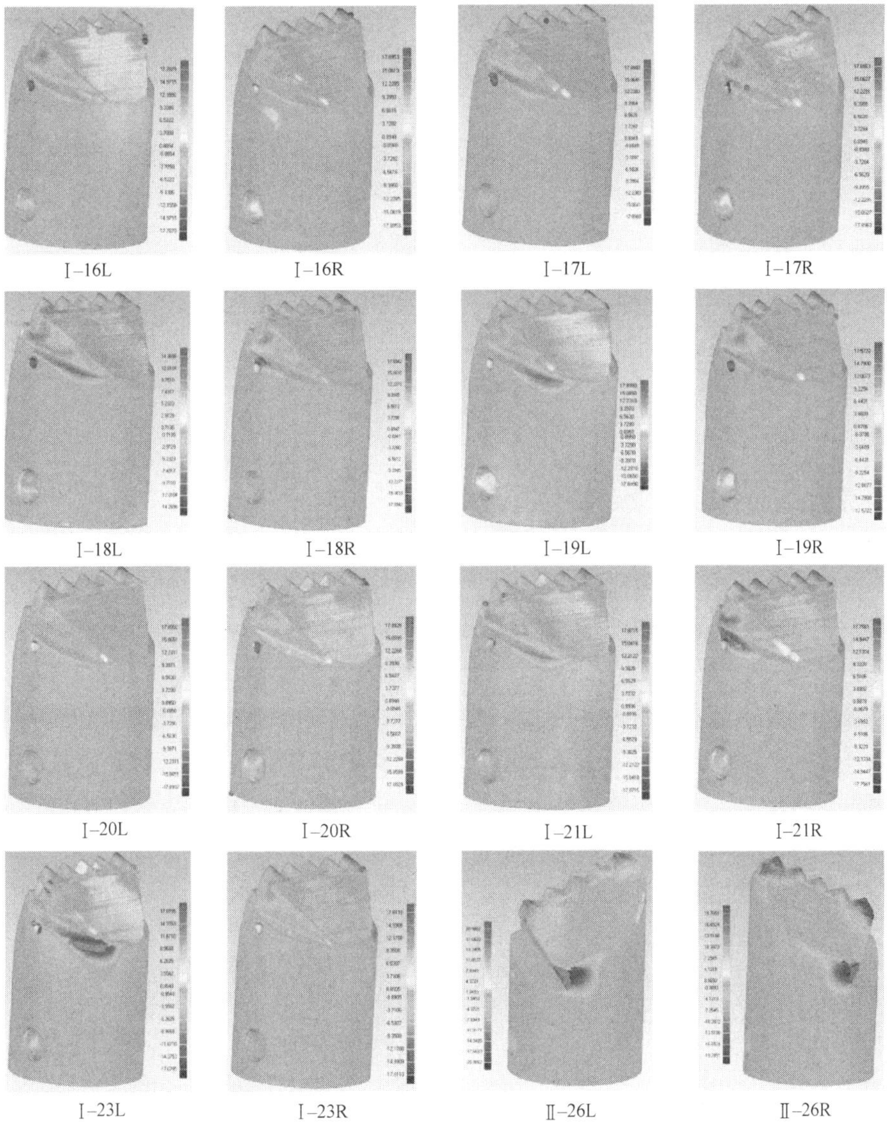

Ⅰ-16L　Ⅰ-16R　Ⅰ-17L　Ⅰ-17R

Ⅰ-18L　Ⅰ-18R　Ⅰ-19L　Ⅰ-19R

Ⅰ-20L　Ⅰ-20R　Ⅰ-21L　Ⅰ-21R

Ⅰ-23L　Ⅰ-23R　Ⅱ-26L　Ⅱ-26R

(a) DK3+448

图 6.21　刮刀磨损分析云图（一）

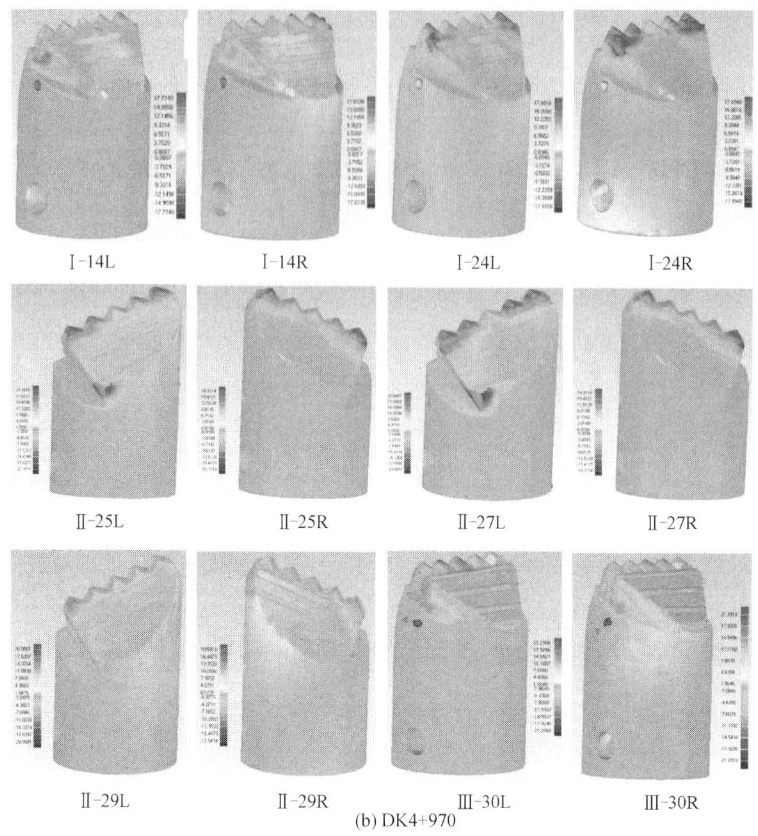

图 6.21　刮刀磨损分析云图（二）

盾构施工过程中，刮刀的硬质合金刀齿将切削开挖面土体，剧烈的摩擦和挤压作用加剧刀齿的初次磨损。此外，盾构刀盘与开挖面之间淤积大量的高石英含量渣土，反复磨削加剧刀刃与刀体衔接部位的二次磨损。

基于刮刀体积磨损率的分析结果表明：刀刃体积磨损率 $CWVR_{se}$ 最大，刮刀体积磨损率 $CWVR_{rs}$ 次之，刀体体积磨损率 $CVWR_{sb}$ 最小（图 6.22），这与刮刀切削机制密切有关。当泥水盾构在致密砂层中掘进时，刮刀与砂土之间产生的剧烈挤压和摩擦将会对刃部刀齿造成严重的初次磨损，淤积在盾构刀盘与开挖面之间的少量渣土将会对刀体造成轻微的二次磨损。因此，刀刃体积磨损率 $CWVR_{se}$ 显著大于刮刀体积磨损率 $CWVR_{rs}$ 和刀体体积磨损率 $CVWR_{sb}$。

此外，刮刀体积磨损率 $CVWR_{rs}$、$CVWR_{se}$ 和 $CVWR_{sb}$ 的平均值被进行了统计分析（图 6.23）。为了消除极值对分析结果的影响，DK3＋448 位置更换的轻微磨损刮刀 16L 和过度磨损刮刀 14L、14R 和 29R，DK4＋970 位置更换的轻微磨损刮刀 30L 和 30R 磨损数据被预先剔除。结果显示其余 22 把刮刀磨损评价指标 $CVWR_{rs}$、$CVWR_{se}$ 和 $CVWR_{sb}$ 的平均值分别为 1.62%、7.36% 和 0.69%，它们被视为苏通 GIL 综合管廊工程刮刀体积磨损率限定值。

苏通 GIL 综合管廊工程Ⅰ、Ⅱ、Ⅲ型刮刀的刀齿高度 $H=42$mm，可接受的刀齿最大高度差（或刀体厚度差）$\Delta H=15$mm。根据式（6.2）可知，刀具高度磨损率 $CHWR_{rs}=$

35.71%，即为刮刀体积磨损率的限定值。当实际高度磨损率超过35.71%时，刮刀将被认为已经失效破坏。

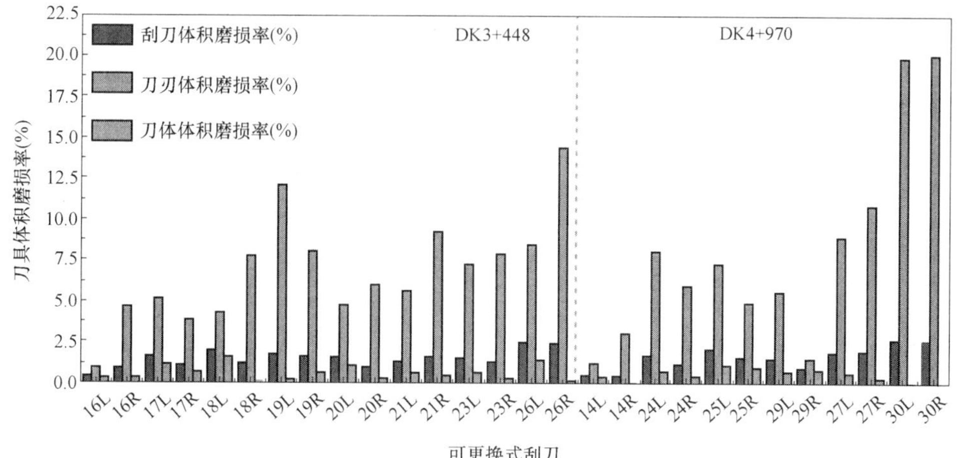

图 6.22　刮刀体积磨损率统计分析

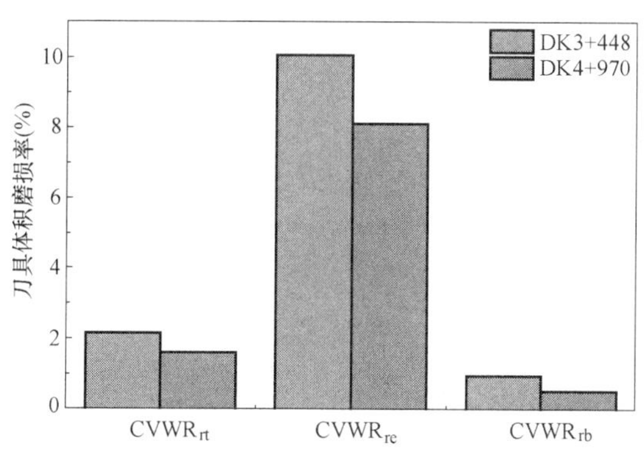

图 6.23　刮刀平均体积磨损率对比分析

6.4　泥水盾构常压换刀方案

苏通GIL综合管廊工程长距离穿越高石英含量致密砂层，高水压强渗透地层水下常压换刀不仅耗时费力，而且作业风险极大[29]。通过准确预测刀具磨损情况合理选择换刀时机，并制定相应的安全保障措施对于规避水下换刀作业风险极为关键。本节针对传统的盾构刀具磨损预测模型中磨耗系数只能参照以往工程经验获取，刀具磨损预测精度相对较低，常压换刀作业时机选择不合理等问题，通过提出基于分段体积统计分析的地层磨耗系数计算方法，优化了传统刀具磨损预测模型，实现了泥水盾构穿越高石英含量致密砂层刀具磨损精确预测，指导了苏通GIL综合管廊工程换刀时机和更换方案的制定和实施。

6.4.1　刮刀磨损预测模型优化

1. 刮刀磨损初始预测模型

盾构刮刀磨损量受工程地质条件、盾构机类型、刀具材质、刀具形状、切削轨迹、刀盘转速及掘进速度等众多因素的影响。张凤祥、朱合华和傅德明[30] 等学者介绍了盾构刮刀的磨损量计算方法如式（6.3）所示。

$$\delta=\frac{K\times\pi\times D\times N\times L}{V} \tag{6.3}$$

式中：δ——刮刀磨损量，mm；

K——磨耗系数，mm/km；

D——安装直径，m；

N——转动速度，r/min；

L——掘进距离，km；

V——掘进速度，mm/min。

当同一掘削轨迹布置多把切削刀具时，考虑到刀具之间的协同效应，磨耗系数 K 将会减小，可以通过式（6.4）计算[31]。

$$K_n=\frac{K}{n^{0.333}} \tag{6.4}$$

式中：K_n——n 把刀具位于同一轨迹时的磨损系数；

n——同一轨迹上的刀具数量。

其中，磨耗系数 K（或 K_n）主要取决于地质条件、刀具性质以及刀具与土体之间的相互作用。

2. 隧道沿线地层统计分析

断面面积统计分析法和分段体积统计分析法是通过选取典型隧道断面和分段，并统计断面内各种地层面积权重和分段内各种地层体积权重，获得地层分布规律的统计分析方法。如图 6.24 所示，通过选取 174 个典型隧道横断面将 DK0＋0～DK5＋468 区间划分为 173 个分段，并进行地层分布特征规律统计分析，结果显示：盾构隧道穿越地层以⑤$_1$ 粉细砂（32.1%）、④$_1$ 粉质黏土混粉土（24.6%）、⑤$_2$ 细砂（14.5%）以及④$_2$ 粉土（14.2%）为主（表 6.6），其余如：④$_{1-1}$ 粉细砂、⑤$_{1-2}$ 中粗砂等地层零星分布于 DK0＋0～DK5＋468 区间范围内。

DK0＋0～DK5＋468 区间范围内各种地层分布情况 **表 6.6**

地层类型	①$_2$ 粉砂夹粉土	①$_{2-1}$ 粉质黏土夹粉土	①$_3$ 粉砂	③$_3$ 淤泥质粉质黏土	③$_4$ 粉质黏土与粉土互层	③$_5$ 淤泥质粉质黏土
体积权重	1.0%	1.6%	1.8%	0.2%	0.3%	1.9%
地层类型	③$_6$ 粉质黏土	④$_1$ 粉质黏土混粉土	④$_{1-1}$ 粉细砂	④$_2$ 粉土	⑤$_1$ 粉细砂	⑤$_{1-1}$ 粉土
体积权重	0.8%	24.6%	1.2%	14.2%	32.1%	2.4%
地层类型	⑤$_{1-2}$ 中粗砂	⑤$_2$ 细砂	⑥$_1$ 中粗砂	⑥$_{1-1}$ 粉细砂	—	—
体积权重	0.2%	14.5%	3.1%	0.1%	—	—

3. 磨耗系数优化计算方法

隧道沿线各种类型地层体积权重如图 6.24 所示，参照南京长江隧道对应地层的刮刀磨耗系数（表 6.7），通过采用式（6.5）进行计算可以获得加权平均磨耗系数预估值 K_a 变化规律曲线（图 6.25）。

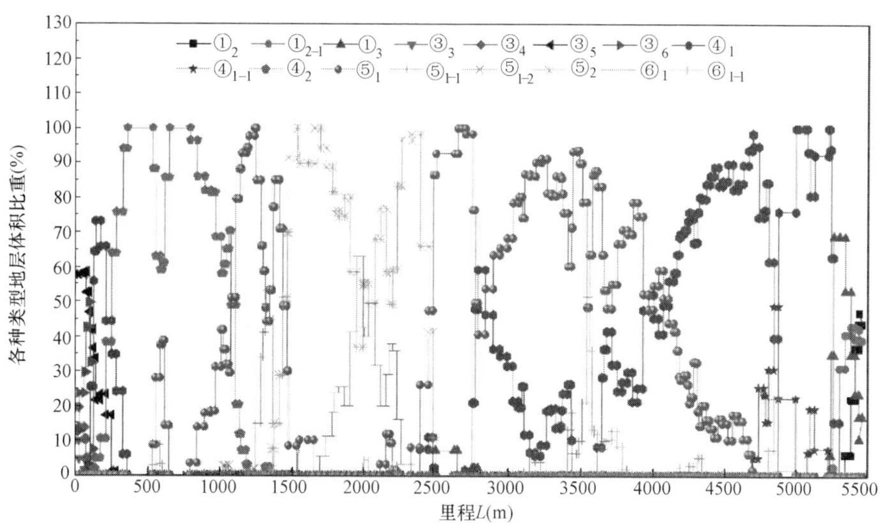

图 6.24　隧道沿线地层分布规律曲线

$$K_a = \sum_{i=1}^{n} K_i \times P_i \tag{6.5}$$

式中：K_a——加权平均磨耗系数；

K_i——第 i 种地层的磨耗系数建议值；

P_i——第 i 种地层的面积权重或体积权重值；

n——统计断面或分段内的地层种类。

南京长江隧道磨耗系数建议值 K（$\times 10^{-3}$mm/km）　　**表 6.7**

地层类型	①$_2$ 粉砂夹粉土	①$_{2\text{-}1}$ 粉质黏土夹粉土	③$_3$ 淤泥质粉质黏土	③$_4$ 粉质黏土与粉土互层	③$_5$ 淤泥质粉质黏土
磨耗系数 K	4.5	3	2	3	2
地层类型	③$_6$ 粉质黏土	④$_1$ 粉质黏土混粉土	④$_2$ 粉土	⑤$_1$ 粉细砂	⑤$_{1\text{-}1}$ 粉土
磨耗系数 K	2	3	4.5	12	4.5
地层类型	⑤$_{1\text{-}2}$ 中粗砂	⑤$_2$ 细砂	⑥$_{1\text{-}1}$ 粉砂	—	—
磨耗系数 K	30	12	12	—	—

6.4.2　刮刀磨损初步预测分析

根据盾构刮刀磨损量计算式（6.3），可以获得苏通 GIL 综合管廊工程泥水盾构刮刀的累计磨损量变化规律曲线。其中，地层加权平均磨耗系数 K_a 如图 6.25 所示，常压可更换刮刀布置参数见表 6.8。根据泥水盾构现场实际掘进状况，取刀盘平均转速 $N=0.86$rpm/min；平均掘进速度 $V=32$mm/min。

如图 6.26 所示，在连续掘进不换刀前提条件下，刮刀磨损量 δ 最大值和最小值分别发生在 31 号刮刀（安装直径 $D_1=12.07$m）和 11 号刮刀（安装直径 $D_2=4.55$m）位置，分别为 $\delta_1=33.30$mm 和 $\delta_2=12.36$mm。

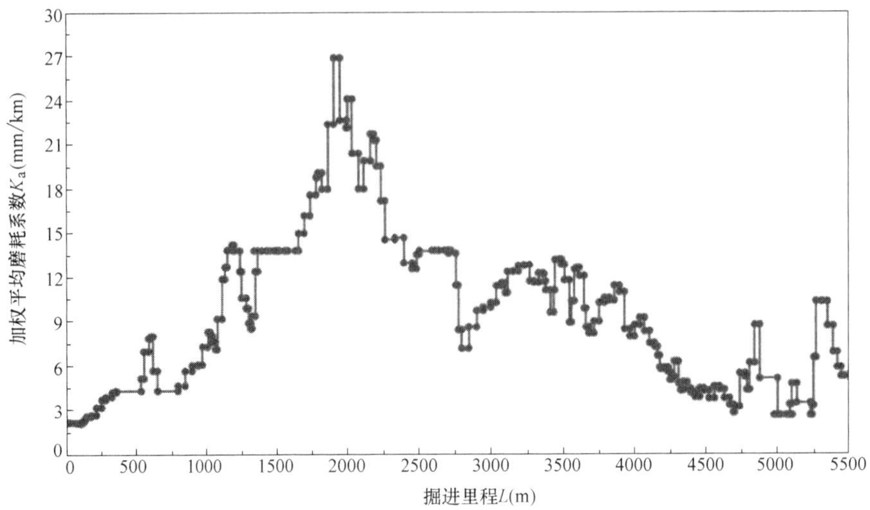

图 6.25　加权平均磨耗系数预估值 K_a 变化规律曲线

泥水盾构常压可更换刮刀布置参数　　表 6.8

刮刀编号	31	30	29	28	27	26	25
安装直径(m)	12.07	11.93	11.57	11.18	10.79	10.40	10.01
刮刀数量(把)	2	2	2	2	2	2	2
刮刀编号	24	23	22	21	20	19	18
安装直径(m)	9.62	9.23	8.84	8.45	8.06	7.67	7.28
刮刀数量(把)	2	2	2	2	2	2	2
刮刀编号	17	16	15	14	13	12	11
安装直径(m)	6.89	6.50	6.11	5.72	5.33	4.94	4.55
刮刀数量(把)	2	2	2	2	2	2	2

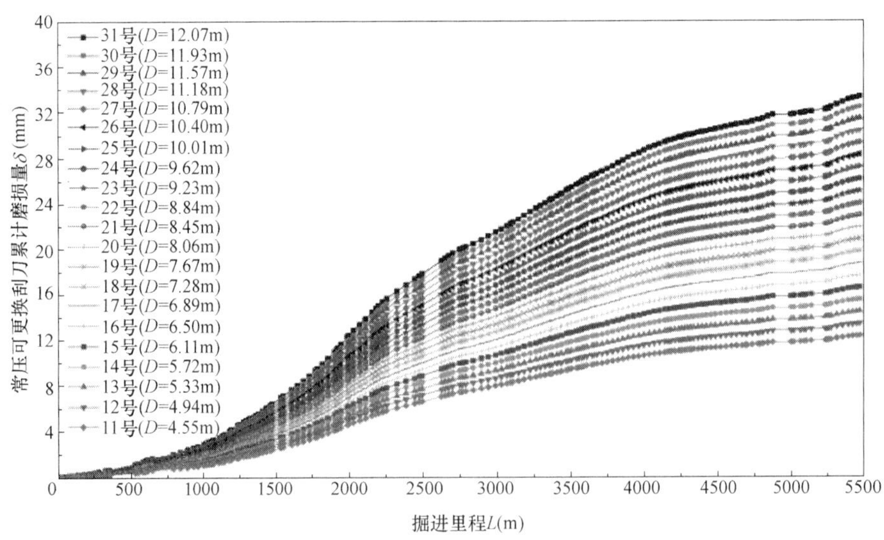

图 6.26　刮刀累计磨损量初步预测值变化规律曲线

1. 换刀时机初步预测分析

通过对刮刀累计磨损量变化规律曲线进行分析发现，刀盘外周部 31 号刮刀磨损相对最为严重（图 6.26）。以此作为常压换刀时机选取的依据，取刮刀限定磨损量 $[\delta]=15$mm（即：当刮刀磨损量达到 15mm 时认为已失效），泥水盾构需累计更换刮刀 2 次（表 6.9），更换位置分别为 $L_1=2200$m 和 $L_2=4320$m，与之相对应的掘进距离分别为：$L_1'=2200$m 和 $L_2'=2120$m。

常压换刀时机初步预测结果　　**表 6.9**

换刀次数(次)	单次掘进里程范围	盾构换刀位置(m)	掘进距离(m)
1	DK0＋0～DK2＋200	2200	2200
2	DK2＋200～DK4＋320	4320	2120
—	DK4＋320～DK5＋468	—	1146

考虑到泥水盾构穿越既有的－40m 长江深槽段，最低点处水深约 79.8m，最大水压 0.80MPa，最大水土压力 0.95MPa。若在该区域进行常压换刀，施工作业风险极大。因此，建议在 DK1＋396 位置（进入长江深槽之前）预先对刀盘刀具进行检查，合理避免长江深槽区换刀作业风险。

2. 换刀时机合理性分析

苏通 GIL 综合管廊工程在掘进里程 $L=1396$m（698 环）位置预先进行了第一次刀具检修。以 31 号刮刀磨损为例，对泥水盾构在 DK0＋0～DK1＋396 区间的地层磨耗系数实际值进行计算。由刮刀磨损量 δ 的计算式（6.3）可得式（6.6）。

$$K=\frac{\delta\times V}{\pi\times D\times N\times L} \tag{6.6}$$

根据 DK0＋0～DK1＋396 区间泥水盾构掘进状态，取平均转速 $N=0.86$rpm/min，平均掘进速度 $V=32$mm/min，31 号刮刀实际磨损量 $\delta_a=3.5$mm，可知，加权平均磨耗系数实际值：

$$K_s=\frac{3.5\times 32}{3.142\times 12070\times 0.86\times 1.396}=2.46\times 10^{-3}\text{mm/km} \tag{6.7}$$

根据岩土工程勘察报告，通过对 DK0＋0～DK1＋396 区间地层分布情况进行统计分析，可以得到各种类型地层所占比例（表 6.10）。

DK0＋0～DK1＋396 区间各种类型地层比例　　**表 6.10**

地层类型	③$_3$ 淤泥质粉质黏土	③$_4$ 粉质黏土与粉土互层	③$_5$ 淤泥质粉质黏土	③$_6$ 粉质黏土	④$_1$ 粉质黏土混粉土
体积分数	0.33%	0.91%	6.66%	2.60%	7.53%
地层类型	④$_2$ 粉土	⑤$_1$ 粉细砂	⑤$_{1\text{-}1}$ 粉土	⑤$_{1\text{-}2}$ 中粗砂	⑤$_2$ 细砂
体积分数	52.84%	21.88%	3.49%	0.15%	3.61%

结合南京长江隧道地层加权平均磨耗系数（表 6.7），通过采用如下计算公式：

$$K_1=\sum_{i=1}^{n}K_i\times P_i \tag{6.8}$$

可知 DK0+0～DK1+396 区间范围内的预估加权平均磨耗系数：

$$K_1=\sum_{i=1}^{n}K_i\times P_i=4.96\text{mm/km} \tag{6.9}$$

式中：K_1——加权平均磨耗系数预估值；

K_i——第 i 种地层的磨耗系数；

P_i——第 i 种地层所占比例；

n——统计区段内的地层种类。

6.4.3 刮刀磨损优化预测分析

1. 磨耗系数优化分析

通过求解 DK0+0～DK1+396 区间实际加权平均磨耗系数与预估加权平均磨耗系数的比值，对苏通 GIL 综合管廊工程各种类型地层磨耗系数进行修正。其中，预估值 $K_1=4.96$mm/km，实际值 $K_s=2.76$mm/km，修正系数为：

$$f=\frac{K_s}{K_1} \tag{6.10}$$

$$=2.46/4.96=0.496$$

通过采用上述修正系数对南京长江隧道工程地层磨耗系数（表 6.7）进行换算，可以得到苏通 GIL 综合管廊工程磨耗系数（表 6.11）。结合各种类型地层的体积权重和泥水盾构刮刀磨耗系数建议值 K'，可获得隧道沿线地层的加权平均磨耗系数实际值 K'_a 变化规律曲线（图 6.27）。

苏通 GIL 综合管廊工程地层磨耗系数建议值 K'（$\times10^{-3}$mm/km） **表 6.11**

地质分类	①$_2$ 粉砂夹粉土	①$_{2\text{-}1}$ 粉质黏土夹粉土	③$_3$ 淤泥质粉质黏土	③$_4$ 粉质黏土与粉土互层	③$_5$ 淤泥质粉质黏土
磨耗系数 K'	2.2	1.5	1.0	1.5	1.0
地质分类	③$_6$ 粉质黏土	④$_1$ 粉质黏土混粉土	④$_2$ 粉土	⑤$_1$ 粉细砂	⑤$_{1\text{-}1}$ 粉土
磨耗系数 K'	1.0	1.5	2.2	6.0	2.2
地质分类	⑤$_{1\text{-}2}$ 中粗砂	⑤$_2$ 细砂	⑥$_{1\text{-}1}$ 粉砂	—	—
磨耗系数 K'	15.0	6.0	6.0	—	—

2. 刮刀磨损量优化分析

根据刮刀磨损量计算公式（6.3），可以获得连续掘进不换刀条件下刮刀累计磨损量预测值 δ'。其中，加权平均磨耗系数实际值 K'_a 如图 6.27 所示，平均刀盘转速 $N=0.86$rpm/min，平均掘进速度 $V=32$mm/min。预测结果表明，31 号刮刀（安装直径 $D_1=12.07$m）磨损量相对最大，预测最大值为 $\delta'_1=17.32$mm；11 号刮刀（安装直径 $D_1=6.43$m）磨损量相对最小，预测最小值为 $\delta'_2=6.43$mm。

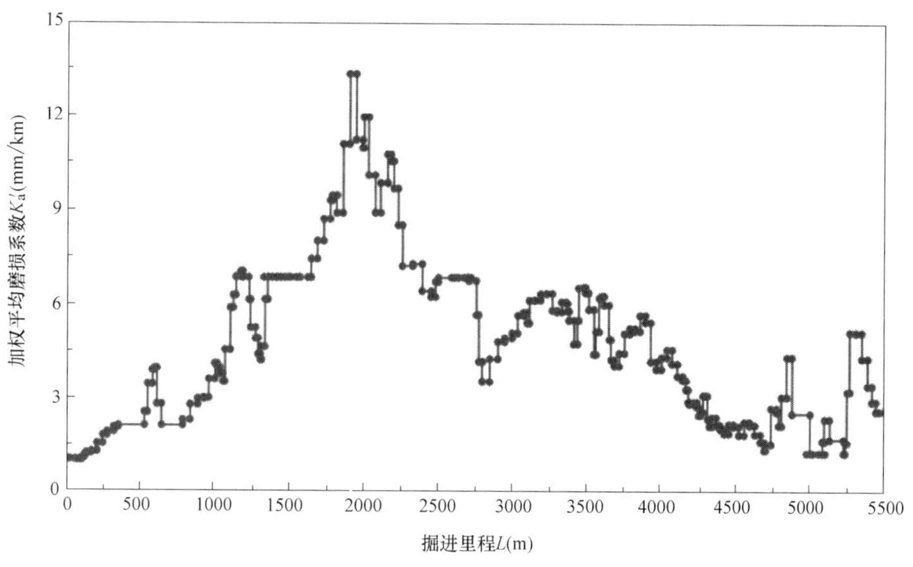

图 6.27　加权平均磨耗系数实际值 K'_a 变化规律曲线

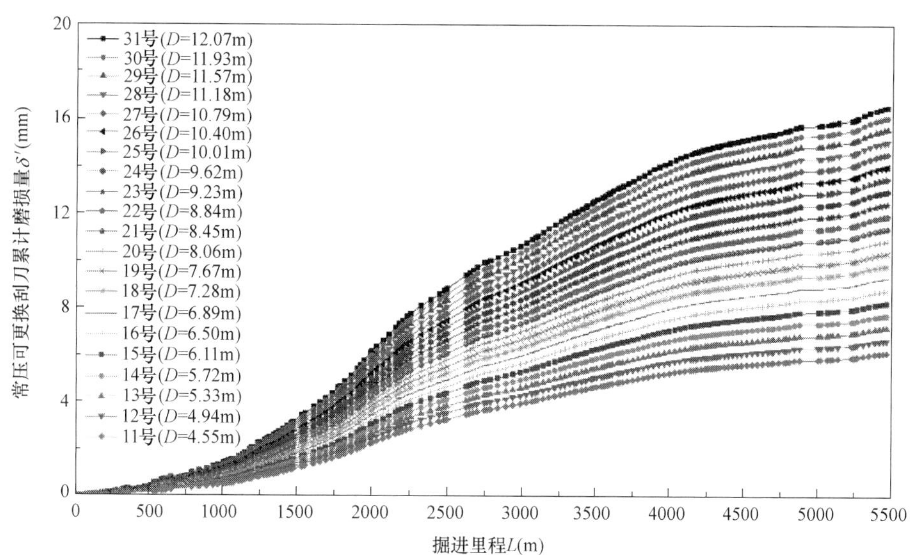

图 6.28　刮刀累计磨损量优化预测值变化规律曲线

6.4.4　刮刀更换方案对比分析

1. 预测刮刀更换方案

泥水盾构穿越长达 3300m 高石英含量密实砂层过程中，刀具磨损严重，常压换刀在所难免，换刀时机选择尤为重要。通过对 DK0＋0～DK5＋468 区间刮刀累计磨损量进行预测分析发现，刀盘外周部 31 号刮刀磨损相对最为严重。以该位置刮刀磨损量为控制依据选取常压换刀作业时机，结合苏通 GIL 综合管廊工程相关规定，取限定磨损量 $[\delta]=15\text{mm}$，安

全系数 $\xi=1.20$。根据式（6.11）可知，当刮刀磨损量达到12.5mm时需及时停机更换相应的刮刀。通过分析发现泥水盾构需要在 $L_3=3448$m 位置进行第一次刮刀更换。

$$[\delta]'=\frac{[\delta]}{\xi}=12.5\text{mm} \tag{6.11}$$

鉴于泥水盾构在 $L_3=3448$m 位置之前需要穿越长江深槽区。最低点处水深约79.8m，最大水压0.80MPa，最大水土压力0.95MPa，施工作业风险极大。因此，建议在DK2+326位置（穿越长江深槽区之后）再次对泥水盾构刀具进行检查。必要时更换磨损相对较为严重的刀盘外周部刮刀。

综合考虑刮刀利用效率和限定磨损量，建议在满足式（6.12）的前提下合理更换。

$$10\text{mm}<\delta'<12.5\text{mm} \tag{6.12}$$

根据刮刀累计磨损量预测值变化规律曲线（图6.28），可以得到苏通GIL综合管廊工程第一次刮刀更换方案（图6.29）。在掘进里程 $L_3=3448$m 位置需要更换刮刀共计14把（表6.12），其编号分别为25（L/R）～31（L/R）。

DK3+448 位置刮刀预测更换方案 **表 6.12**

换刀位置	需要更换的刮刀编号	合计换刀数量(把)
DK3+448	31L、31R、30L、30R、29L、29R、28L、28R、27L、27R、26L、26R、25L、25R	14

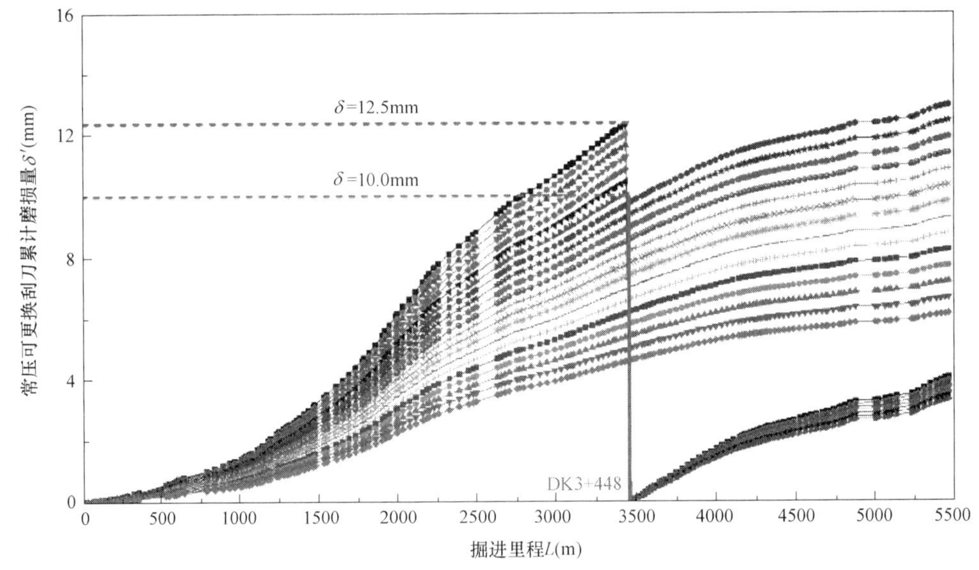

图6.29 第一次刮刀更换时机预测分析

如图6.30所示，当盾构掘进至 $L_4=4970$m 时，24号刮刀磨损量达到 $[\delta]'=12.5$mm，泥水盾构将进行第2次刮刀更换，累计更换刮刀共12把（表6.13）。

DK4+970 位置刮刀更换方案 **表 6.13**

换刀位置	需要更换的刮刀编号	合计换刀数量(把)
DK4+970	24L、24R、23L、23R、22L、22R、21L、21R、20L、20R、19L、19R	12

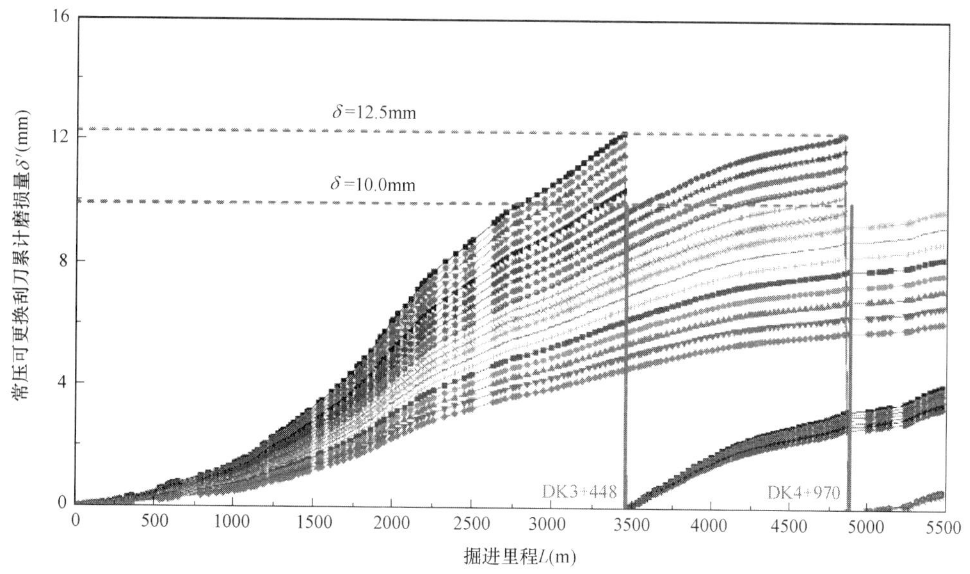

图 6.30 第二次刮刀更换时机预测分析

2. 实际刮刀更换方案

根据刮刀磨损、换刀时机和更换方案预测结果，泥水盾构在 L_1 =1396m（698 环）和 L_2 =2326m（1163 环）位置进行刮刀检修，在 L_3 =3448m（1724 环）和 L_4 =4970m（2485 环）位置进行刮刀更换。高水压强渗透性地层常压换刀对操作人员的素质和作业熟练度提出较高要求。通过在盾构设备采购过程中同步配置 1∶1 的常压换刀训练舱（图 6.31），对施工作业人员进行培训，可以在地面提前熟悉操作流程，增加刀具更换熟练程度。经实际考察合格后上岗，有助于实现换刀过程“零失误”，确保水下换刀作业安全高效实施。每次刀具检修/更换过程顺序严格按照从外缘刀具至中心刀具进行，优先检查/更换刀盘外侧刀具，盾构刀臂排布抽检严格按照 3 号、1 号、4 号、2 号、5 号臂顺序依次进行。刮刀的检修和更换结果如表 6.14 所示。

图 6.31 常压换刀作业训练仓

苏通 GIL 综合管廊工程刮刀磨损情况对照表　　表 6.14

检修位置	检修刮刀编号	磨损量实测值(mm)	磨损量预测(mm)
DK1+396	31L	1～5	2.88
	31R	3～5	2.88
	30L	0～3	2.80
	30R	0～2	2.80
	29L	0～3	2.72
	29R	0～3	2.72
	28L	1～3	2.63
	28R	1～3	2.63
K2+326	31R	2～9	8.06
	30R	5～8	7.84
	29R	2～8	7.06
	28R	2～10	7.35
DK3+448	28L/28R	2～12/3～17	11.20/11.20
	26L/26R	4～15/1～18	10.42/10.42
	23L/23R	3～12/4～12	9.73/9.73
	21L/21R	3～11/4～14	8.91/8.91
	20L/20R	2～10/3～10	8.50/8.50
	19L/19R	5～11/2～11	8.08/8.08
	18L/18R	4～11/1～13	7.67/7.67
	17L/17R	5～12/4～14	7.27/7.27
	16L/16R	4～10/3～11	6.84/6.84
DK4+970	30L/30R	10～17/9～17	16.05/16.05
	29L/29R	3～7/2～5	15.57/15.57
	27L/27R	4～19/5～22	14.52/14.52
	25L/25R	10～13/4～12	13.47/13.47
	24L/24R	11～13/12～17	12.95/12.95
	22L/22R	2～13/2～8	11.90/11.90

3. 更换方案对比分析

(1) 刮刀更换时机对比分析

如表 6.15 所示，刮刀磨损预测结果表明：泥水盾构在穿越深槽前后的 DK1+396 和 DK2+326 位置进行刮刀检修，在穿越深槽后的 DK3+448 和 DK4+970 位置进行刮刀更换。现场统计分析结果显示：泥水盾构在 L_1=1396m（698 环）和 L_2=2326m（1163 环）位置进行刮刀检修，在 L_3=3448m（1724 环）和 L_4=4970m（2485 环）位置进行刮刀更换。预测分析结果与实际情况具有良好的一致性。

刮刀检修/更换预测与实际时机对比分析　　表 6.15

序号	预测刮刀检修/换刀时机	实际刮刀检修/换刀时机	备注
1	DK1+396	DK1+396	刮刀检修
2	DK2+326	DK2+326	刮刀检修
3	DK3+448	DK3+448	刮刀更换
4	DK4+970	DK4+970	刮刀更换

(2) 刮刀磨损情况对比分析

由于 JSCE 刀具磨损预测模型将刮刀视为整体，难以合理反映刮刀非均匀磨损。因

此，预测磨损量为定值而非某一区间范围。在进行刮刀磨损量对比分析过程中，当磨损量预测值位于实测值范围内时便可认为预测结果相对合理。例如，DK0＋0～DK2＋326 区间范围内 28R 和 30R 号刮刀预测磨损量分别为 $\delta_1=7.35$mm 和 $\delta_2=7.84$mm，而实测磨损量分别为 $\delta'_1=[2, 10]$mm 和 $\delta'_2=[5, 8]$mm。28R 和 30R 号刮刀的磨损量预测值位于实测值区间范围内，刮刀磨损预测结果合理。类似地，针对 DK3＋448 和 DK4＋970 位置的刮刀磨损分析结果表明：除 29L 和 29R 号刮刀外，其余刮刀磨损量的预测值均位于实测值范围内，刮刀磨损量预测分析结果具有较高的可靠性。

（3）刮刀消耗情况对比分析

苏通 GIL 综合管廊工程预测第 1 次（DK3＋448）更换刮刀 14 把，第 2 次（DK4＋970）更换刮刀 12 把；实际第 1 次（DK3＋448）更换刮刀 18 把，第 2 次（DK4＋970）更换刮刀 12 把。刮刀预计更换总量与实际更换总量基本吻合，刮刀更换方案预测结果相对可靠（表 6.16）。

预测刮刀更换量与实际刮刀更换量对比分析　　表 6.16

换刀位置	预测更换刮刀		实际更换刮刀	
	编号	数量	编号	数量
DK3＋448	31L、31R、30L、30R、29L、29R、28L、28R、27L、27R、26L、26R、25L、25R	14	30L、30R、29L、29R、28L、28R、27L、27R、26L、26R、25L、25R、23L、23R、17L、17R、16L、16R	18
DK4＋970	24L、24R、23L、23R、22L、22R、21L、21R、20L、20R、19L、19R	12	24L、24R、22L、22R、21L、21R、20L、20R、19L、19R、18L、18R	12

6.5　本章小结

随着我国城市化建设进程和地下空间开发力度持续增大，泥水盾构工法在穿越江、河、湖、海等复杂工程地质环境的隧道工程中得到广泛应用。长距离穿越高石英含量致密砂层对盾构刀具地层适应性和耐磨优化设计提出了更高要求。同时，切削刀具作为易磨损构件需要频繁进行检修和更换，水下换刀作业效率成为决定施工进度的重要因素。在早期的盾构隧道施工过程中，作业人员通过人闸进入高压区域更换刀作业，对操作人员健康非常不利，且受工作时间限制换刀效率低下。随着常压换刀技术的提出和发展，作业人员仅需在常压区域更换刀具，开挖面稳定性和施工人员安全问题得以合理解决。然而，受现有刀具磨损评价体系和预测方法的限制，换刀时机和检修方案往往难以精确预测，检修频率过高或过低都会给高水压强渗透地层盾构掘进增加风险。基于国内外盾构隧道工程施工经验进行分析，回顾水下常压换刀技术发展历程，总结换刀过程面临的风险挑战以及形成的关键施工技术，展望常压换刀技术未来的发展趋势和创新突破，有助于形成相对完备的常压换刀技术体系。

针对苏通 GIL 综合管廊工程长距离穿越高石英含量致密砂层刀具磨损问题，自主研制刀具磨损试验装置，设计刀具硬度优化试验，分析合金硬度变化规律，提升了刀具切削距离寿命，降低高水压强渗透地层换刀频率，合理规避水下换刀作业风险。基于形状不规则刀具形貌特征，采用三维激光扫描技术重构刀具三维实体模型，可以获取刀具磨损分析云图。通过提出新的刀具磨损评价指标，合理评价了不规则刀具的不均匀磨损和偏一侧磨损。针对传统盾构刀具磨损模型难以准确预测常压换刀时机等问题，提出基于分段体积统计分析的地层磨耗系数计算方法，实现了泥水盾构穿越高石英含量致密砂层刮刀磨损准确预测，指导了苏通 GIL 综合管理工程换刀时机和更换方案的制定和实施，为后续类似工程地质条件下刀具磨损预测和换刀方案优化提供了理论依据和实施方法。

参考文献

[1] Tang S H, Zhang X P, Liu Q S, et al. Prediction and analysis of replaceable scraper wear of slurry shield TBM in dense sandy ground: a case study of Sutong GIL Yangtze River crossing cable tunnel [J]. Tunnelling and Underground Space Technology, 2020, 95: 103090.

[2] 陈志宁，夏沅谱，施烨辉，等. 泥水盾构刀具磨损机理研究 [J]. 现代城市轨道交通，2014 (4): 25-28.

[3] 杜宝义，宋超业，贺维国. 海底隧道盾构异常磨损开舱辅助工法应用分析——以厦门地铁过海区间隧道工程为例 [J]. 隧道建设（中英文），2020，40 (S1): 374-381.

[4] 陈馈. 盾构法施工超高水压换刀技术研究 [J]. 隧道建设，2013，33 (8): 626-632.

[5] 程升亮，钟明键，陈必光，等. 盾构法水下隧道换刀工法比较 [J]. 公路，2019，64 (3): 322-325.

[6] 徐慧旺. 大直径盾构机刀具配置及更换技术 [D]. 石家庄：石家庄铁道大学，2018.

[7] 翟世鸿，杨钊，鞠义成，等. 泥水盾构泥浆潜水带压进舱作业技术研究 [J]. 现代隧道技术，2015，52 (4): 179-183.

[8] 李东阳，戴佰承，刘波，等. 城市地铁盾构开舱技术的研究进展 [J]. 矿业科学学报，2021，6 (5): 581-590.

[9] 陈健. 大直径盾构刀盘刀具选型及常压换刀技术研究 [J]. 隧道建设（中英文），2018，38 (1): 110-117.

[10] 陈健，薛峰，苏秀婷，陆瑶，等. 高水压大直径盾构隧道刀盘配置与刀具更换关键技术 [J]. 隧道建设（中英文），2020，40 (7): 1057-1065.

[11] 陈健，刘红军，闵凡路，等. 盾构隧道刀具更换技术综述 [J]. 中国公路学报，2018，31 (10): 36-46.

[12] [1] 张宁，姚占虎，朱伟，等. 泥水盾构带压开舱时泥膜性质对其闭气性的影响研究 [J]. 现代隧道技术，2015，52 (4): 62-67.

[13] 汪辉武，郭建宁，戴兵，等. 强透水砂卵石地层泥水盾构带压与常压进仓技术 [J]. 施工技术，2017，46 (1): 61-65，84.

[14] 崔向寒. 强富水砂砾地层盾尾刷更换施工技术 [J]. 国防交通工程与技术，2022，20 (3): 51-55.

[15] 闵凡路，朱伟，魏代伟，等. 泥水盾构泥膜形成时开挖面地层孔压变化规律研究 [J]. 岩土工程学报，2013，35 (4): 722-727.

[16] 闵凡路，姜腾，魏代伟，等. 泥水盾构带压开舱时泥浆配制及泥膜形成实验研究 [J]. 隧道建设，2014，34 (9): 857-861.

[17] 闵凡路，徐静波，杜佳芮，等. 大直径泥水盾构砾砂地层泥浆配制及成膜试验研究 [J]. 现代隧道技术，2015，52 (6): 141-146.

[18] 加瑞，朱伟，闵凡路. 泥浆颗粒级配和地层孔径对泥水盾构泥膜形成的影响 [J]. 中国公路学

报，2017，30（8）：100-108.

［19］ 程升亮，钟明键，陈必光，等. 盾构法水下隧道换刀工法比较［J］. 公路，2019，64（3）：322-325.

［20］ 文妮，赵春彦. 基于高压水平旋喷桩超前支护技术的隧道施工技术研究［J］. 公路工程，2019，44（1）：135-139.

［21］ 许黎明，杨延栋，周建军，等. 厦门轨道交通2号线跨海段盾构滚刀磨损与更换预测［J］. 隧道建设，2016，36（11）：1379-1384.

［22］ 郭信君，戴洪伟. 超大型泥水盾构越江施工技术研究与实践：南京长江隧道［M］//超大型泥水盾构越江施工技术研究与实践：南京长江隧道. 中国建筑工业出版社，2013.

［23］ 唐少辉. 盾构刀具磨损试验装置研发及刮刀磨损特征规律研究［D］. 武汉：武汉大学，2021.

［24］ Zhang X P，Tang S H，Liu Q S，et al. An experimental study on cutting tool hardness optimization for shield TBMs during dense fine silty sand ground tunneling［J］. Bulletin of Engineering Geology and the Environment，2021，80（9）：6813-6826.

［25］ Habig K H. Wear and hardness in metals（verschleiss und harte von werkstoffen）［J］. Carl Hanser Verlag，1980：303.

［26］ Gurland J. A study of the effect of carbon content on the structure and properties of sintered WC-Co alloys［J］. Trans. AIME，1954，200（3）：285-290.

［27］ 胡显鹏. 砂卵石地层土压平衡盾构掘进刀具磨损研究［D］. 北京：北京交通大学，2006.

［28］ 关为民. 三维激光扫描技术在隧道施工应用中的新进展［J］. 铁道建筑技术，2021（8）：111-115.

［29］ 张晓平，唐少辉，吴坚，等. 苏通GIL综合管廊工程泥水盾构穿越致密复合砂层磨蚀性预测分析［J］. 工程地质学报，2017，25（5）：1364-1373

［30］ 张凤祥，朱合华，傅德明. 盾构隧道施工手册［M］. 北京：人民交通出版社，2005.

［31］ Li X C，Li X G，Yuan D J. Application of an interval wear analysis method to cutting tools used in tunneling shields in soft ground［J］. Wear，2017，392：21-28.

第7章 富含沼气地层盾构施工关键技术

苏通 GIL 综合管廊工程沼气分布区（DK0＋0～DK1＋780）地层拥有良好的气体储、盖条件，储气层为砂层和粉土层，盖层为黏性土层（图 4.1）。岩土工程勘察结果显示，地层中气体呈团块状、囊状局部集聚分布，未大面积连片，有向上、向盖层底部集中的趋势。气体压力（0.4～0.6MPa）不大于上覆水土压力。气体成分检测结果显示，地层中的气体为浅层生物成因天然气（沼气），主要成分为甲烷（85%～88%）、氮气（8%～10%）、氧气（2%～3%）。

盾构隧道施工过程中，沼气可能通过泥水仓、盾尾、管片接缝和泥浆管线延伸处渗入盾构和隧道内部，若不采取有效措施防止沼气渗入或及时排出渗入隧道内部的沼气，极有可能引发严重的安全事故（如：甲烷爆炸、甲烷燃烧等）。同时，地层中气体的释放（尤其是强烈释放）容易引起地层扰动和失稳坍塌，可能导致地层过度变形、管片接头断开等工程灾害。

为了降低甲烷燃爆风险，应该对盾构和管片结构的潜在沼气渗漏点进行调查分析，并通过采取沼气密封阻隔措施、盾构施工防爆设计、管廊通风系统设计和有害气体监测控制等技术措施，确保富含沼气地层中盾构施工安全。

7.1 沼气潜在渗漏点

理论上，气压复合式泥水平衡盾构掌子面处于全封闭状态，富含沼气的渣土在泥水仓与膨润土泥浆充分混合后，经由封闭式管路直接输送至地面泥浆池中，不会进入盾构和隧道内部。然而，由于施工现场存在较强的复杂性和不确定性，沼气可能通过泥水仓、盾尾、管片接缝等部位渗入盾构及隧道内部。根据沼气潜在泄漏点的分布位置，可以分为盾构机内和管廊结构两类潜在泄漏点。

7.1.1 盾构机内潜在渗漏点

盾构机与富含沼气地层、携渣泥浆接触，其潜在渗漏点包括开挖仓和气垫仓、盾尾密封和泥浆管路延伸处等多个部位。在带压换刀作业、气垫仓自排气、泥浆管路延伸等作业过程中均可能出现沼气泄漏。

1. 泥水仓和气垫仓

泥水平衡盾构开挖形成的渣土经由刀盘开口进入泥水仓中，与进浆管输送的膨润土泥浆充分混合后通过排浆管泵送至地面的泥水分离站（图 7.1）。泥水盾构维持掌子面稳定是通过气体自动补偿系统调节气垫仓压力间接控制泥水仓泥水压力实现的。气体自动补偿系统主要由气动控制器、气动变送器、调节阀及空气单元等组成，在盾构施工过程中气垫仓可与掌子面、泥水仓形成密封循环回路[1]。

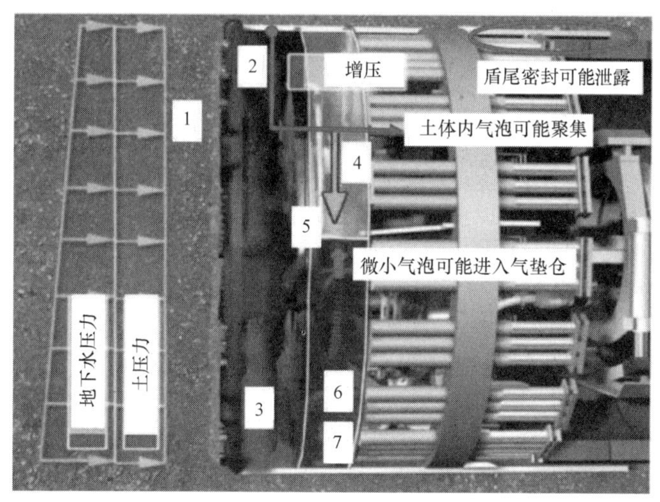

注：1—开挖面；2—刀盘；3—泥水仓；4—气垫仓；5—工作仓；6—进浆管；7—排浆管

图 7.1　盾构机内沼气潜在渗漏途径示意图

盾构掘进过程中，沼气不完全溶于泥浆，部分会聚集在泥水仓和气垫仓顶部，在常压换刀过程中，分布在泥水仓和气垫仓顶部的沼气可能发生泄漏，进入盾构和隧道内部。此外，泥浆经由气垫仓流向排浆管的过程中，部分溶于泥浆的沼气将以气泡形式进入压缩空气中，并随着气体自动补偿系统自排气进入盾构和隧道内部。

2. 盾尾

盾尾密封系统由四道盾尾刷、一道钢板束、一道止浆板和一道环形冷冻管组成，设计最高承压能力为 0.95MPa。在盾构机正常掘进时，盾尾密封系统可以有效防止外部泥浆、同步注浆、沼气等进入盾构和隧道内部。但在长距离掘进、盾构机后退、密封油脂不足等情况下，盾尾刷易于磨损或破坏，导致盾尾刷与管片之间的间隙过大，造成盾尾密封失效（图 7.1），沼气极易通过盾尾渗漏进入隧道内部。

3. 泥浆管路

携带渣土和沼气的泥浆需要通过排浆泵和排浆管输送到地面的泥水分离站中。排浆管路位于隧道内部，当隧道掘进达到一定长度时，需要进行泥浆管路的人工延伸。在管路延伸过程中，盾构机换管单元和隧道内泥浆管路会断开连接，此时含渣泥浆中的沼气可从管路断口处扩散进入隧道。随着隧道开挖距离的增大，管路延伸次数增加，沼气泄露的风险随之增大。

7.1.2　管廊结构潜在渗漏点

苏通 GIL 综合管廊工程采用由幅宽 2m 的管片拼接而成的单层衬砌。管片环向“7+1”分块，纵向错缝拼装（图 7.2），接缝处采用三元乙丙橡胶（Ethylene Propylene Diene

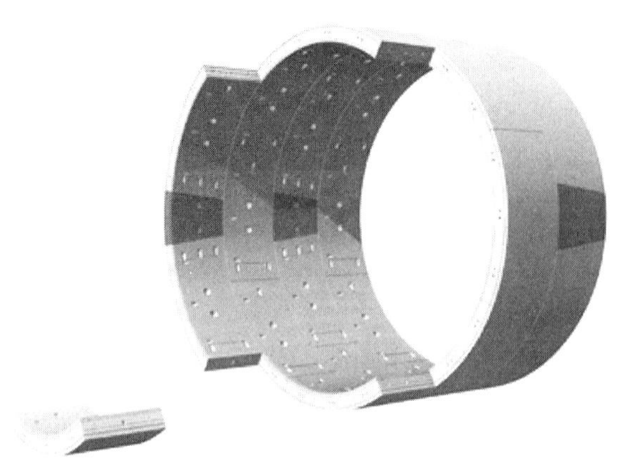

图 7.2 管片拼接结构示意图

Monomer）密封垫进行密封处理。对于拼装完好的管片结构，三元乙丙橡胶密封垫可以起到良好的密封作用，有效防止沼气等进入隧道内部。但若出现管片错台、注浆量不足等异常工况，管片接缝处可能发生密封失效，产生沼气渗漏。

7.1.3 甲烷燃爆事故防治措施

甲烷燃爆是常见的富含瓦斯/沼气地层隧道安全事故，其防治措施主要集中在控制甲烷浓度和控制火源两个方面[2]。控制甲烷浓度的常用措施包括：采取密封措施限制甲烷释放进入隧道、加强隧道内部轴线通风、增设局部甲烷抽排系统。在盾构隧道内，控制火源主要在于对电气设备和传感器系统进行防爆改造，避免使用过程中产生电火花。

7.2 沼气密封阻隔措施

盾构掘进过程中，可以通过采用密封阻隔措施限制沼气释放和进入隧道内部。沼气密封阻隔措施主要包括两个方面：一是预先渗透泥浆驱替掌子面前方地层中的沼气；二是采用克泥效工法密封阻隔地层中的沼气进入盾构内部。

7.2.1 预先渗透泥浆驱替地层中的沼气

泥水盾构气垫仓压力会通过泥水仓内的膨润土泥浆传递到掌子面平衡水土压力[3-5]。当泥水盾构在普通地层中掘进时，泥水压力与掌子面水土压力保持平衡。而当泥水盾构在富含沼气地层中掘进时，泥水压力应略大于掌子面水土压力。在压差作用下，泥浆会渗透至掌子面前方地层形成渗透区，驱替赋存于地层中的沼气（图 7.3）[6]。通过采用该方法，苏通 GIL 综合管廊工程泥水盾构在富含沼气地层中掘进时，泥水仓和气垫仓内的甲烷浓度始终低于《煤矿安全规程》中限定的阈值（0.5%）[7]。

7.2.2 克泥效工法密封阻隔沼气

由于前盾、中盾和盾尾直径分别比刀盘直径小 40mm、60mm 和 80mm，它们与土体之间的平均间隙宽度分别为 20mm、30mm 和 40mm（图 7.4）。其中，前盾与土体之间的间隙（间隙 1）被泥浆充填，盾尾与土体之间的间隙（间隙 3）被砂浆充填。泥浆和砂浆可以分别阻隔前盾和尾盾与沼气直接接触。而中盾与土体之间的间隙（间隙 2）往往由从前盾和尾盾渗透扩散而来的泥浆和砂浆充填。由于气体扩散速率大于泥浆和砂浆的渗透速率，在泥浆和砂浆将间隙 2 填满前中盾处可能会发生沼气渗漏。此外，泥浆和砂浆渗透能力有限，间隙 2 难以被填满，大量孔隙为沼气渗漏提供通道。

因此，苏通 GIL 管廊工程利用中盾处径向孔向盾体外注入克泥效，填充中盾和土体

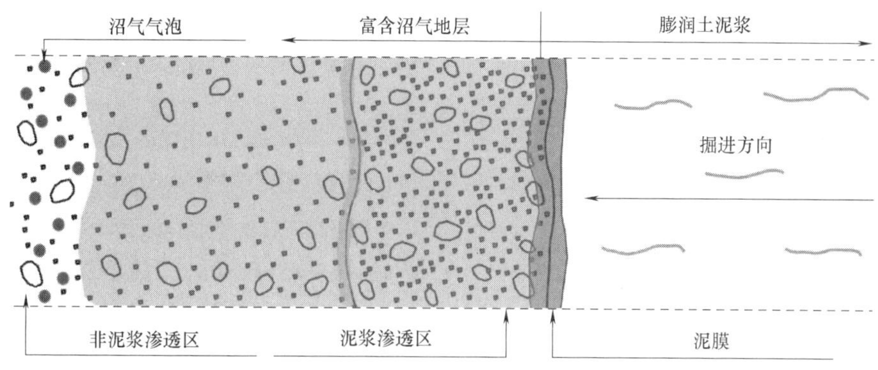

图 7.3　富含沼气地层中的泥浆渗透区示意图

之间的间隙（间隙 2）[6]。克泥效是由合成钙基黏土矿物、纤维素衍生剂、胶体稳定剂和分散剂按照适当比例混合而成的流动塑性胶体[8-9]，具有不易受水稀释、黏性不随时间变化等特点。克泥效的制备如图 7.5 所示，通过将克泥效粉末与水按照 1∶1.84 的比例混合制成悬浮液后，再按照克泥效悬浮液∶水玻璃＝20∶1 的比例分别泵送至中盾径向孔出口端，在出口端混合制成流动塑性胶体。苏通 GIL 综合

图 7.4　盾构与土体间隙示意图[6]

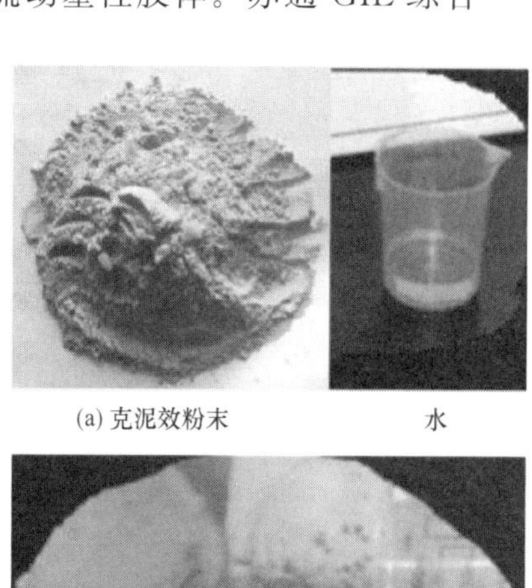

(a) 克泥效粉末　　水

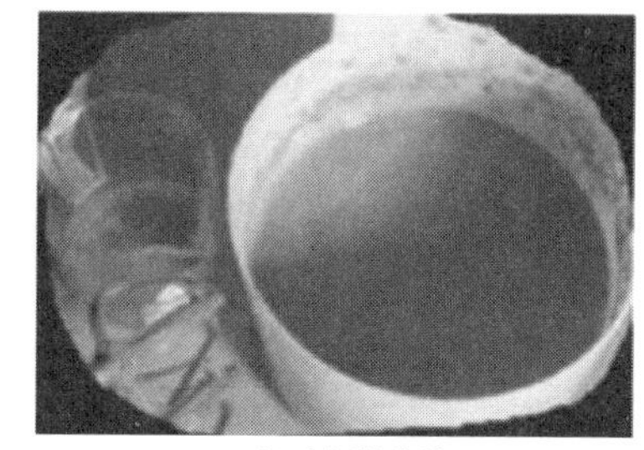

(b) 克泥效溶液

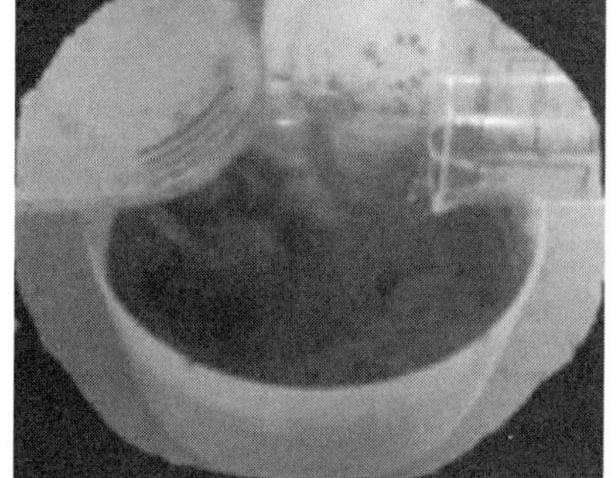

(c) 克泥效溶液与水玻璃混合

(d) 克泥效

图 7.5　克泥效制备流程

管廊工程泥水盾构在富含沼气地层中掘进时，通过采用克泥效工法取得了良好的沼气密封阻隔效果，盾构内部监测甲烷浓度始终低于《煤矿安全规程》中规定的阈值（0.5%）[7]。

7.3 盾构施工防爆设计

盾构防爆改造是预防甲烷燃爆的有效措施，具体可分为两个方面：一是盾构设备防爆改造；二是管廊内部防爆改造。主要措施包括：延长开挖仓排气管、增设局部风机、电气设备防爆改造、传感器防爆改造等。

7.3.1 盾构机防爆改造

整体防爆改造会显著增加工期（约增加1年），提高施工成本（约2～3倍），因此仅针对泥水仓、气垫仓等潜在沼气泄露部位进行局部防爆改造。

1. 泥水盾构开挖仓防爆改造

为了避免开挖仓手动排气管和气体补偿系统自动排气管中的沼气聚集在盾构机内部，苏通GIL管廊工程将排气管延伸并接入抽排管路中（图7.6）。当传感器检测到排气管中甲烷浓度超标时，直接通过负压真空泵排放至地面，有效防止沼气进入盾构隧道内部。

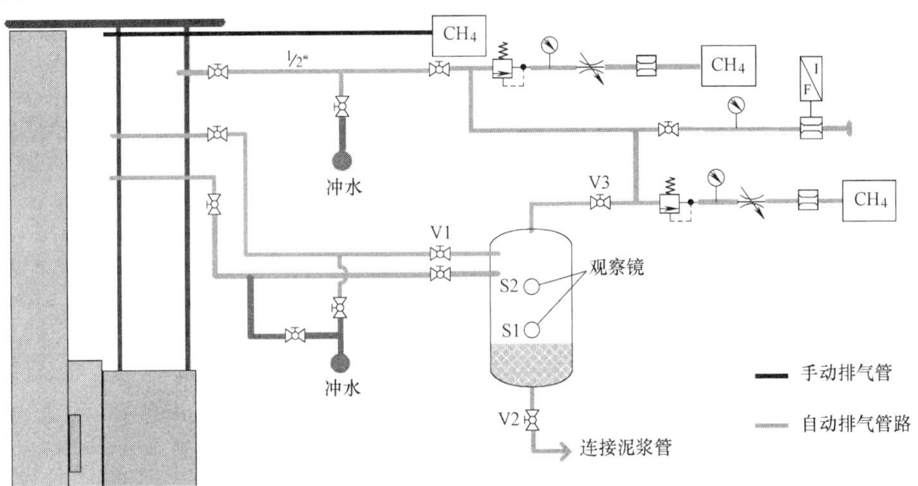

图7.6 排气管路延伸原理图

2. 通风系统防爆设计

盾构二次通风系统由2台流量为20m³/s的轴流风机和2条直径1.0m的刚性风管组成，通过变直径风管与隧道主通风系统直接连接。当盾构机内甲烷浓度超标时，新鲜空气能够通过风管直接进入盾构机内部，对甲烷进行吹排稀释，有效降低盾构机内的甲烷浓度。对于盾尾、泥浆泵、刀盘后方、后配套台车等少数空气流通差的角落，由于机械设备遮挡，轴流风机无法吹散聚集的沼气。苏通GIL综合管廊工程通过在上述位置安装6台局部风机避免沼气聚集（图7.7），保障盾构设备和施工人员安全。并且在主通风系统出风口处设置小型轴流风机和软风管，可分别送风至刀盘后方和泥浆管路延伸处，避免刀具检修更换和泥浆管路延伸时发生沼气聚集。

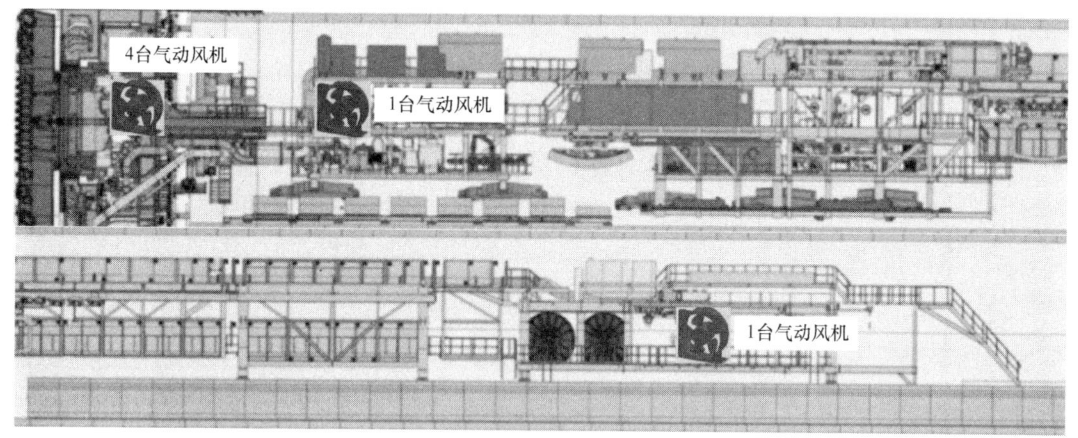

图 7.7　局部风机分布情况示意图

3. 电气设备和传感器防爆改造

在盾构机内增设一套防爆电气设备（如：防爆照明、本安型通信设备、防爆电缆等）和传感器（如：防爆压力传感器、压差式液位传感器等），并对盾构机内的常规电气设备（如：刀盘控制面板、常规通信设备等）和传感器（如：电容器绳式传感器、液位传感器等）增设开关（图 7.8）。当盾构在普通地层中掘进时，防爆电气设备和传感器系统与常规电气设备和传感器系统配合使用。而当盾构在富含沼气地层中掘进时，通过开关切断常规电气设备和传感器的电源（图 7.9），防爆电气设备和传感器系统独立工作并采集数据信息，可以有效避免电气设备产生电火花，降低甲烷燃爆概率。

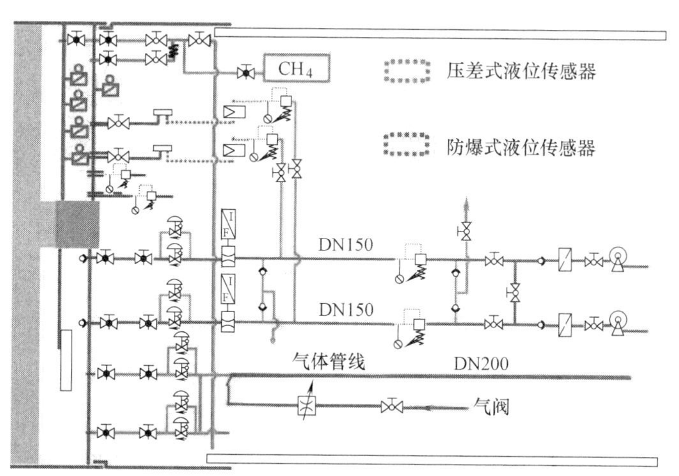

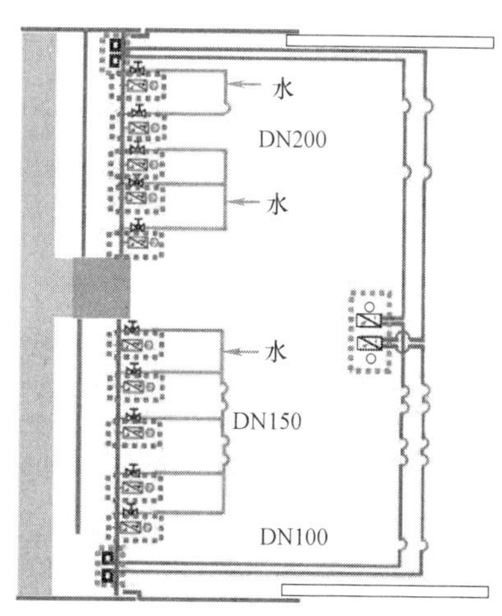

图 7.8　电气设备及传感器系统防爆设计

7.3.2　管廊内部防爆改造

除盾构机外，管廊内部也需要进行防爆改造，主要包括两个方面：一是对布置于管廊内部的不间断电源及与之相连的设备进行防爆改造，避免产生电火花；二是对通风系统进行防爆设计，保证其通风能力满足富含沼气地层掘进要求。

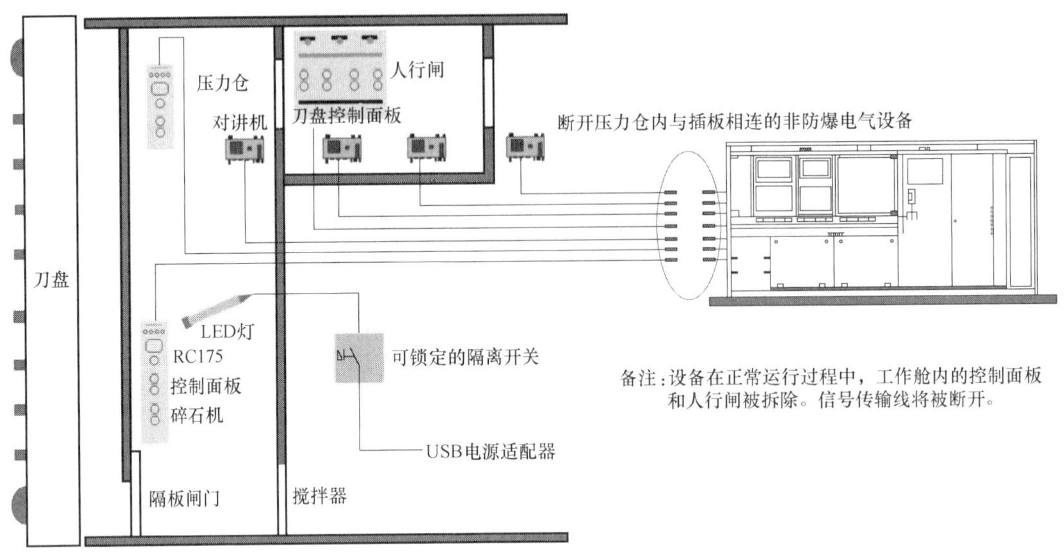

图 7.9　关闭常规电气设备和传感器系统

1. 供配电防爆改造

与不间断电源连接的电气设备和电线在长时间高负荷工作下容易老化。一旦发生漏电，甲烷燃爆概率急剧增加。根据《爆炸性气体环境用电气设备　第 14 部分：危险场所分类》规定[10]，对不间断电源及与之相连的电气设备（照明电路、备用发电机、定向系统、开放式电缆接头等）进行防爆改造。通过选用矿用隔爆变压器、矿用隔爆 LED 巷道灯、矿用隔爆型荧光灯、隔爆插销、隔爆三通计算盒、低压三芯铠装电缆等防爆电气设备确保管廊内部施工安全。

图 7.10　PVC 拉链式高强度阻燃软风管

2. 通风系统防爆设计

隧道内通风管路选用 PVC 拉链式高强度软风管，该风管具有较好的阻燃防爆性能（图 7.10）。根据富含沼气地层的分布情况，将通风区域划分为甲烷稀释通风区域和正常施工通风区域。在甲烷稀释通风区域选用两台防爆风机（SDF（C）-NO-4）供风，并且在盾构和隧道内部增设多台局部防爆风机，避免甲烷在通风不畅区域聚集。此外，增设一套沼气抽排系统，将泥水仓和气垫仓排气管排出的沼气直接抽排出隧道。

7.4　管廊通风系统设计

盾构隧道通风系统分为主通风系统和二次通风系统。主通风系统负责盾构机后方的隧道内部通风，具有为二次通风系统提供新鲜风流、为隧道内部施工作业人员提供新鲜风流、吹散无轨运输内燃机械产生的尾气等作用。二次通风系统负责盾构机内部通风，由安装在盾构尾部的配套风机进行供风，满足盾构内部工作人员和机械的通风需求。因此，管廊通风系统设计主要针对主通风系统进行计算。

7.4.1　施工主通风系统

1. 通风目标

根据《盾构法隧道施工与验收规范》GB 50446—2008 规定，施工作业环境气体必须满足[11]：

① 空气中氧气含量不得小于 20%；

② 瓦斯浓度应小于 0.75%；

③ 有害气体浓度：一氧化碳不得超过 30mg/m^3；二氧化碳不得超过 0.5%（按体积计）；氮氧化物换算成二氧化氮不得超过 5mg/m^3；

④ 按隧道内施工高峰期人数计算，每人需供应新鲜空气不得小于 3m^3/min；

⑤ 隧道断面最低风速不得小于 0.25m/s。

2. 管廊隧道施工通风难点

① 盾构独头掘进长度达 5468.5m，施工距离长且位于水下，隧道中部无法设置通风竖井。随着掘进距离的持续增加，对通风能力的要求不断提高；

② 隧道开挖断面大，且穿越地层主要为砂层，具有良好的透气性，为沼气聚集提供了运移通道，且沼气涌出量未知。在通风设计过程中，必须考虑沼气渗入隧道的紧急情况，并采取有效措施杜绝甲烷造成的安全隐患；

③ 根据现有规范计算所得需风量较大，国产风机风量和风压一般较低，必须采取有效措施降低长距离通风的风阻及漏风率；

④ 隧道内施工所需材料采用无轨运输方式，内燃机动力汽车尾气产生量大，对隧道施工通风性能要求高。

3. 管廊通风方案

长距离独头掘进隧道可以采用的机械通风方式分为三种类型：压入式通风、抽出式通风和压抽混合式通风。压入式通风和压抽混合式通风可以有效保证工作面是新鲜空气（表 7.1）。若是采用抽出式通风，则工作面处为经运输车尾气污染的空气。苏通 GIL 综合管廊工程施工主通风系统选用压入式通风，并辅以刀盘后方和盾构机尾部局部通风。主通风系统采用 PVC 拉链式软风管、2 台 SDF（C)-NO-4 防爆型风机（富含沼气地层 DK0＋0～DK1＋780）和 2 台 ECE T2.140 风机（不含沼气地层 DK1＋780～DK5＋468）供风。

隧道施工机械通风方式对比　　表 7.1

通风方式	压入式	抽出式	混合式
进风通道	风管	隧道	风管
出风通道	隧道	风管	风管
风管类型	柔性	刚性	柔性(刚性)
噪声污染	无	无	有
工作面空气类型	新风	沿途污染源污染的空气	新风
风管漏风影响	有利于吹散隧道沿途污染源	无	可能造成隧道内空气二次污染
适用污染源	均适用	集中在工作面附近污染源	集中在工作面附近污染源

隧道施工通风方案如下：

① 工作井开凿期：单风机单风筒压入式通风；

② DK0+0～DK0+700：甲烷稀释通风区域，单风机单风筒压入式通风，使用 SDF (C)-NO-4 防爆型风机，一台风机恒定运行，一台风机备用，根据甲烷浓度调整风机运行参数；

③ DK0+700～DK1+780：甲烷稀释通风区域，压入式双风机双风筒通风，使用两台 SDF（C)-NO-4 防爆型风机，以风量为基准调节电机频率；

④ DK1+780～DK5+468：正常施工通风区域，长距离压入式双风机双风筒送风，使用两台 ECE T2.140 风机，以风量为基准调节电机频率，保持出风口风量恒定。

4. 主通风系统参数计算

（1）主通风系统需风量计算

主通风系统需风量需要同时考虑稀释和排出沼气需风量、盾构机二次通风系统所需风量、排尘需风量、作业人员呼吸需风量、稀释和排出内燃机废气需风量等多种工况。

① 稀释和排出沼气需风量

由于沼气在地层中呈团块状、囊状集聚分布，气体自动补偿系统排气处、泥浆管路延伸处等区域可能存在沼气泄露，无法通过单位面积围岩中泄露的瓦斯量计算需风量。但是可以通过控制隧道洞内风速防止沼气积聚，根据《铁路瓦斯隧道技术规范》TB 10120—2002 规定：瓦斯隧道施工中防止瓦斯积聚的风速不宜小于 0.5m/s[12]。稀释和排出沼气需风量可以通过式（7.1）进行计算。

$$Q_1=60vA=2598\mathrm{m^3/min} \tag{7.1}$$

式中：v——防止沼气积聚的最低风速，0.5m/s；

A——隧道过风面积，约 86.59m^2。

② 盾构机尾部需风量

盾构机尾部需风量即二次通风系统风量，$Q_2=2400\mathrm{m^3/min}$。

③ 排尘需风量

通过限制洞内最低风速控制粉尘浓度，采用式（7.1）计算得 $Q_3=1299\mathrm{m^3/min}$。

④ 作业人员呼吸需风量

隧道施工过程中作业人员需风量的计算如式（7.1）所示。

$$Q_4=qmk=276\mathrm{m^3/min} \tag{7.2}$$

式中：q——单人呼吸所需风量，不小于 3m^3/min·人[11]；

m——隧道内施工高峰期作业人数，计 80 人（盾构掘进 30 人，内部结构施工 50 人）；

k——风量备用系数，常取 $k=1.15$。

⑤ 稀释和排出内燃机废气需风量

使用内燃机类机械设备时，隧道通风应该能够将设备废气全部稀释排出，使隧道洞内空气质量满足相关规范要求。稀释设备废气的需风量可以参照式（7.3）进行计算。

$$Q_4=K\sum_{i=1}^{N}N_iT_i \tag{7.3}$$

式中：K——功率通风计算系数，我国暂行规定为 3m^3/(min·kW)；

N_i——第 i 台柴油机械设备的功率（kW）；

T_i——内燃机设备利用系数，一般取 0.5。

由于隧道内部结构施工物料（包括：管片、箱涵、砂浆、混凝土、管路等）采用无轨运输，运输车辆均采用内燃机动力。不同里程范围运输车辆数量和稀释与排出内燃机废气的需风量如表 7.2 所示。随着运输车辆在隧道内不断移动，内燃机废气将被释放至隧道全线。因此，稀释与排出内燃机废气需风量不是工作面需风量，而是隧道全长需风量。

隧道洞内运输车辆数量和稀释与排出内燃机废气需风量　　表 7.2

施工距离	0～2000m	2000～4000m	4000～5468m
管片/箱涵运输车(276kW/辆)	2	3	5
砂浆运输车(150kW/辆)	1	2	3
混凝土运输车(98kW/辆)	1	2	3
内燃机总功率(kW)	800	1324	2124
总需风量(m^3/min)	1200	1986	3186

通过综合考虑稀释和排出沼气需风量、盾构机二次通风系统需风量、排尘需风量以及作业人员呼吸需风量为工作面需风量，可以得到工作面最大需风量（主通风系统末端风量）$Q_1=2598\text{m}^3/\text{min}$。隧道全长需风量主要为稀释和排出内燃机废气需风量，仅随隧道内部结构物料运输车辆数改变，约 1200～3186m^3/min（表 7.2）。

⑥ 风机供风量计算

PVC 拉链式高强度阻燃风管的百米漏风率为 0.4%。隧道行业一般采用日本青函隧道公式计算风机供风量，如式（7.4）和式（7.5）[13] 所示。

$$P_L=1-(1-P_{100})^{\frac{L}{100}} \tag{7.4}$$

$$Q_f=P_L Q \tag{7.5}$$

式中：P_L——风管漏风系数；

P_{100}——风管平均百米漏风率，取 0.4%；

L——管路长度，m；

Q_f——风机供风量，m^3/min；

Q——管路末端风量，m^3/min。

根据隧道工作面需风量以及风管漏风系数计算出风机供风量（图 7.11）。风机实际最

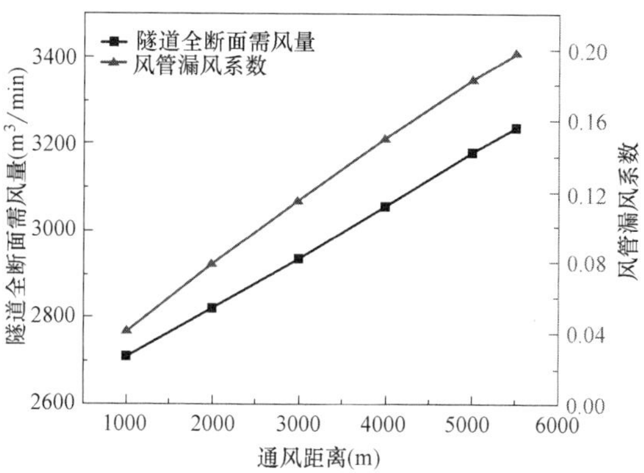

图 7.11　风管漏风系数和风机供风量（通过工作面需风量反算）随送风距离的变化曲线

小供风量应大于图 7.11 和表 7.2 所示需风量，计算结果如表 7.3 所示。

所需风机总供风量　　表 7.3

通风阶段(m)	0～1000	1000～2000	2000～3000	3000～4000	4000～5468
最大通风距离(m)	1050	2050	3050	4050	5500
风管漏风系数	0.0412	0.0789	0.115	0.150	0.198
风管末端风量(m^3/min)			≥2598		
风机总供风量(m^3/min)	≥2709	≥2820	≥2936	≥3056	≥3239

(2) 主通风系统风压计算

通风阻力包括风管内的摩阻力和局部阻力，为保证将所需风量送到工作面并达到规定风速，风机应提供足够的风压以克服管道的通风阻力（即：$H>H_{阻}$）。其中，H 为主通风系统风压，$H_{阻}$ 为摩阻力与局部阻力之和。

① 摩擦阻力

管路的摩擦阻力是风流与通风管壁摩擦以及分子间的扰动和摩擦产生的能量消耗，计算公式如下：

$$h_f=\frac{400\lambda\rho}{\pi^2 d^5}\frac{1-(1-P_{100})^{\frac{2L}{100}}}{\ln(1-P_{100})}Q_f^2=R_f\cdot Q_f^2 \tag{7.6}$$

式中：λ——管路摩擦系数；

d——风管当量直径，m；

ρ——空气密度，kg/m^3；

P_{100}——风管百米漏风率平均值；

Q_f——风机供风量，m^3/s；

R_f——摩擦风阻，kg/m^7。

② 局部阻力

风流流经突然扩大或缩小、转弯交叉等管路时，会产生能量消耗，计算公式如式(7.7) 所示。

$$h_x=\frac{\xi\rho}{2}\left(\frac{Q}{A}\right)^2=\frac{8\xi\rho}{\pi^2 d^4}(1-P_{100})^{\frac{2L}{100}}Q_f^2=R_x\cdot Q_f^2 \tag{7.7}$$

式中：h_x——管路的局部阻力，Pa；

ξ——局部阻力系数；

ρ——空气密度，kg/m^3；

A——管路断面面积，m^2；

R_x——管路风流的局部风阻，kg/m^7。

隧道施工通风中常用的局部阻力系数可以按以下原则进行取值：

① 管道转弯处：$\xi=0.008\alpha^{0.75}/n^{0.8}$。其中，$\alpha$ 为转弯角度，$n=R/d$，R 为转角处的曲率半径，d 为管道直径；

② 管道入口处：完全修圆入口 $\xi=0.1$，不修圆直角入口 $\xi=0.5$～0.6；

③ 管道出口处：$\xi=1.0$。

（3）计算参数的选取

风管摩擦系数主要取决于风管内壁的相对光滑程度。我国的隧道工程项目中，风管摩擦系数一般取 $\lambda=0.012$；空气密度一般取 $\rho=1.2\text{kg/m}^3$。苏通 GIL 综合管廊工程始发井入口处，竖直风管经 90°弯管连接水平风管，风流在流经此处时会发生能量消耗。因此，风管局部阻力不仅包括弯管处局部阻力，也包括风管出入口处局部阻力，综合考虑取局部阻力系数 $\xi=1.5$。可以计算得到不同直径风管在相同送风距离下的摩擦阻力、局部阻力以及总风阻（表 7.4）。结果显示，相对摩擦阻力而言，局部阻力极小，基本可忽略不计。

送风距离 $L=5468.5\text{m}$ 条件下不同直径风管的风阻　　表 7.4

风管直径(m)	风管风速(m/s)	摩擦阻力(Pa)	局部阻力(Pa)	总风阻(Pa)
1.3	20.1	15451	364	15815
1.4	17.3	10667	270	10937
1.5	15.1	7555	205	7760
1.6	20.7	5471	159	5630
1.7	18.4	4687	123	4810
1.8	16.4	3036	99	3135

5. 主通风系统设备选型

（1）风管选型分析

风管选型原则主要包括如下几个方面：在隧道断面允许的条件下，尽可能选择大直径风管，以降低通风阻力，延长通风距离；风管百米漏风率和摩擦系数尽可能小；富含沼气地层隧道选用的风管应具有阻燃防爆性能；在不影响隧道内部结构施工的情况下，风管尽量悬吊在隧道拱部。

① 风管直径

根据隧道内径及内部结构同步施工条件，箱涵高度 4.4m，管片运输车满载最大高度 2.6m，箱涵运输车满载最大高度 2.3m，砂浆车最大高度 3.1m，混凝土运输车最大高度 3.3m。隧道内部无轨运输车辆最大高度 3.3m，隧道顶部剩余高度在 2m 左右。为提高风管的耐用性，保证运输车辆通行安全，兼顾长距离通风的风量和风压要求，最终选用直径为 1.5m 的风管。

② 风管材质与节长

靠近风机出口端的管路承受风压较大，且在工作井内易受到碰撞，因此，自风机出口至管廊内 500m 的距离选用硬质无机玻璃钢风管（图 7.12），每根长度 3m，厚度 6mm，

图 7.12　硬质无机玻璃钢风管

采用法兰连接。管廊内上下坡段也选用硬质无机玻璃钢风管，其余位置选用 PVC 拉链式高强度阻燃软风管（图 7.13），每节长度 100m，采用拉链连接和法兰连接（与刚性风筒相接时），以减少接头漏风和降低局部阻力。

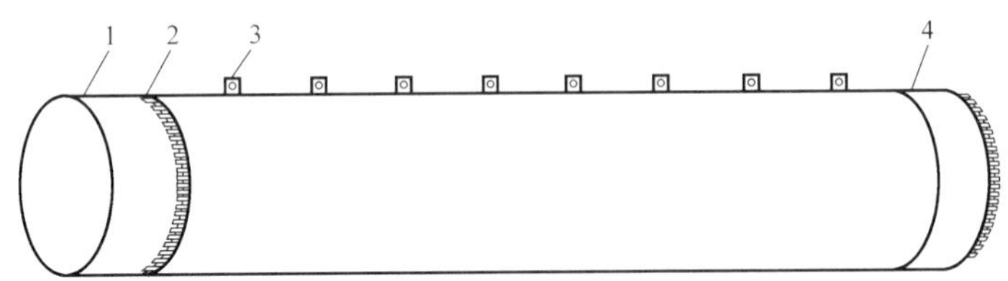

注：1—内衬；2—拉链；3—吊环；4—外密封

图 7.13 拉链式软风管示意图

③ 最大工作承压

长距离送风需要风管具有较高的焊接强度，以承受风机出口处的高风压。风管能承受的最大工作压力可以由风管的纬向抗拉强度计算得到：

$$P_{max}=\frac{40F}{Kd} \tag{7.8}$$

式中：P_{max}——最大工作承压，kPa；

K——安全系数，取 3；

F——风管的纬向抗拉强度，N/5cm；

d——风管直径，mm。

常用风管的最大工作承压如表 7.5 所示。

常用风管的最大工作承压 **表 7.5**

风管直径（mm）	最大工作承压（kPa）				
	MD56 纬向抗拉强度 1600N/5cm	MD96 纬向抗拉强度 2000N/5cm	584FR 纬向抗拉强度 2200N/5cm	653FR 纬向抗拉强度 2600N/5cm	782FR 纬向抗拉强度 3000N/5cm
1500	14.222	17.778	19.556	23.111	26.667
1700	12.549	15.686	17.255	20.392	23.529
1800	11.853	14.815	16.296	19.259	22.222

根据初步选定的风管直径（$d=1.5$m），结合表 7.4 计算的总风压值，建议选用 MD96 纬向抗拉强度为 2000N/5cm 的风管，其主要性能参数如表 7.6 所示。

风管主要性能参数 **表 7.6**

项目	技术参数
风管直径	1.5m
节长	100m
平均百米漏风率	0.4%
布抗断强度	经、纬≥2000N/5cm
焊接缝抗断强度	经、纬≥2000N/5cm
风筒耐压	≥12kPa
表面电阻	≤3×108Ω
风管面料	高强度阻燃抗静电 PVC 涂塑布

(2) 风机选型分析

轴流风机风压低、风量大，且体积较小，安装方便，多用于消防通风。离心风机体积较大，且安装难度较高，在相同风量和相同风压条件下，耗电量比轴流风机大。因此，隧道施工通风一般选择轴流风机。

① 风机选型原则

应根据风量风压计算结果，结合通风方式选择风机类型，确保选用风机能满足最大送风距离的供风需求。因此，根据风机性能曲线和风管阻力特性曲线相匹配的原则确定风机型号，保证所选风机工作点在合理范围内。且富含沼气地层隧道施工通风应选择防爆型风机。

② 风机选型步骤

第一步：根据风机需风量、风管直径（1.5m）以及最大送风距离（5468.5m），计算风机出口的供风量（$Q=1600\text{m}^3/\text{min}=27\text{m}^3/\text{s}$）和风压（$H=7760\text{Pa}$）。

第二步：根据风机供风量和风压，计算风机有效功率 N_t，如式（7.9）所示。

$$N_t=Q\cdot H=27\times7760=209.5\text{kW} \tag{7.9}$$

第三步：根据风机全压效率 η_t、电机效率 η_m、传动效率 η_{tr}，可参照式（7.10）计算电机输入功率 N_m（其中 $\eta_t=0.82$、$\eta_m=0.93$、$\eta_{tr}=1$）。

$$N_m=\frac{N_t}{\eta_t\eta_m\eta_{tr}}=\frac{209.5}{0.82\times0.93\times1}=274.7\text{kW} \tag{7.10}$$

第四步：选用2台SDF（C)-NO-4防爆型风机（DK0＋0～DK1＋780）和2台ECE T2.140风机（DK1＋780～DK5＋468）供风。其中，DK0＋0～DK1＋780段长度较短（约2000m），对通风机通风性能要求较低，仅需验证最长送风距离（5468.5m）的风机通风性能。ECE风机与直径1.5m风管的（5468.5m送风距离）匹配曲线如图7.14所示。

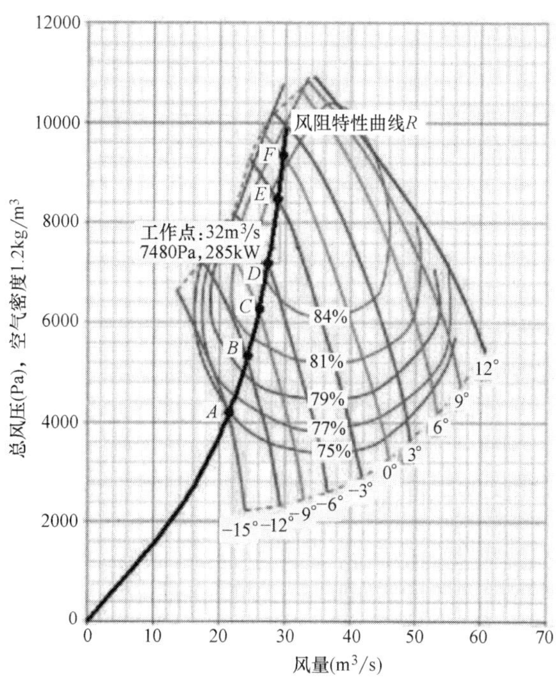

图7.14 风机（ECE T2.140）与直径1.5m风管的（5468.5m送风距离）匹配曲线

ECE T2.140 风机的实际工况点即为不同叶片角度下风机特征曲线与直径 1.5m 的风阻特性曲线 R 的交点（图 7.14）。可以看出在叶片角度为−3°时，风机工作点 E 的供风量为 1723×2=3446m^3/min>3239m^3/min，风压 8431Pa>7760Pa，满足工作面需风要求。主通风系统的风机及配套设备性能参数如表 7.7 所示。

主通风系统设备性能参数　　表 7.7

设备型号	参数	数量	备注
ECE T2.140	4×75kW，高效风量 30m^3/s，风压 7480Pa	2 台	进口，变频
SDF(B)-4-NO-13	风量 1695～3300m^3/min，风压 930～5920Pa，电机功率 132kW	2 台	变频
进口风机变频控制柜		2 台	
国产风机变频控制柜		2 台	
进口风机电缆		800m	
国产风机电缆		700m	
刚板风筒	d=1.5m 钢板风管	2 套	
测量段	d=1.5m，t=3.0mm 钢板	96m	
风机风量、风压测量装置	d=1.5m 风筒，风量 500～2400m^3/min，风压 1000～10000Pa	2 套	自动
刚性直角弯管风筒	d=1.5m 直角弯头	4 套	
进口瑞典风筒	d=1.5m，200m/节	7000m	三防
国产风筒	d=1.5m，20m/节	4400m	三防
出风箱	d=1.9m，长度 L=5m	2	

7.4.2 地面泥浆系统吹排风

当盾构在富含沼气地层中掘进时，沼气会随泥浆管路进入地面泥浆池。泥浆池应设置在主导风向下方，将稀释风流引向无可燃物及无明火的区域。此外，应在地面泥浆系统设置甲烷监测系统，实时监测泥浆回浆池、沉淀池的沼气浓度，并严禁明火或者电焊等作业。

气象资料显示，施工场地夏季室外平均风速为 3.9m/s，无法满足回浆池沼气稀释要求，需要配置 2 台 DK40-8 型吹排风机（其中一台为备用），同时配套玻璃钢风管和柔性矿用布风筒加速沼气稀释。当甲烷浓度接近 0.5%时，立即启动风机；当自然风速低于 6m/s 时，间歇运行风机辅助稀释沼气。当自然风向将稀释风导向油脂库等可燃物（或明火）区域时，应开启风机改善稀释风导向。

7.4.3 沼气抽排系统

通过在地面建立沼气抽排泵站，敷设完整的抽排管路系统，连接盾构机泥水仓和气垫仓的排气管，把积聚沼气排放至地面，减小安全隐患。沼气抽排系统管网敷设路线为：盾构机工作面埋管（支管）→管廊（干管）→地面抽排沼气泵站。沼气抽排总量按 15m^3 计算；设计沼气抽排速度为 0.25m^3/min，抽排管路沼气浓度取 10%，混合气体的抽排速度为 2.5m^3/min。

1. 管径选择

抽排沼气管管径对施工成本及抽排效果有很大影响。直径过大，施工成本过高；直径过细，管路阻力过大。抽排沼气管的管径根据式（7.11）进行计算。

$$D=0.1457\sqrt{\frac{Q}{V}} \tag{7.11}$$

式中：D——抽排沼气管内径，m；

Q——抽排管内混合气体流量，m^3/min；

V——抽排管内气体平均流速，经济流速为$V=5\sim12m/s$。

计算可知，抽排沼气管的管径临界值为$D=89mm$。为满足沼气抽排需求，苏通GIL综合管廊工程沼气抽排管采用$D108\times4.0mm$无缝钢管，内径为$D=100mm$，管路与管路、管路与管件之间均采用法兰连接。

2. 风管阻力计算

根据隧道内部管路布置情况，埋管/插管管路最长（负压段）约5500m，地面抽排泵站到排空管的管口全长（正压段）约40m。仅负压段需要计算抽排沼气管路阻力，参照7.4.1节计算可得抽排管路摩擦阻力为27544Pa，局部阻力为4131Pa，总阻力为$H_r=31675Pa$。

3. 真空泵选型

（1）真空泵选型原则

沼气抽排过程中，真空泵负压必须能克服最大管网阻力，使抽排管口具有足够的负压，且同时可以满足抽排泵出口正压需求。真空泵流量必须满足预计最大沼气抽出量需求；此外，真空泵要具备良好的气密性，并配备相应的防爆电机。

（2）抽排沼气真空泵流量

真空泵的流量可以通过式（7.12）进行计算。

$$Q=100\times Q_z\times K/(X\times\eta) \tag{7.12}$$

式中：Q——抽排沼气真空泵所需额定流量，m^3/min；

Q_z——最大抽排沼气纯量，$Q_z=0.25m^3/min$；

X——真空泵入口处沼气浓度，$X=10\%$；

K——真空泵的综合系数（备用系数），$K=2$；

η——真空泵的机械效率，$\eta=0.80$。

负压抽排系统设计混合气体抽排速度为$2.5m^3/min$，则标准状态下沼气抽排泵所需额定流量$Q=6.25m^3/min$。

（3）抽排沼气真空泵压力

抽排沼气真空泵压力可采用式（7.13）计算。

$$H=K\times(H_{zk}+H_r+H_c) \tag{7.13}$$

式中：H——真空泵所需压力，Pa；

K——压力备用系数，$K=1.3$；

H_{zk}——抽排管口负压，取7000Pa；

H_r——抽排管路总阻力，31675Pa；

H_c——抽排管管出口正压，取3000Pa。

根据管路阻力计算结果，可得负压真空泵的压力为$H=54178Pa$。

（4）抽排沼气真空泵的真空度

由于当地大气压为 103000Pa，真空泵的绝对压力为 103000－54178＝48822Pa，泵入口的绝对压力实际取 49kPa。

（5）抽排沼气真空泵流量参数

目前我国真空泵曲线按工况状态下的流量绘制，需要根据式（7.14）将标准状态下的沼气流量换算成工况状态下的沼气流量。计算可得抽排沼气真空泵的工况流量为 $Q_g=12.97m^3/min$。

$$Q_g=Q\times P_0\times T_1/(P_1\times T_0) \tag{7.14}$$

式中：Q_g——工况状态下的真空泵流量，m^3/min；

Q——真空泵的额定流量，m^3/min；

P_0——标准大气压力，101325Pa；

P_1——真空泵入口绝对压力，Pa；

T_1——真空泵入口沼气的绝对温度（$T=273+t$），K，t——真空泵入口沼气的摄氏温度，20℃；

T_0——标准状态下绝对温度，（$T_1=273+20$），K。

（6）真空泵装机能力

通过上述计算可知沼气抽排量为 $15m^3$，设计抽排速度为 $0.25m^3/min$，真空泵运行时间最长 1h 可满足沼气抽排要求。

（7）真空泵选型

根据真空泵选型参数计算结果和防爆需求，沼气抽排系统选用 ZWY20/37-G 煤矿用井下移动式抽排泵站（表 7.8）。为保证抽排设备正常运行，设计配备两台真空泵，其中一台备用。

抽排沼气真空泵站参数 **表 7.8**

主要技术参数	抽排沼气真空泵
真空泵型号	ZWY20/37-G
数量(套)	2
吸气压力(kPa)	49
最大抽气量(m^3/min)	20
电机功率(kW)	37
电压(V)	660

7.5 有害气体监测和控制

苏通 GIL 综合管廊泥水盾构施工过程中，隧道内温度、湿度、有害气体浓度等气体参数可通过自动监测与人工监测相结合的气体监测系统进行监测。各传感器参数可以实时传输至控制终端，一旦气体参数达到临界阈值，立即触发盾构及隧道内部的警示灯。此时，作业人员应立即采取相应紧急应对措施避免发生甲烷燃爆等。

7.5.1 气体监测系统

气体监测系统由气体传感器（甲烷、氧气、一氧化碳、二氧化碳等）、温度传感器、压力传感器、警示灯、传输线、防爆开关、开关扩展器、远程连接盒、光模块、监控主机、显示终端等组成（图 7.15）。气体传感器、温度传感器和压力传感器采集的信号将传输到光模块，经过调制后传送到监控主机和显示终端。一旦浓度、温度、压力等参数超过临界阈值，监控主机的预警信号将通过传输线反馈到相应的传感器，并触发与传感器相连的警示灯。

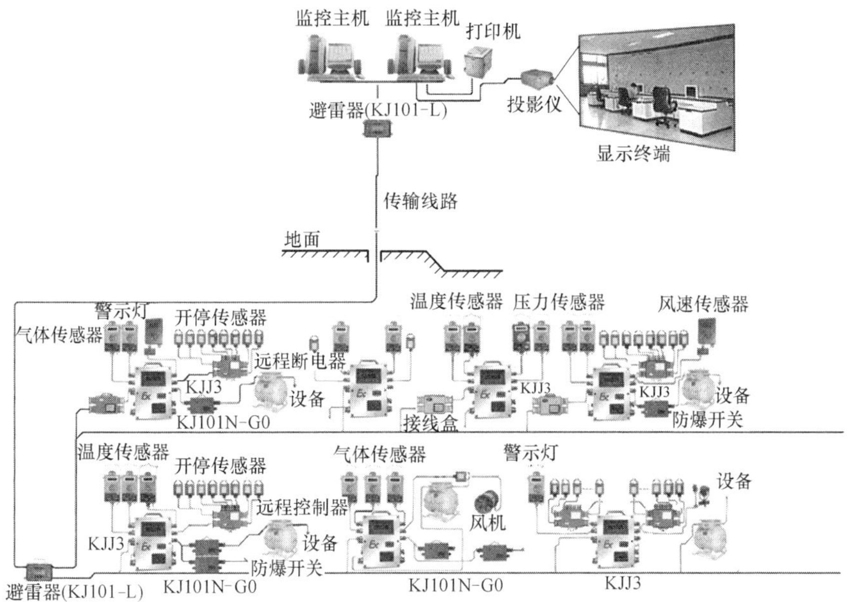

图 7.15　气体监测系统示意图

当甲烷浓度达到 0.5%时，隧道洞内的警示灯将被触发，此时应加强隧道轴向通风；当甲烷浓度在 0.5%～1.5%时，需立即切断正常照明电路，开启应急照明电路；当甲烷浓度增加至 1.5%以上时，应立即切断盾构机和非本安型电气设备及车辆电源，作业人员应全部撤离隧道，当甲烷浓度降至 1.0%以下时才能恢复供电。

1. 盾构机内部监测

盾构机内部设置 12 个甲烷传感器实时监测甲烷浓度（图 7.16）。其中，7 个甲烷传感

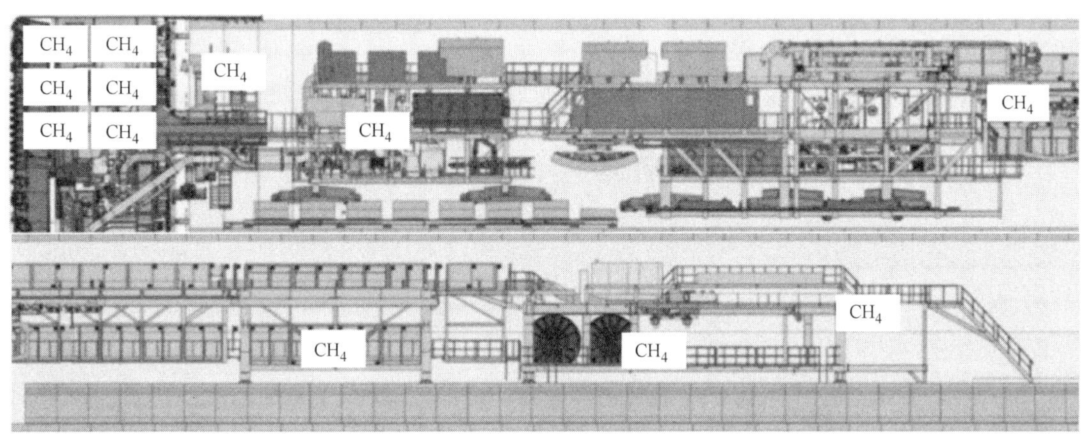

图 7.16　盾构机内部甲烷传感器布置情况

器安装在泥水仓及盾体上（如泥浆泵、排气孔等位置），5 个甲烷传感器安装在后配套台车上，每节台车布置 1 个甲烷传感器。

2. 沼气抽排系统监测

根据《煤矿瓦斯抽排规范》AQ 1027—2006 相关规定，监控系统必须对抽排泵站和抽排管路内的甲烷浓度、一氧化碳浓度、气体流量、温度、进气管负压、排气管正压以及环境中的甲烷浓度、循环冷却水温、真空泵轴温等进行连续监测[14]。在沼气抽排管内设置 1 个监测点，安装本安型流量传感器、负压传感器、温度传感器、甲烷传感器和一氧化碳传感器。在抽排地面泵站设置 2 组传感器，监测抽排管道的流量、负压、温度、甲烷浓度和一氧化碳浓度等参数。使用轴温传感器、开停传感器和供水传感器分别监测 2 台真空泵的轴温、开停和供水状态，采用 2 个温度传感器监测抽排沼气泵末端环境温度。

3. 成型管廊内部监测

苏通 GIL 综合管廊管片混凝土具有良好的抗渗性，但是管片接缝等薄弱部位仍存在沼气泄露风险。此外，抽排管路和泥浆管线均布设于成型管廊内部，各管道接头处均可能发生沼气泄露。为了确保盾构施工安全且满足运营期间防爆要求，应在成型管廊内部布设监测点，实时监测气体浓度和洞内温度。隧道沿线非等距安装了 11 个监测点（图 7.17），相邻监测点间距为 100～850m。隧道全长共安装 11 个甲烷传感器、7 个一氧化碳传感器、7 个氧气传感器、7 个二氧化碳传感器、7 个风速传感器和 2 个温度传感器（表 7.9）。在避免对内部结构施工干扰情况下，实时监测隧道通风质量和甲烷气体浓度，确保隧道施工过程中 CH_4 浓度不超过《煤矿安全规程》的限定值 0.5%[7]，风速不低于《煤炭工业矿井设计规范》GB 50215—2015 的限定值 0.5m/s[15]，温度不高于《铁路瓦斯隧道技术规范》TB 10120—2002 的限定值 32℃[12]，极大限度避免了甲烷燃爆等安全事故，有效保障了施工安全，创造了良好的作业环境。

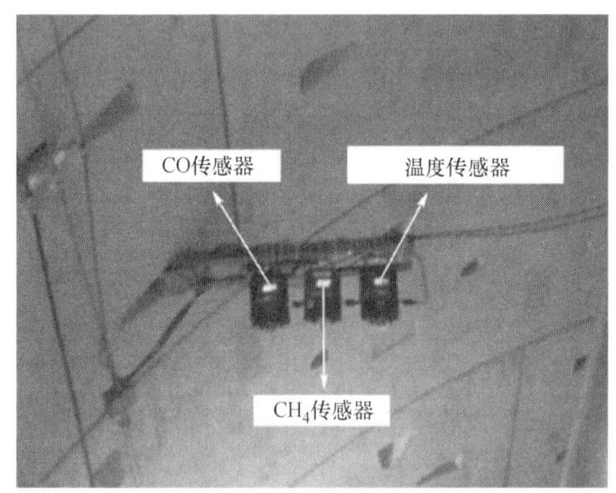

图 7.17　DK2＋113 位置传感器布置情况

管廊内部传感器布置情况　　表 7.9

里程桩号	甲烷传感器	氧气传感器	风速传感器	一氧化碳传感器	二氧化碳传感器	温度传感器
DK0＋0	1	1	1	1	1	0
DK0＋850	1	1	1	1	1	0
DK1＋130	1	0	0	1	0	0
DK1＋800	1	1	1	1	1	0
DK2＋113	1	0	0	1	0	1
DK2＋750	1	1	1	1	1	0
DK3＋100	1	0	0	1	0	0
DK3＋700	1	1	1	1	1	0
DK3＋800	1	0	0	1	0	1
DK4＋650	1	1	1	1	1	0
DK5＋468	1	1	1	1	1	0

4. 其他区域监测

苏通GIL综合管廊施工过程中，所有运输车辆上均设置甲烷传感器。局部风筒末端设风筒传感器，局部风机配置开停传感器。被控开关的负荷侧设置馈电传感器，监测被控设备在甲烷浓度达到临界阈值时的断电状态。隧道内部作业人员集中位置布置氧气传感器和一氧化碳传感器。盾构机人舱内设置氧气传感器、一氧化碳传感器、甲烷传感器、温度传感器及湿度传感器。

7.5.2 无线通信系统

通过选用矿用无线通信系统（图7.18），在地面工程指挥部和隧道工作面安装基站，给施工管理人员配备本安型手机，实现隧道与地面移动通信。无线通信系统通过接口与调度通信系统远程控制交换机连接，实现有线调度与移动通信联网。

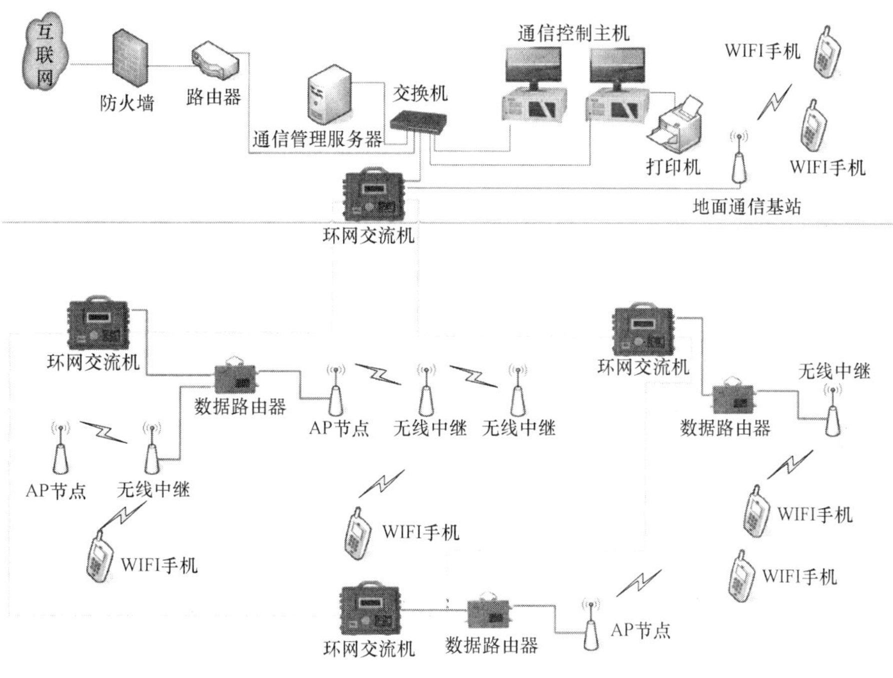

图7.18 无线通信系统示意图

7.6 本章小结

苏通GIL综合管廊工程穿越近2000m的富含沼气地层，盾构施工过程中存在沼气泄露风险。为了避免发生甲烷燃爆等安全事故，通过预先渗透泥浆驱替地层中的沼气，注入克泥效密封阻隔沼气进入盾构和隧道内部。同时，对盾构和隧道内部不间断电源及与之相连的电气设备进行防爆改造，增加沼气抽排系统和增设局部气动风机防止沼气聚集。通过设置气体监测预警系统，实时监控盾构和管廊内部有害气体浓度，保障了施工期间作业人员和设备安全。

参考文献

[1] 赵军军. 地铁盾构 SAMSON 保压系统离线检测的应用 [J]. 设备管理与维修, 2019 (5): 155-156.

[2] 余红军, 王维高, 万德才. 高瓦斯隧道施工安全风险控制措施 [J]. 现代隧道技术, 2013, 50 (4): 56-62.

[3] Kasper T, Meschke G. On the influence of face pressure, grouting pressure and TBM design in soft ground tunnelling [J]. Tunnelling and Underground Space Technology, 2006, 21 (2): 160-171.

[4] Zhou C, Ding L Y, He R. PSO-based Elman neural network model for predictive control of air chamber pressure in slurry shield tunneling under Yangtze River [J]. Automation in Construction, 2013, 36: 208-217.

[5] Min F, Zhu W, Lin C, et al. Opening the excavation chamber of the large-diameter size slurry shield: a case study in Nanjing Yangtze River tunnel in China [J]. Tunnelling and Underground Space Technology, 2015, 46: 18-27.

[6] Tang S H, Zhang X P, Liu Q S, et al. Control and prevention of gas explosion in soft ground tunneling using slurry shield TBM [J]. Tunnelling and Underground Space Technology, 2021, 113: 103963.

[7] 应急管理部. 煤矿安全规程 [S]. 2016.2.25.

[8] 张平. 洵思区间下穿南水北调干渠克泥效工法运用分析 [J]. 兰州工业学院学报, 2021, 28 (5): 38-42.

[9] 杜国涛, 程勇峰. 克泥效同步注入技术在盾构穿越重大风险源中的应用 [J]. 公路交通科技 (应用技术版), 2017, 13 (3): 190-192.

[10] 国家质量技术监督局. 爆炸性气体环境用电气设备 第 14 部分: 危险场所分类: GB 3836.14—2000 [S]. 北京: 中国标准出版社, 2000.

[11] 中华人民共和国住房和城乡建设部. 盾构法隧道施工与验收规范: GB 50446—2008 [S]. 北京: 中国建筑工业出版社, 2008.

[12] 国家铁路局. 铁路瓦斯隧道技术规范: TB 10120—2002 [S]. 北京: 中国铁道出版社, 2002.

[13] 杨立新, 洪开荣, 刘招伟, 等. 现代隧道施工通风技术 [M]. 北京: 人民交通出版社, 2012.

[14] 国家安全生产监督总局. 煤矿瓦斯抽排规范: AQ 1027—2006 [S]. 北京: 煤炭工业出版社, 2006.

[15] 中华人民共和国住房和城乡建设部. 煤炭工业矿井设计规范: GB 50215—2015 [S]. 北京: 中国计划出版社, 2016.

第8章 超高水压强渗透砂层盾构和管片密封及风险防控

苏通 GIL 综合管廊全长 5468.5m，在江中靠南岸位置下穿长江深槽，该深槽断面最低点标高约−40m，摆幅约为 500m。隧道段最大水压力可达 0.8MPa，最大水土压力约 0.95MPa。在高水土压力影响下，若是在施工期间发生盾构密封失效，极易导致涌水涌砂、塌方冒顶等事故。此外，管廊运营期间，隧道衬砌结构需要长期承受高水土压力。管片密封失效导致渗水极易诱发漏电等安全事故。因此，针对高水压强渗透砂层中盾构设备密封、管片接缝密封及失效风险防控措施进行分析极为必要。

8.1 主轴承系统密封技术

主轴承是盾构主驱动系统的核心部件，用于直接传递动力和荷载。盾构施工过程中，主驱动与开挖仓内的泥浆直接接触，若是开挖仓内的泥浆或者隧道内的杂物等进入主轴承，可能会导致主轴承结构破坏，进而诱发盾构水下停机，显著延长工期、增加施工成本[1]。苏通 GIL 综合管廊工程水土压力高，盾构主轴承和盾尾密封系统失效风险大。参考武汉地铁 8 号线、南京长江隧道、南京地铁 10 号线等高水压长距离越江隧道的工程经验（表 8.1），盾构机选用承载能力大的三排滚柱式主轴承（图 8.1）。为了保证盾构机在高水压下正常工作，主轴承设置了内外两圈密封（图 8.2），并分别针对两圈密封进行了加强设计。

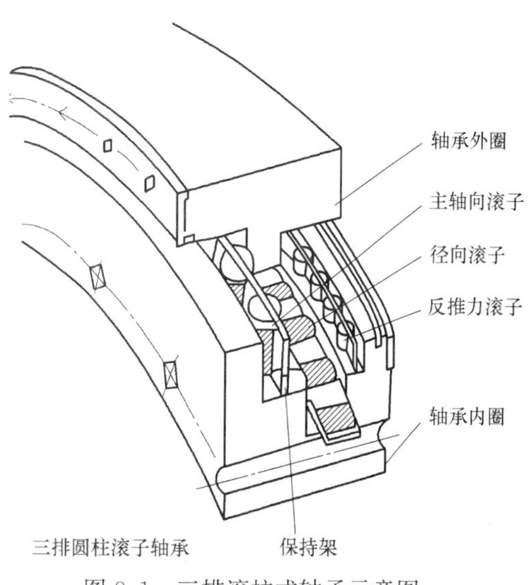

图 8.1 三排滚柱式轴承示意图

已建高水压隧道工程主轴承密封对比分析 表 8.1

	武汉地铁 8 号线	南京长江隧道	南京地铁 10 号线
水土压力	0.67MPa	0.75MPa	0.65MPa
主轴承类型	三排滚柱式轴承	三排滚柱式轴承	三排滚柱式轴承
密封形式	外四层、内两层	外四层、内两层	外四层、内两层

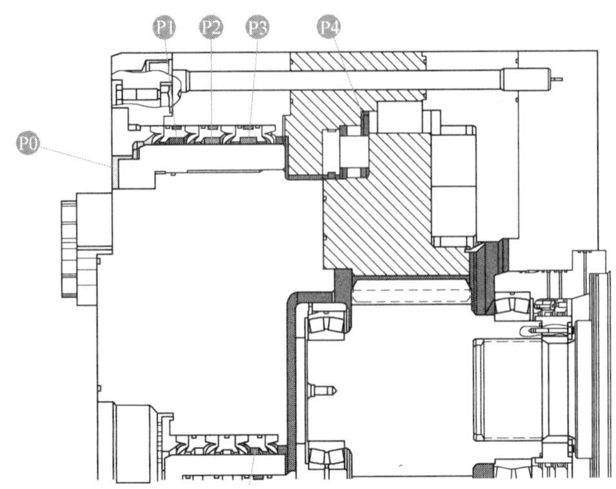

图 8.2　主轴承密封示意图

8.1.1　主轴承外密封技术

外密封主要用于隔离主轴承与开挖仓，避免开挖仓内的渣土、泥水等进入主轴承造成破坏。并且，外密封应具有自动润滑、自动密封、自动检测密封工作状况和磨损后继续使用等功能。因此，泥水盾构主轴承外密封常采用唇型密封形式。苏通 GIL 综合管廊工程中，主轴承外密封由四道密封唇和一个前导迷宫组成（图 8.2 和图 8.3），最高可抵抗高达 1MPa 的泥水压力，满足盾构掘进过程中的密封需求。

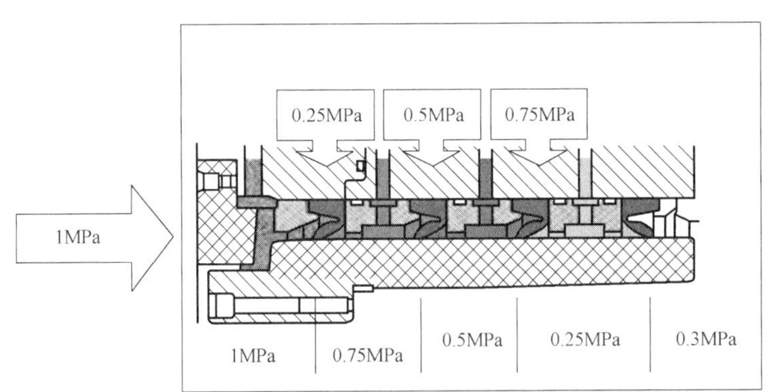

图 8.3　主轴承外密封的唇形密封圈分布示意图

目前国际上常用的骨架式唇形密封圈多采用耐油耐水的高强耐磨丁腈橡胶或聚亚胺酯材料制成，可分为单唇形密封圈、带压紧环的唇形密封圈和多唇形密封圈。多唇形密封圈仅需配合普通油脂使用，承压极限为 0.3～0.4MPa，运行成本较低，使用寿命较短。单唇形密封圈和带压紧环的唇形密封圈均需配合特种高黏度油脂使用，承压极限较大，运行成本较高，使用寿命较长。其中，单唇形密封圈使用寿命最长。

苏通 GIL 综合管廊盾构主轴承外密封选用四道单唇形密封圈，并结合自动背压调节系统调节油压，提高外密封的可靠性，确保其能承受不低于 1MPa 的泥水压力，保证长距离掘进条件下盾构的密封性能和施工安全。

8.1.2　主轴承内密封技术

考虑到深槽段水土压力高，主轴承内密封空间有限，苏通 GIL 综合管廊工程改进了内密封暴露于开挖仓的传统设计，通过缩回至盾构内部使其与刀盘中心空腔接触。此时，内层密封与大气连通，而非与泥水直接接触，避免其直接承受高泥水压力。内密封主要用于防止杂物进入主轴承和齿轮润滑油外泄。苏通 GIL 综合管廊工程盾构主轴承内密封采用三道经硬化处理的双唇形密封，可满足隧道内常压条件下的密封要求。

8.2　盾尾密封技术

盾构掘进过程中，盾尾内壁与管片外壁间存在间隙，通过设置盾尾密封装置可以防止周围地层中的饱和渣土、膨润土泥浆和同步注浆浆液等从盾尾和管片的间隙流向盾构内部。尤其是对于泥水盾构，盾尾密封尤为重要。一旦密封装置损坏或密封不良，带压泥浆将从盾尾与管片间隙涌入盾构机内，导致漏水、漏浆甚至地下水灌入隧道等工程安全事故。

8.2.1　盾尾密封系统设计

目前，盾尾大多采用多道弹性尾刷形成密封腔，并通过不断向密封腔内加注油脂增强盾尾的密封性能（图 8.4）。每组盾尾刷由保护板、压紧板和钢丝束组成（图 8.5）。保护板由 2 层弹簧钢板制成，用于保护钢丝束。压紧板也是由弹簧钢板制成，用于压紧钢丝束，使其紧贴管片外壁。压紧板采用弧形结构，通过专用设备制成特定的曲线形状。不受

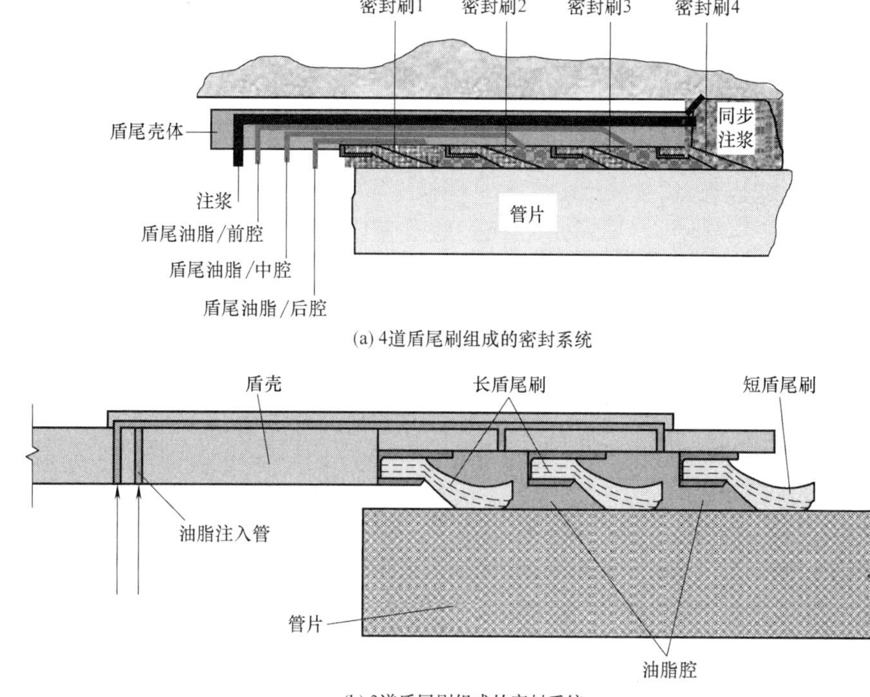

图 8.4　常见的盾尾密封形式示意图

力状态下，钢丝束呈 120°弧角；正常受力状态下，依靠压紧板和钢丝束的弹性，可确保压紧板和钢丝束与管片外弧面紧密接触。保护板、压紧板、钢丝束通过销钉固定在盾尾的基座板上（图 8.6）。

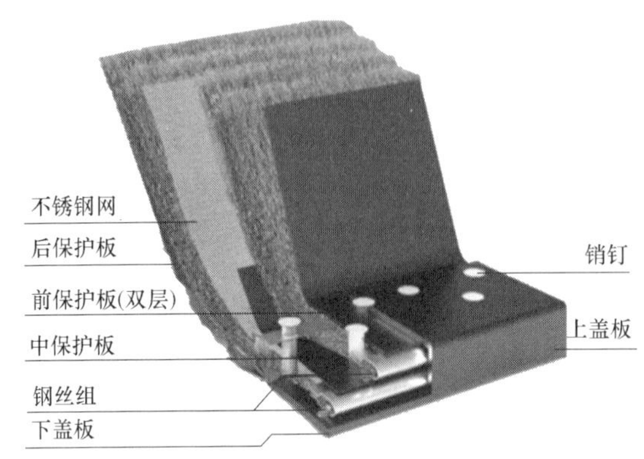

图 8.5　常见盾尾刷结构图

图 8.6　焊接后的盾尾刷照片

武汉地铁 8 号线、南京长江隧道和南京地铁 10 号线等高水压长距离越江隧道的盾尾密封系统均由 3～4 道盾尾刷和 1 道钢板束组成（表 8.2）。土耳其伊斯坦布尔海峡隧道工程的最大水压为 1.3MPa，盾尾密封系统采用 4 道盾尾刷＋1 道钢板束的密封形式。参考已建高水压长距离越江隧道工程的盾尾密封经验，苏通 GIL 综合管廊工程盾尾密封系统选择 4 道盾尾刷＋1 道钢板束＋1 道止浆板（图 8.7）。前 3 道盾尾刷采用螺栓固定，在磨损破坏严重的情况下可进行更换。为了适应水下长距离连续掘进需求，每道盾尾刷采用 2 层弹簧钢板，每层弹簧钢板厚度增大为原设计的 1.5 倍，即：弹簧钢板总厚度增大为原设计的 3 倍（图 8.8）。此外，在盾尾密封系统后端增加应急冷冻管（图 8.7），可在更换盾尾刷时进行土体冻结。

盾尾密封形式比较分析　　**表 8.2**

	武汉地铁 8 号线	南京长江隧道	南京地铁 10 号线	土耳其伊斯坦布尔海峡隧道工程
水土压力	0.67MPa	0.75MPa	0.65MPa	1.3MPa
密封形式	4 道盾尾刷＋ 1 道钢板束	3 道盾尾刷＋ 1 道钢板束	4 道盾尾刷＋ 1 道钢板束	4 道盾尾刷＋ 1 道钢板束

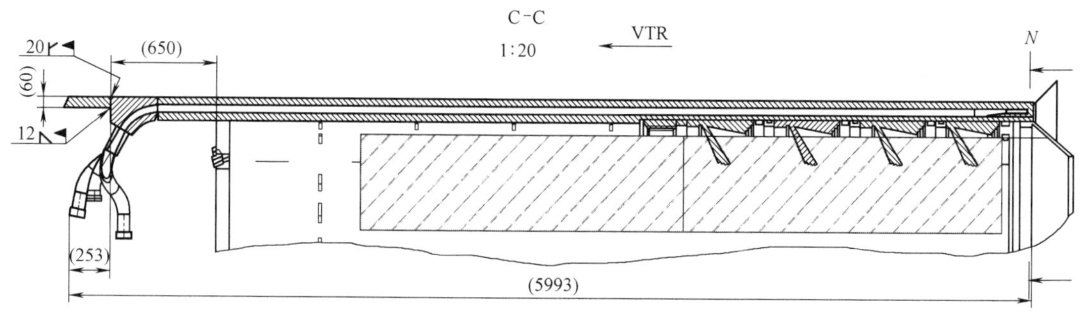

图 8.7　盾构机盾尾密封结构示意图

为检验盾尾密封系统的密封性能，根据苏通 GIL 综合管廊工程实测数据，分析了压差为 0.3MPa 时盾尾密封油脂的泄露情况，用以检验盾尾密封系统的密封性能。结果显示，盾尾油脂的泄露量在 80kg 左右波动（图 8.9）。在隧道贯通后，检查盾尾刷无大面积变形及损坏，证实了 4 道盾尾密封刷＋1 道钢丝束的盾尾密封设计可以满足超高水压长距离盾构掘进密封需求。

图 8.8　盾尾刷弹簧钢板照片：优化前（左）和优化后（右）

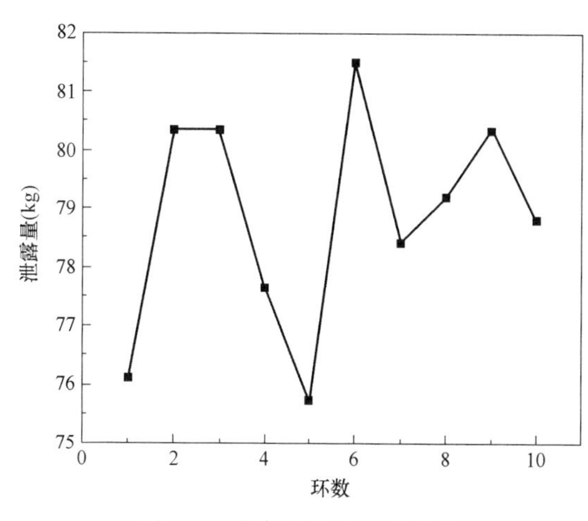

图 8.9　相邻油脂仓压力差为 0.3MPa 时的油脂泄露量

8.2.2　盾尾刷失效原因

已有的工程经验表明盾尾密封系统的密封性能受到多方面因素的影响。盾尾刷在盾构施工过程中容易发生失效破坏，常见的盾尾刷失效原因如下：

1. 盾尾刷手抹油脂涂抹质量差

如果手抹油脂不均匀或者油脂填充不足，难以形成有效的润滑层保护盾尾刷。

2. 同步注浆量及注浆压力过大

过大的注浆量和注浆压力极易导致同步注浆浆液窜入油脂仓中结成硬块，甚至导致盾尾刷被击穿。浆液结成硬块会增大摩擦，从而增加盾尾刷日常磨损，同时硬块会挤走一定量的油脂，致使油脂量减少，油脂压力降低。

3. 盾构机后退

当盾构停机时，在泥水压力作用下，盾体容易发生后退。盾体后退过程中，盾尾刷与管片反向摩擦，盾尾刷钢丝束会发生反卷，使盾尾密封失效。

4. 盾构掘进距离过长

盾构掘进一段距离后，盾尾刷由于与管片摩擦会发生正常损耗，当损耗达到一定程度时，盾尾刷将因无法抵挡外界压力而失效。

5. 盾尾油脂注入量不足

当盾尾油脂注入量小于其消耗量时，油脂仓内的压力将会下降，当油脂压力过小时，在内外压力差的作用下，浆液可能会击穿盾尾刷。

6. 管片拼接变形、错台或破损

管片拼接变形、错台均会造成盾尾与管片间隙大小不一。在盾尾间隙过大一侧，盾尾刷密封性能下降，浆液极有可能冲破盾尾刷薄弱环节形成渗漏通道。同时，在盾尾间隙过小的一侧，盾尾刷长期受偏心管片挤压，会产生塑性变形，导致密封性能显著下降。

在管片拼装或盾构推进时管片可能产生破裂，管片破裂产生的碎片会随着盾构推进而进入盾尾密封区损坏盾尾刷。

7. 盾构姿态不良

受地层软硬不均、盾构与地层摩擦阻力不均、隧道曲线和坡度频繁变化、盾构施工过程操作不当等因素的影响，盾构轴线与管片轴线不一致时，容易导致盾尾因间隙大小不均而引起漏浆。

8. 泥浆管路堵塞

盾构渣土在输送过程中容易造成管路堵塞，使开挖仓泥水压力瞬间增加，当压力大于盾尾刷能够承受的最大压力时，将会造成盾尾刷被击穿。

8.2.3 盾尾刷保护措施

1. 始发阶段保护措施

(1) 涂抹手抹油脂

盾尾油脂有一定黏稠度，自然状态下无法自行渗入钢丝束。因此，首环管片拼接前需要对盾尾刷手抹油脂（图 8.10)，使钢丝束之间、盾尾刷与管片之间形成一层油脂润滑层，用于减少二者之间的摩擦系数。

(2) 掘进前注入油脂

拼接第一环管片后需向油脂仓内注入油脂，保证油脂仓内完全充满油脂后再进行盾构掘进。尤其是在盾尾进入土体时，必须保证油脂仓内充满油脂并具有一定压力，避免土体中的有害物质进入油脂仓。

2. 同步注浆参数控制

同步注浆是盾构掘进过程的一道重要工序。在盾构向前推进、洞壁与管片间隙形成的同时，通过注浆系统注入浆液及时进行填充（图 8.11)，可使周围土体及时获得支撑。苏通 GIL 综合管廊工程采用人工操纵与自动控制模式结合的单液注浆系统，通过调整注浆量和注浆压力控制同步注浆效果。

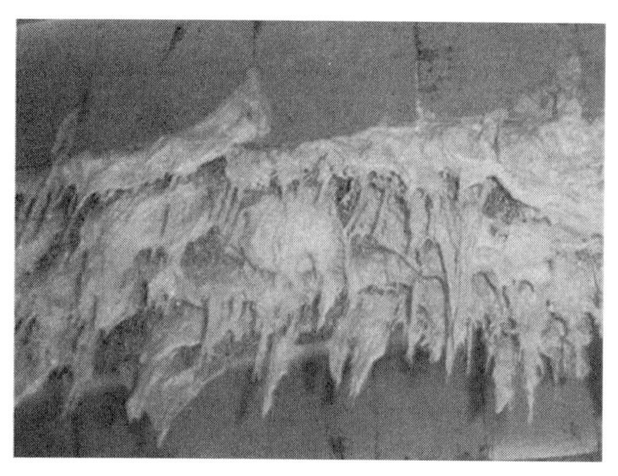

图 8.10　始发前手抹盾尾油脂

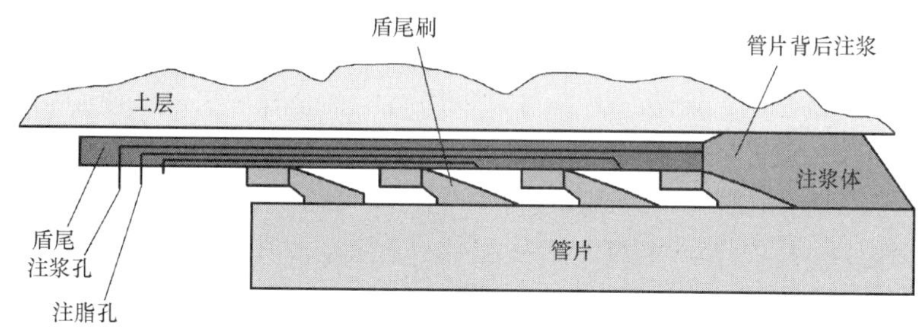

图 8.11　管片壁后间隙注浆示意图

(1) 同步注浆量

盾构掘进过程中往往存在少量超挖，部分浆液会沿间隙渗入周围地层中，同步注浆量应取洞壁和管片理论间隙量的 130%～150%（即：22.706～43.665m^3/环)。对于盾构进出洞、穿越松散地层等特殊工况，应适当加大同步注浆量，保证管片壁后的浆液填充饱满。

(2) 同步注浆压力

同步注浆压入口位置的浆液压力宜略高于水土压力。若注浆压力过大极易劈裂土体，或致使浆液涌入盾尾油脂仓，甚至击穿盾尾刷。若注浆压力过小，浆液无法抵挡外界水土压力，将会聚集在注浆口无法进入管片壁后间隙。根据理论计算和掘进试验分析结果，注浆压力取注浆点处水土压力的 1.2 倍。

3. 注脂参数控制

盾尾密封油脂分布在油脂仓及钢丝束之间，可以有效抵抗外界水土压力。油脂仓位于相邻两道盾尾刷之间，或最后一道盾尾刷和钢板束之间。苏通 GIL 综合管廊工程泥水盾构中，盾尾由 4 道盾尾刷和 1 道钢板束围成 4 道油脂仓。

(1) 注脂量

盾尾油脂初始注入量控制在管片壁后理论间隙量的 200%，以确保盾尾油脂达到饱满状态。由于与管片之间不断摩擦和外挤渗漏，盾尾油脂会持续不断消耗，盾构掘进过程中需不断补注油脂，以确保仓内油脂始终处于饱满状态。

(2) 注脂压力

第四道油脂仓设定压力比同步注浆压力高 0.3MPa，第三道油脂仓设定压力比第四道油脂仓低 0.1MPa，第二道油脂仓设定压力比第三道油脂仓低 0.1MPa，第一道油脂仓设定压力比第二道油脂仓低 0.1MPa。

4. 清洗油脂仓

理论上，上述保护措施可以有效阻挡外来异物进入油脂仓。但在盾构掘进过程中，外来异物仍有可能进入油脂仓造成盾尾刷损伤。当外来异物进入油脂仓时，需要及时清洗油脂仓去除异物，保证盾尾密封性能良好。

(1) 仓内异物检验

盾构施工过程中，若盾尾处有浆液窜出，或泵打油脂击打频率发生变化，或千斤顶行程差过大，外来异物可能已经进入油脂仓内。此时，可临时增设一环具有注浆孔的管片，通过控制千斤顶行程使该环管片上的预留注浆孔对准需要检验的油脂仓。打开其中一个注浆孔，查看流出油脂质量，确认是否存在外来异物。

(2) 盾尾全仓处理法

当确认有外来异物进入油脂仓时，可以采用盾尾全仓处理法清洗油脂仓。在确定需要清洗的油脂仓环后，通过控制千斤顶行程使得管片的预留注浆孔对准该环油脂仓。打开两个相邻的预留注浆孔并在其中一个孔口连接注脂管，其他注浆孔保持关闭状态。对该段油脂仓进行强压注脂，将夹杂异物的油脂从相邻开孔排出，直至相邻开孔流出新鲜油脂为止。循环以上操作，清洗其余各段油脂仓，直至将整环油脂仓清洗完毕。

5. 其他保护措施

(1) 严格监控停机时盾体位置

盾构停机时盾体极易后退，造成盾尾刷钢丝束反卷，导致盾尾密封失效。因此，停机时需严格监测盾体位置，以防盾构出现过大后退位移。一旦发现盾体出现后退趋势，应及时调整千斤顶推力。

(2) 控制管片质量及拼装精度

管片拼装是用环、纵向螺栓将混凝土管片组装成为整体衬砌结构的工序，通过管片拼装机（图 8.12）、盾构司机和拼装工配合完成。管片质量及拼装精度直接影响盾尾密封性能，管片拼装出现严重变形或者错台等不良工况时极易导致盾尾与管片之间的局部间隙过大，造成盾尾密封失效。施工过程中应严格控制管片安装质量和拼装精度。

图 8.12　管片拼装机

(3) 实时监控盾构掘进姿态

盾构推进方向偏离设计轴线或纠偏等均会导致拼接后管片轴线与盾构机推进方向不一致，引起盾尾刷与管片之间的间隙不均，影响盾尾密封效果。因此，苏通 GIL 综合管廊工程采用德国 VMT GmbH 公司开发的 SLS-TAPD 自动测量系统实时监测盾构掘进姿态，并据此实时调整盾构推进方向，使盾构姿态偏差始终保持在允许范围内。

苏通 GIL 综合管廊工程泥水盾构通过采用 4 道钢丝刷＋1 道钢板束的盾尾密封形式，加厚盾尾刷弹簧钢板至原厚度的 1.5 倍，严格执行盾尾刷保护措施，全程 5468.5m 的掘进过程中未出现盾尾刷失效等异常工况，极大地降低了高水压长距离盾构掘进风险，显著地提高了特高压电力越江隧道施工效率。

8.2.4　盾尾刷更换备用方案

盾构在长距离掘进过程中，盾尾刷会不可避免地发生磨损，甚至由于特殊原因发生损坏。为了避免由于盾尾刷损坏导致的安全事故，苏通 GIL 综合管廊工程制定了盾尾刷安全更换备用方案，保证在盾尾刷损坏时，能够安全高效地更换前两道盾尾刷。

盾尾刷更换需拆卸下最后一环管片，暴露出前两道盾尾刷，为盾尾刷更换提供工作面。然而，当这两道盾尾刷暴露出来时，盾尾处实际密封仅剩余另外两道盾尾刷、一道钢板束及之间的油脂仓，密封性能大幅度下降，如果不采取措施增强盾尾的止水能力，将会导致涌水涌砂等安全事故。

因此，在盾尾刷更换期间，重难点在于如何解决高水压强渗透地层条件下的盾尾密封止水问题。苏通 GIL 综合管廊工程拟采用注浆止水法加强盾尾密封，确保盾尾刷更换期间的止水效果。

1. 盾尾刷更换时机

由于盾尾刷更换一般需要较长时间停机，因此要求停机位置工程地质条件相对良好，地层稳定性强，尽量避免软弱复杂地层。既要在失效前更换盾尾刷，但又不可过于频繁地更换盾尾刷，以防影响隧道施工进度和安全。在盾构施工过程中，可根据盾尾渗水漏浆情况判断是否需要更换盾尾刷。当盾尾处发生少量的渗水漏浆时，可采取相应措施进行封堵，如：在每块管片的纵向及环向粘贴海绵条、加大密封油脂注入量等，并监测封堵后盾尾的渗水漏浆情况。当采取简单封堵措施无法有效解决盾尾渗水漏浆时，需要在盾构到达最近距离的稳定地层后及时更换盾尾刷。

2. 注浆止水方案

(1) 注浆前准备工作

为了确保盾尾的密封效果，在停机前十环掘进过程中，需要将最后一道油脂仓中的普通油脂更换成黏结性、止水性、泵送性、抗水泥侵入性等性能更好的紧急密封油脂；在管片横缝处粘贴海绵条减少可能出现的渗漏。此外，还需设置一环特殊管片便于盾尾刷更换期间的二次注浆。并且通过盾尾内预埋的冷冻通道，用液氮进行冷冻，确保将盾壳外部泥浆及土体冷冻，形成止水环。

盾构正常掘进时，管片主要采用错缝拼装。但盾尾刷更换处最后一环管片安装应采用便于拆除的通缝拼装。同时，为避免长时间停机造成掌子面坍塌诱发较大的地表沉降，必须严格控制停机时泥水压力略大于水土压力（约 0.02～0.04MPa），且使用高浓度泥浆在掌子面形成致密泥膜。

(2) 止水期间注浆类型

在盾尾刷更换期间，同步注浆量应为日常注浆量的 1.5 倍；浆液配合比应适当提高水泥用量。同步注浆过程中，局部位置可能存在注浆不均匀、浆液凝固收缩和稀释流失等现象。为提高注浆层的防水性及密实度，需要进行二次补强注浆。二次补强注浆的注浆量、注浆压力等参数需要根据地层水土压力及同步注浆材料强度确定。二次注浆一般选取前期强度高，填充裂隙效果好的水泥-水玻璃双液浆，可根据浆液材料的配比调控初凝时间。

此外，还需要向盾体和特殊管片（图 8.13）壁后注入具有优良亲水性能的聚氨酯。聚氨酯遇水后可自行分散、乳化并发泡，形成不透水的弹性凝胶体，能有效防止盾尾环被浆液抱死和阻止泥浆等杂物涌入盾尾。

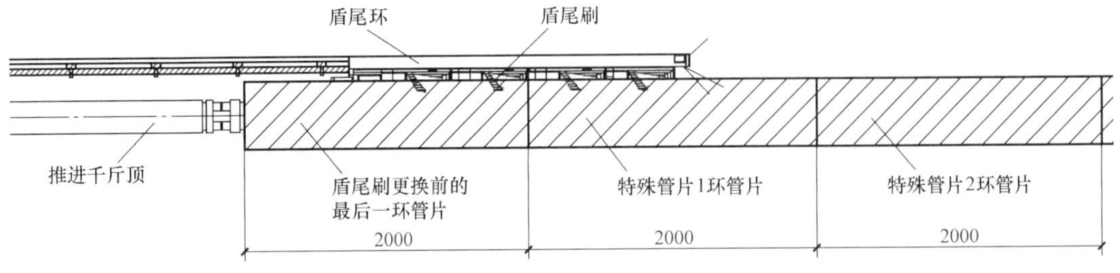

图 8.13　盾尾处管片位置示意图

3. 盾尾刷更换顺序

在盾尾刷更换期间，泥水仓必须保持泥水压力以维持掌子面稳定，盾尾处必须有千斤顶提供推力以防止盾体后退。但是，若要拆除最后一环管片，必须先收回千斤顶油缸才能卸下管片。因此，不能收回所有千斤顶的油缸一次性卸下最后一环所有管片，只能分段卸下管片，分段更换盾尾刷（图 8.14）。

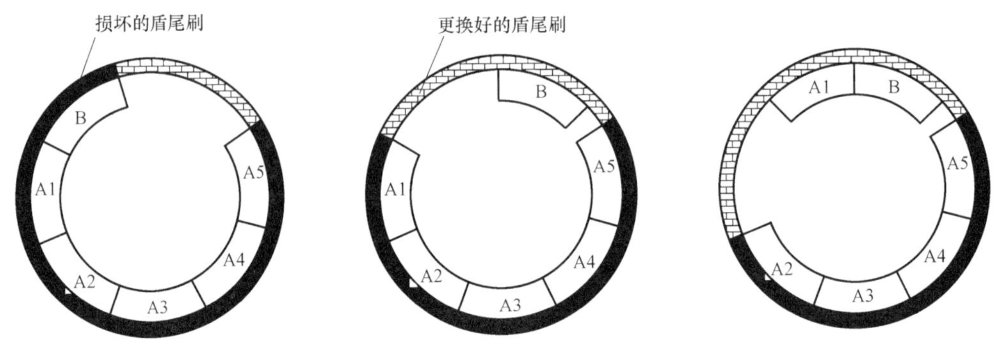

①先拆除K、C块管片，然后更换该位置盾尾刷；②重装B块管片至原K、C处，更换原B块处盾尾刷；③重装A1块管片至原B处，更换原A1处盾尾刷

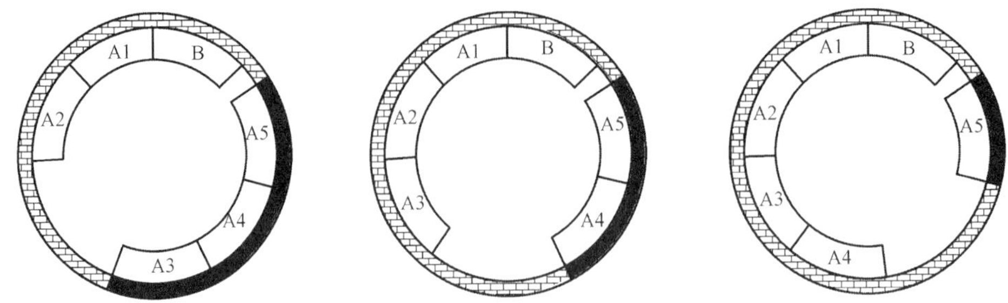

④重装A2块管片至原A1处，更换原A2处盾尾刷；⑤重装A3块管片至原A2处，更换原A3处盾尾刷；⑥重装A4块管片至原A3处，更换原A4处盾尾刷

图 8.14　盾尾刷更换顺序示意图（一）

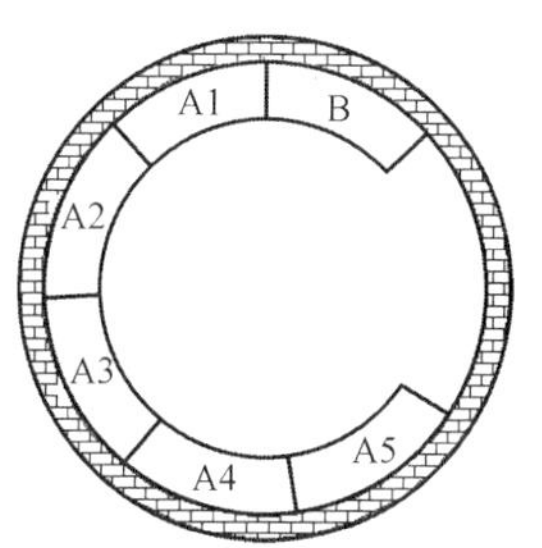

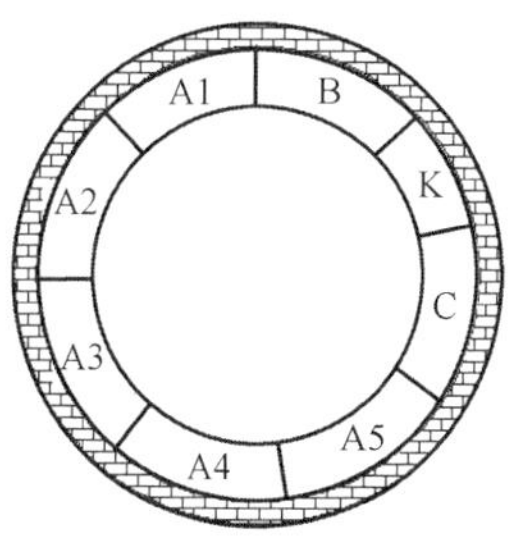

⑦重装A5块管片至原A4处，更换原A5处盾尾刷；⑧安装K、C块管片

图 8.14 盾尾刷更换顺序示意图（二）

在所有的管片都安装完成且管片螺栓上紧后，向盾尾油脂仓压注油脂，注入的油脂量要填满油脂仓。压注油脂完成后，盾构才能恢复掘进。

在苏通 GIL 综合管廊施工过程中，由于增强了盾尾刷密封设计并加强了保护措施，盾构掘进过程中没有出现盾尾刷失效的情况。上述盾尾刷更换方案可作为施工过程中的应急备用方案以确保施工安全。

8.3 管片接缝防水密封技术

在高水压地层中，盾构隧道一旦出现局部渗漏，将引起隧道衬砌结构性能劣化。在长期渗漏情况下，隧道安全性能难以保证。隧道渗漏水位置主要是管片接缝、注浆孔以及管片裂缝等。其中，管片接缝防水是重点和难点[2-4]。目前，管片接缝处主要采用非膨胀性合成橡胶和水膨胀橡胶密封材料。高水压大直径盾构隧道多采用双道管片接缝防水形式，如：德国易北河第 4 座道路隧道[5]、上海青草沙过江隧道等[6-8]。苏通 GIL 综合管廊工程为穿越长江深槽段的电力隧道，密封结构不仅需要长期抵御高达 0.8MPa 的水压，而且还需考虑因温度引起的密封材料老化问题。

8.3.1 国内相似工程经验

目前国内穿越长江的盾构隧道有武汉长江隧道[9]、南京长江隧道[10] 和上海长江隧道[11-12] 等。在最高设计水位下，武汉长江隧道底部承受最大水压为 0.57MPa，隧道所处地层为砂性土，水平渗透系数为 5×10^{-3}cm/s，垂直渗透系数 5×10^{-4}cm/s。在最高设计水位下，南京长江隧道底部承受最大水压为 0.65MPa，隧道所处地层为粉细砂，渗透系数高达 10^{-2}cm/s[13]。在最高设计水位下，上海长江隧道底部承受最大水压为 0.55MPa，隧道所处地层为灰色粉质黏土，水平渗透系数 1.55×10^{-4}cm/s，垂直渗透系数 8.55×10^{-5}cm/s。

上述穿越长江的隧道均采用双道弹性密封垫防水方案（图 8.15），且主防水线均采用非膨胀性合成橡胶和遇水膨胀橡胶复合材料制成的弹性密封垫，辅助防水线均采用遇水膨胀橡胶弹性密封垫。隧道管片接头允许的最大张开量、错位量以及接缝防水密封垫设计参数如表 8.3 和表 8.4 所示。密封垫接触面宽度均为最大错位量的 3 倍左右；密封垫高度考虑应力松弛和老化的影响，并保证在最大张开量条件下满足设计防水所需要的接触面压力。

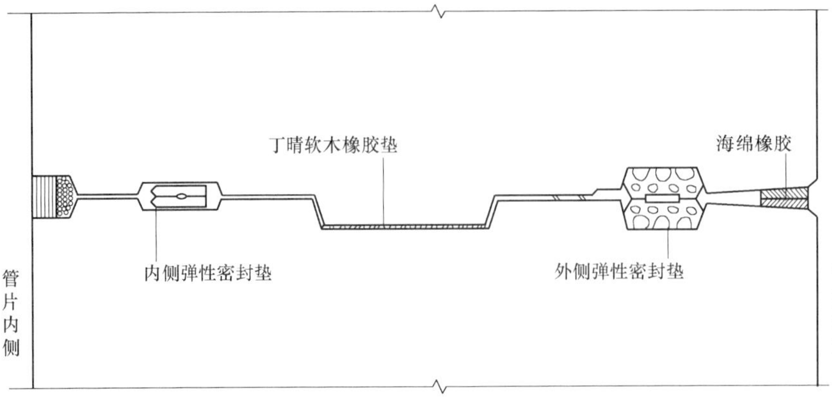

丁晴软木橡胶垫
海绵橡胶
管片内侧
内侧弹性密封垫
外侧弹性密封垫
管片外侧

(a) 武汉长江隧道

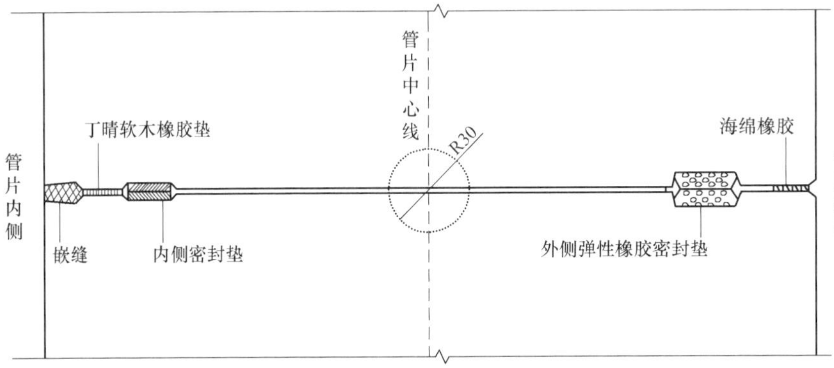

管片中心线
丁晴软木橡胶垫
R30
海绵橡胶
管片内侧
管片外侧
嵌缝
内侧密封垫
外侧弹性橡胶密封垫

(b) 南京长江隧道

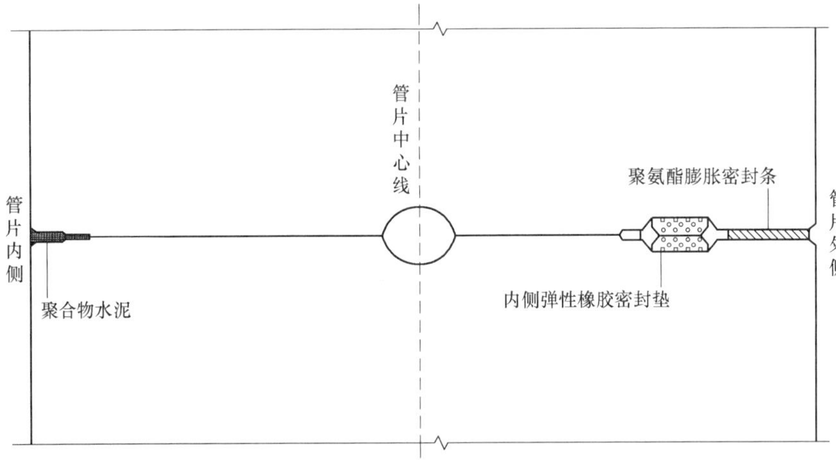

管片中心线
聚氨酯膨胀密封条
管片内侧
管片外侧
聚合物水泥
内侧弹性橡胶密封垫

(c) 上海长江隧道

图 8.15 管片接缝防水设计方案示意图

隧道管片接头防水设计参数 **表 8.3**

工程名称	隧道外径	隧道坡度	管片厚度(mm)	接缝张开量(mm)	接缝错位量(mm)
武汉长江隧道	11m	上坡 4.34% 下坡 4.31%	500	6/9	15
南京长江隧道	14.5m	上坡 4.5%	600	8	15
上海长江隧道	15m	2.9%	650	10	10

接缝防水密封垫设计参数 表 8.4

工程名称	接缝防水设置	密封垫尺寸		遇水膨胀橡胶	
		宽度(mm)	高度(mm)	宽度(mm)	高度(mm)
武汉长江隧道	外侧为三元乙丙橡胶与遇水膨胀橡胶复合材料制成的弹性密封垫,内侧为遇水膨胀橡胶弹性密封垫	45	24	45	7.5
南京长江隧道	外侧为三元乙丙橡胶与遇水膨胀橡胶复合材料制成的弹性密封垫,内侧为遇水膨胀橡胶弹性密封垫	44	22	22	8.8
上海长江隧道	外侧为聚醚型聚氨酯遇水膨胀弹性密封垫,内侧为三元乙丙橡胶弹性密封垫	44.5	21.5	40	3

8.3.2 管片接缝防水方案

1. 密封垫布置形式

苏通 GIL 综合管廊重要等级较高，地层渗透性强，水平渗透系数最高为 7.47×10^{-4}cm/s，垂直渗透系数最高为 5.55×10^{-4}cm/s（渗透系数最高达 1.08×10^{-2}cm/s），最高防水要求高达 0.8MPa，高于上述三条越江隧道。因此，本工程管片接缝采用两道密封垫防水（图 8.16），近衬砌外弧面一侧为外道，近衬砌内弧面一侧为内道。外道密封垫采用三元乙丙橡胶弹性密封垫和遇水膨胀密封垫，内道采用三元乙丙橡胶弹性密封垫，材料参数如表 8.5 和表 8.6 所示。

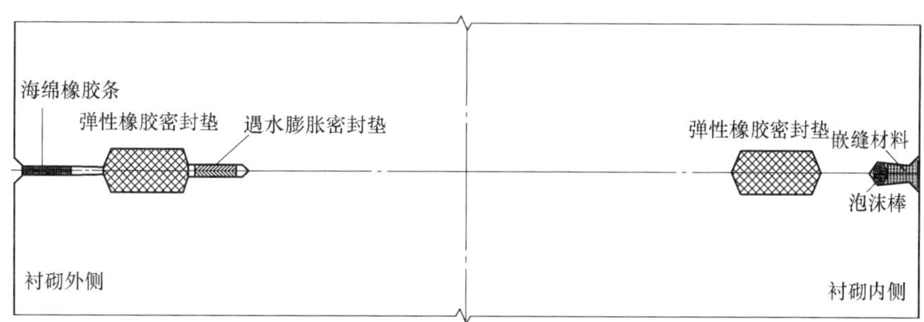

图 8.16 苏通 GIL 综合管廊管片接缝防水布置方案[14]

三元乙丙橡胶性能指标 表 8.5

项目		单位	初选指标	测试方法
邵尔硬度 A		度	67/70	按 GB/T 531.1—2008 测试
拉伸强度		MPa	≥10.5	按 GB/T 528—2009 测试
扯断伸长率		%	≥350	按 GB/T 528—2009 测试
压缩永久变形(70℃×22h)		%	≤25	按 GB/T 7759.1—2015 测试
热空气老化(70℃×96h)	邵尔硬度变化	度	≤+8	按 GB/T 531.1—2008 测试
	拉伸强度变化率	%	≥−15	按 GB/T 528—2009 测试
	扯断伸长变化率	%	≥−30	按 GB/T 528—2009 测试
防霉等级		级	优于 2 级	参照 GB 2423.16—2008

变形缝加贴遇水膨胀橡胶材料性能指标　　表 8.6

项目	单位	初选指标	测试方法
邵尔硬度 A	度	43	按 GB/T 531.1—2008 测试
拉伸强度	MPa	≥4.0	按 GB/T 528—2009 测试
扯断伸长率	%	≥400	按 GB/T 528—2009 测试
静水膨胀率(20℃×2h)	%	≥300	按 GB/T 18173.3—2014 测试
质量变化率(静水:70℃×72h 后 60℃干燥)	%	≤2	按 GB/T 1690—2010 测试

备注：静水膨胀率%＝膨胀前体积/膨胀后体积×100%

2. 密封垫性能参数

(1) 防水性能

由于特高压输电线路运营期间发热量较大且未单独设置通风井，苏通 GIL 综合管廊内部将长期处于温度较高的状态（《电力工程电缆设计规范》GB 50217—2018 规定电力管廊中的温度应不大于 40℃）。因此，在密封垫防水设计中需考虑内部环境温度对密封材料性质的影响。防水性能指标计算公式为：

防水性能指标＝(理论水压值×安全系数)/压缩应力保持率

式中，理论水压值为 0.80MPa；压缩应力保持率与环境温度有关，内外道密封垫有所不同。

综合管廊隧道设计使用年限为 100 年。外道密封垫环境温度按 20℃计算，根据橡胶老化性能预测公式[12]，三元乙丙橡胶 100 年以后的压缩应力保持率为 65%；而内道密封垫环境温度大于外道，按 30℃进行橡胶老化性能预测，三元乙丙橡胶 100 年以后的压缩应力保持率为 50%。

安全系数一般取 1.2～1.4[11-12,15-16]，苏通 GIL 综合管廊工程属于高水压隧道，考虑到外道密封垫是第 1 道防水防线，其安全系数可按 1.2 计算，而内道为第 2 道防水防线，密封垫的安全系数可按 1.3 计算。

因此，内道密封垫防水性能指标为 1.92MPa，外道为 1.60MPa。此外，还需综合考虑接缝防水能力对接缝误差的适应性，即：接缝在指定张开量和错缝量的情况下也能达到设定防水值。主要应考虑防水产品的容错能力，考虑因素如下：

① 管片尺寸公差为±1mm，直接影响接缝张开量和错缝量。

② 管片形位公差为±2mm，直接影响接缝张开量和错缝量。

③ 机械能力。环向精度直接影响管片错缝量±5mm，纵向扭力直接影响接缝张开量±2mm。

④ 人为因素、环境因素直接影响管片错缝量±2mm。

⑤ 密封垫配合面尺寸公差为±1mm，直接影响密封垫的对接错缝量。

因此，管片拼装偏差累计值最大张开量为 8mm，最大错缝量为 15mm。因此，在接缝张开量为 8mm、错缝量为 15mm 的极限情况下，接缝密封设计必须能够满足防水要求。

(2) 装配性能

采用双道密封垫接缝防水形式，虽然能减小接缝渗漏水概率，但会增加接缝密封垫闭合压缩力。苏通 GIL 综合管廊工程盾构的设计最大装配力为 130kN/m，接缝密封垫闭合压缩力需小于该数值。

8.3.3　密封垫设计

按照国内外工程经验，密封垫接触面的宽度应为最大错位量的 3 倍左右；密封垫的高度需考虑应力松弛和老化的影响，并保证在最大张开量时，满足设计防水所需要的接触面压力。密封垫的断面开孔率、开槽数量、开孔形状、材料硬度以及张开量等因素均会影响密封垫的装配和防水性能[17]。为了保证高水压下的长期密封性能，苏通 GIL 综合管廊工程对密封垫断面形式进行了优化。基于目前国内高水压盾构隧道工程的密封垫断面形式[3]，通过优化得出内外道密封垫断面如图 8.17 所示。密封垫断面高度 24mm，采用圆形、半拱形和三角形三种闭合孔洞形式，开孔与开槽对齐，并且内道密封垫沟槽宽度为 40mm，小于外道密封垫，可有效降低密封垫压缩力。

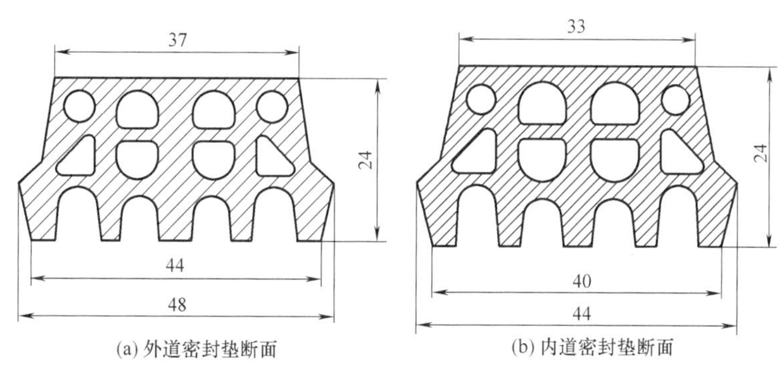

(a) 外道密封垫断面　(b) 内道密封垫断面

图 8.17　密封垫断面形式

8.3.4　密封垫性能测试

为了测试密封垫的装配和防水性能，分别展开了密封垫装配压缩性能试验和管片接缝防水性能试验。

1. 密封垫装配压缩性能测试

为满足施工装配要求，接缝密封垫不仅需要具备良好的耐水压性能，而且应该可以在盾构最大装配力作用下压缩闭合。考虑到橡胶材料硬度对密封垫压缩性能影响较大，对硬度为 60 和 67[18] 的内外道密封垫进行压缩试验。

（1）测试装置

根据《高分子防水材料 第 4 部分：盾构法隧道管片用橡胶密封垫》GB 18173.4—2010[18] 的相关规定，制作压缩应力试验装置如图 8.18 所示。试件长度为 200mm；试验时导向套与沟槽上模板之间采取润滑措施。

（2）测试方法

试验过程严格按《高分子防水材料第 4 部分：盾构法隧道管片用橡胶密封垫》GB 18173.4—2010 要求[18]，采用位移控制，加载范围为 0～22mm，每压缩 1mm 记录 1 次竖向压缩力数据。1 次试验结束后卸载，观察密封垫的回弹情况，将同一组密封垫进行 2 次重复压缩试验，观察密封垫的 2 次压缩性能和反复承受荷载的能力。密封垫试件在压缩过程中的变化如图 8.19 所示。

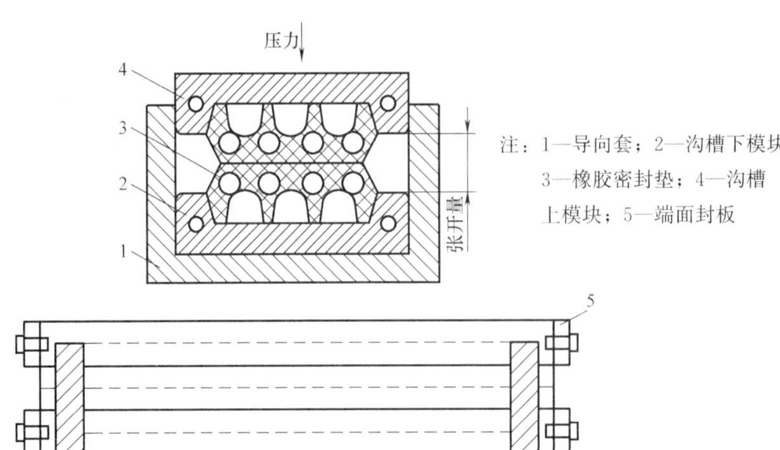

图 8.18　压缩应力试验装置示意图

(a)

(b)

(c)

图 8.19　弹性密封垫压缩试验过程[3]

(3) 测试结果

测试结果显示，相同压缩量下，硬度为 60 的密封垫压缩力均小于硬度为 67 的密封垫压缩力（表 8.7）。且由于内道密封垫宽度较小，其闭合压缩力小于外道密封垫闭合压缩力。就密封垫压缩性能而言，在的盾构装配力为 130kN/m 条件下，可同时将内道和外道

密封垫的接缝张开量压缩至 2mm 以内。考虑管片接缝间实际还存在一定厚度的传力衬垫，此时该接缝已接近于闭合状态。此外，也可通过紧固螺栓等方式将接缝张开量压缩至满足要求。

密封垫压缩性能测试结果　　表 8.7

工况	密封垫位置	硬度	错缝量(mm)	张开量(mm)	张开量为 2mm 时的压缩力(kN/mm)
1	外道	67	0	0～22	65
2	外道	60	0	0～22	55
3	内道	67	0	0～22	60
4	内道	60	0	0～22	43

2. 管片接缝防水性能模拟试验

(1) 测试工况

采用同济大学研制的隧道管片接缝防水性能试验系统（图 8.20），对密封垫进行防水性能试验，在考虑硬度分别为 60 和 67 的基础上，确定不同设计断面密封垫的实际防水能力。

(2) 测试方法

弹性密封垫防水试验的流程主要包括（图 8.21）：①分别在上下半块试件表面涂抹防水胶和粘贴弹性密封垫，并放入加载框架内；②通过位移加载控制接缝到指定张开量、错缝量；③加载水压，直至密封垫防水失效，记录弹性密封垫的压缩量和最大防水压力；④彻底卸载，待密封垫恢复到最初状态后，重新加载到下一个工况指定的接缝变形量并进行防水性能试验[3]。

图 8.20　高水压盾构隧道管片接缝防水性能试验系统[3]

(3) 测试结果

在错缝量分别为 0 和 15mm 时，对双道密封垫进行“一”字缝防水性能试验，并记

(a) 在试件上涂抹防水胶

(b) 粘贴密封垫

图 8.21　管片接缝防水性能试验流程[3]（一）

(c) 拼装好的试件

(d) 施加水压

(e) 接缝处出现水滴

(f) 试验结束

图 8.21 管片接缝防水性能试验流程[3]（二）

录失效现象和防水能力。根据试验记录可知，接缝密封垫防水失效主要表现为角部漏水(图 8.22)，这主要是由于试验中密封垫采用实芯转角焊接工艺（图 8.23)。密封垫断面在

图 8.22 密封垫角部漏水[3]

图 8.23　实芯转角密封垫

实芯转角处发生突变，导致密封垫角部局部应力集中，压缩量不均，T 形缝处密封垫存在空隙等，这些都会导致密封垫角部防水性能下降[19]。密封垫角部可采用将直条状胶件 45°斜接工艺，保证角部密封垫孔、槽间完全或部分相通，使角部橡胶不至于鼓起形成“肉瘤”。为了进一步削弱密封垫的角部气囊效应，可以考虑采用从密封垫角点外部钻孔打通方式，既可以减小角部应力集中，也便于密封垫的安装固定[20]。

试验结果表明，密封垫的防水能力受密封垫形式、硬度和错缝量的影响（表 8.8）。在相同错缝量和材料硬度条件下，内道密封垫防水能力均高于外道密封垫防水能力，这主要是由于不同断面形式的接触应力分布不同。在相同断面形式和材料硬度条件下，接缝错缝量越大，密封垫防水性能越低。这是因为错缝导致密封垫有效接触面积和宽度减少，不利于接触应力均匀分布，从而使防水性能降低。在相同错缝量和断面形式条件下，密封垫硬度越高，防水性能越好。这是因为硬度越高，压缩力越大，接触应力越高，越利于接缝防水。

密封垫防水性能试验结果[3]　　**表 8.8**

工况	密封垫位置	硬度	错缝量(mm)	张开量(mm)	防水能力(MPa)
1	外道	67	0	8	2.30
2	外道	67	15	8	1.80
3	外道	60	0	8	1.75
4	外道	60	15	8	1.35
5	内道	67	0	8	2.40
6	内道	67	15	8	1.94
7	内道	60	0	8	2.30
8	内道	60	15	8	1.50

综合密封垫压缩和防水性能试验结果可知：当密封垫硬度为 67 时，双道密封垫的闭合压缩力为 125kN/m，满足装配力为 130kN/m 的要求；在张开量为 8mm、错缝量为 15mm 时，外道密封垫防水能力为 1.80MPa，内道密封垫防水能力为 1.94MPa，可满足外道 1.60MPa、内道 1.92MPa 的防水性能指标要求。

8.4 盾构掘进施工风险防控

8.4.1 主轴承密封失效风险防控

1. 预防措施

（1）操作方面

加强现场作业人员的培训，确保其能熟练控制泥水仓压力、驱动箱油温、密封腔油脂注入量等关键参数，并加强主轴承齿轮油和 HBW 油脂的监管使用。

（2）正常磨损方面

做好密封系统的状态监测，定期监测评估油脂注入量、油液温度、油液泄漏、油液杂质等指标。

2. 应急措施

在盾构正常掘进过程中，若是出现齿轮油液位升高、油泵压力异常、油液含水量增加、石英含量增加、油脂泄漏量增大、密封部件变形、油脂注入量急增、驱动箱油温长时间偏高等主驱动密封失效征兆，应立即停机检测、维护和保养，以防出现更严重的密封失效问题。

8.4.2 盾尾密封失效风险防控

1. 预防措施

① 掌握盾构隧道周边的工程地质资料、水文地质资料和环境资料。

② 关注盾尾刷工作状态，若出现损坏应及时更换。

③ 严格控制盾构总推力，防止推力过大顶裂管片。

④ 严格控制盾构掘进速度与同步注浆相适应，防止管片出现错台。

2. 应急措施

盾尾渗漏是一个逐渐发展的过程，一旦出现渗水漏浆需要引起高度重视，并应立即采取应急措施：

① 立即补注大量堵漏用密封油脂，若作用效果不明显，立即改注聚氨酯。

② 对个别喷射且流量较大的漏浆点，采取填塞海绵、方木等技术措施。

③ 启动盾尾应急排水措施，开启泥浆旁通循环模式（图 3.14），作为备用排水通道。

④ 配置初凝时间较短的双液浆进行壁后注浆，在盾尾后 3～6 环进行压浆。在管片外侧垫放止水海绵，填堵管片和盾构之间的间隙，并在管片和盾壳之间填塞钢丝球。在条件允许情况下适当降低切口压力，待渗漏治理后恢复正常。

⑤ 当采取简单的封堵措施仍无法解决盾尾渗水漏浆问题时，需要在盾构机到达最近距离的稳定地层后及时更换盾尾刷。

⑥ 当大范围泄露无法封堵，管片出现明显变形时，及时撤离隧道内人员。

8.4.3 管片密封失效风险防控

1. 隧道渗漏水调查

施工完毕后全面检查隧道渗漏水情况，渗漏水的调查内容包括：漏水点的统计、漏水

与腐蚀现象的一般反映，漏水点位置及漏水情况的测绘、漏水严重地段漏水量的测定，隧道渗漏水展开图的绘制。调查完成后，编制详细的渗漏治理方案，并严格实施渗漏治理。

2. 渗漏水治理

① 对管片本身或环/纵缝的线漏、滴漏采用注浆堵水；

② 对管片湿裂缝或湿渍裂缝，用无机水性高渗透密封剂涂刷封闭处理；

③ 对环/纵缝湿渍现象，更换失效嵌缝材料，必要时需修整嵌缝槽后再嵌填。

8.5　本章小结

苏通 GIL 综合管廊穿越长江深槽段，在施工和运营期间面临高水压强渗透砂层盾构及管片密封失效问题。为了避免发生涌水涌砂事故，苏通 GIL 综合管廊工程从主轴承密封、盾尾密封方面增强了盾构机密封设计，并且通过加强施工过程中的保护措施取得了良好的密封效果。整个掘进过程中未发生轴承和盾尾密封失效情况。同时，为了保证苏通 GIL 综合管廊运营安全，管片接缝防水设计采用两道弹性密封垫，且对密封垫材料硬度、断面开孔率、开孔形状尺寸等参数进行了优化设计，保障了密封垫的防水性能。

参考文献

[1] 李润军，单仁亮，李润圣，等. 盾构机主驱动密封维修改造关键技术［J］. 西安科技大学学报，2014，34（5）：579-584.

[2] 房中玉. ϕ14.9m 超大直径泥水平衡盾构隧道施工与防水关键技术研究［D］. 长沙：中南大学，2013.

[3] 金跃郎，丁文其，肖明清，等. 苏通 GIL 综合管廊超高水压盾构隧道接缝防水性能试验研究［J］. 隧道建设（中英文），2020，40（4）：538-544.

[4] 王士民，谢宏明. 高水压盾构隧道管片接缝防水研究现状与展望［J］. 隧道与地下工程灾害防治，2020，2（2）：66-75.

[5] Autorenteam STUVAtec. STUVA recommendations for testing and application of sealing gaskets in segmental linings［J］. TUNNEL-GUTERSLOH，2005，8：8.

[6] 顾赟. 青草沙输水隧道防水密封设计［J］. 中国建筑防水. 2010（18）：32-36.

[7] 朱祖熹. 盾构隧道管片接缝密封垫防水技术的现状与今后的课题［J］. 隧道建设，2016，36（10）：1171-1176.

[8] 朱祖熹. 盾构隧道管片接缝防水技术的新认识［J］. 隧道与轨道交通，2017（S1）：10-16.

[9] 赵运臣，肖龙鸽，刘招伟，等. 武汉长江隧道管片接缝防水密封垫设计与试验研究［J］. 隧道建设，2008，28（5）：570-575.

[10] 朱祖熹，陆明，柳献. 隧道工程防水设计与施工［M］. 北京：中国建筑工业出版社，2012.

[11] 陆明，雷震宇，张勇，等. 上海长江隧道衬砌接缝和连接通道的防水试验研究［J］. 地下工程与隧道，2008，4：12-16.

[12] 杨林德，季倩倩，戴胜，等. 越江盾构隧道防水密封垫应力松弛试验研究［J］. 建筑材料学报. 2009（5）：539-543.

[13] 郭信君，闵凡路，钟小春，等. 南京长江隧道工程难点分析及关键技术总结［J］. 岩石力学与工程学报，2012，31（10）：2154-2160.

[14] 国网江苏省电力工程咨询组. 苏通 GIL 综合管廊工程实践 [M]. 北京：中国电力出版社，2020.

[15] 张勇，贾逸. 南京轨交 10 号线越江段盾构法隧道管片弹性密封垫设计研究 [C] //中国土木工程学会隧道及地下工程分会防水排水专业委员会第十六届学术交流会论文集，2013：39-45+111.

[16] 洪开荣，等. 盾构与掘进关键技术 [M]. 北京：人民交通出版社，2018.

[17] 叶美锡，丁文其，陈俊伟，等. 盾构隧道管片接缝三元乙丙橡胶密封垫力学性能影响因素敏感度分析 [J]. 隧道建设（中英文），2019，39 (S2)：200-206.

[18] 中华人民共和国国家市场监督管理总局，中国国家标准化管理委员会. 高分子防水材料 第 4 部分：盾构法隧道管片用橡胶密封垫：GB 18173.4—2010 [S]. 北京：中国标准出版社，2011.

[19] 黄星程，丁文其，姜弘，等. 盾构隧道管片接缝防水弹性密封垫 T 字缝试验研究 [C] //第三届全国地下、水下工程技术交流会论文集，2013：168-171.

[20] 朱祖熹. 盾构隧道管片接缝密封垫防水技术的现状与今后的课题 [J]. 隧道建设，2016，36 (10)：1171-1176.

第9章　长距离独头掘进隧道内部结构同步施工组织

随着隧道独头掘进距离越来越长，内部结构施工物料运输调度已经成为制约盾构掘进效率和项目建设工期的关键因素[1]。特别是对于特高压电力管廊，内部结构高度复杂，采用预制与现浇相结合的施工方法，具有多工作面交叉作业难度高、物料运输与盾构掘进相互干扰、内部结构施工劳动强度较大等特点。如何组织施工物料运输调度，使得内部结构施工同步于前方盾构掘进，是长距离独头掘进隧道亟待解决的关键技术难题之一。

隧道内部结构施工物料一般采用有轨运输和无轨运输两种方式[2]。较之于有轨运输，无轨运输没有固定轨道，车辆可在洞内自由行驶，具有安全高效、灵活度高、成本较低等优越性能[3]。当隧道内部运输距离较短时，施工组织和车辆调度相对简单。然而，随着运输距离逐渐增加，洞内会出现车辆滞留等不良工况。如果运输车辆调度不当，隧道洞内发生拥堵，物料难以及时运抵工作面，将会降低盾构施工效率，延误隧道项目工期[4]。目前，隧道洞内物料无轨运输大多根据工程经验进行设计，难以准确控制车辆数目和进场时机，容易发生车辆过剩或运力不足现象，对施工进度和项目成本产生不利影响。

国内外针对隧道内部结构施工物料运输问题进行相关设计分析，并提出了初步的解决方案和应对措施。例如：陈国光[5] 等针对上海复兴东路双层越江隧道同步施工工艺进行研究，通过比选确定了隧道底部和上层道路同步施工物料运输方案。王志华[6] 根据武汉三阳路公轨合建隧道断面结构形式，通过在车道板施工过程中利用中跨作为运输通道，对同步施工物料运输进行合理组织。杨子松[7] 等针对单层公路隧道内部结构特点，提出了基于口字形构件的同步施工方案。晏胜荣[8] 以扬州瘦西湖隧道为例，对单管双层盾构隧道内部结构同步施工难点和方案进行优化设计。李合[9] 通过提出先衬砌后分隔的施工方法，解决了武汉地铁 8 号线单洞双线隧道同步施工交叉干扰问题。然而，上述研究大多针对内部结构相对简单、掘进距离较短的交通隧道，针对内部结构复杂的长距离越江电力管廊进行同步施工方案设计目前尚无先例可供借鉴。

通过对苏通 GIL 综合管廊内部结构的施工内容、特点和进度指标进行分析，综合考虑施工安全、进度和成本等因素的影响确定采用无轨运输方案。针对同步施工流程进行调查统计，获取车辆运输参数，建立同步施工物料运输模型，得到在不同车辆投入量情况下的极限运输长度和车辆滞留时间，指导长距离独头掘进隧道合理选择车辆投入与调度时机，避免盲目增加无轨车辆带来运力浪费。此外，针对两侧箱涵浇筑滞后盾构掘进诱发的物料运输困难问题，构建单车道段车辆调度模型。通过以单车道长度为变量，车辆行驶和卸料用时为研究对象，以单环运输周期为目标函数，计算了单车道段极限运输长度。

9.1 电力管廊内部结构及施工内容

针对苏通 GIL 综合管廊工程内部结构的布置形式和施工内容，从多工作面交叉作业施工难度高、物料运输与盾构掘进相互干扰、内部结构施工劳动强度较大等方面分析了特高压电力管廊结构施工特点，明确了内部结构施工流程和进度指标要求，为同步施工物料运输方案的制定奠定基础。

9.1.1 电力管廊内部结构

苏通 GIL 综合管廊工程隧道横断面采用圆形布置（图 9.1），内径为 10.50m，外径为 11.60m。根据特高压 GIL 设备外形尺寸，综合考虑安装维修、管廊结构和轴线通风等辅助设施的基本要求，分为上下两个部分进行内部结构优化布置。1000kV 特高压 GIL 管道分别垂直布置在管廊上层两侧，下层中间位置设置预制中箱涵作为人员巡视通道，中箱涵两侧预留 500kV 电缆廊道，电缆廊道下方利用富余空间设置 SF6 排风腔。

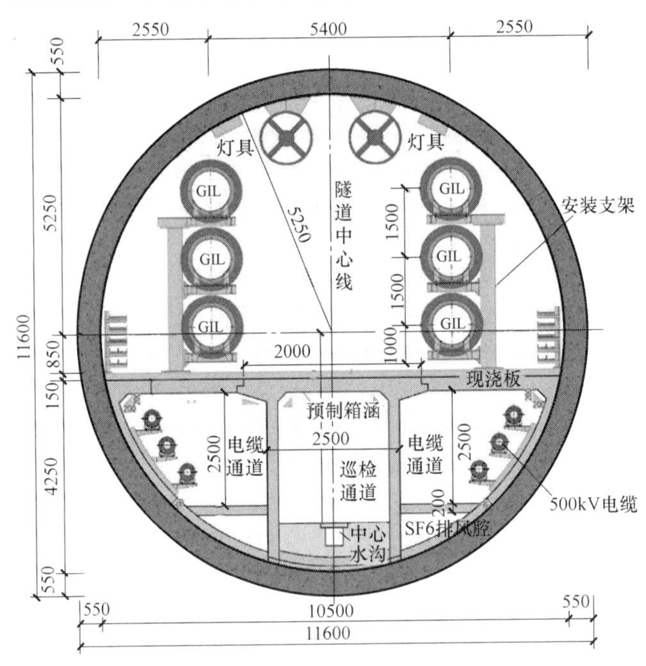

图 9.1 隧道内部结构布置形式[10]

9.1.2 管廊结构施工内容

1. 预制中箱涵

中箱涵采用预制方式进行加工，与混凝土管片一起运送至洞内，利用盾构机上特制的吊装支架直接安装固定。中箱涵的运输与安装伴随盾构掘进、管片拼装同步进行。预制中箱涵拼装完成后（图 9.2），箱涵节段之间的环缝内外嵌缝槽采用防火密封胶填塞密实。

2. 两侧弧形内衬

现浇侧箱涵由两侧弧形内衬、排风腔顶板、车道板及剩余弧形内衬组成。其中，两侧弧形内衬采用定型模板浇筑。支设模板前进行断面测量，根据测量数据确定模板位置，以保证隧道净空高度。采用预先加工好的定型模板作为堵头模板，固定管片与堵头小钢模。沿弧形内衬方向模板采用支撑固定，约每 80cm 布置一道。支撑与箱涵表面通过预埋钢筋肋连接，以保证模板的稳定性。混凝土浇筑采用罐车自卸方式，每延米弧形内衬需混凝土约 0.9m^3。混凝土采用罐车从南岸始发井运至工作面后，利用溜槽直接倾倒至定型钢模内。箱涵两侧混凝土填充如图 9.3 所示。

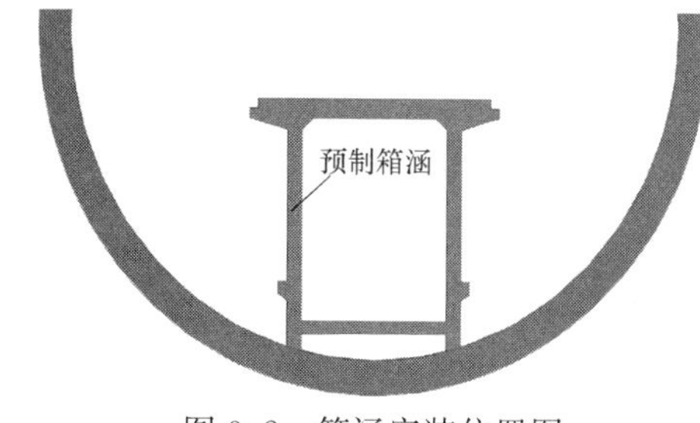

图 9.2　箱涵安装位置图

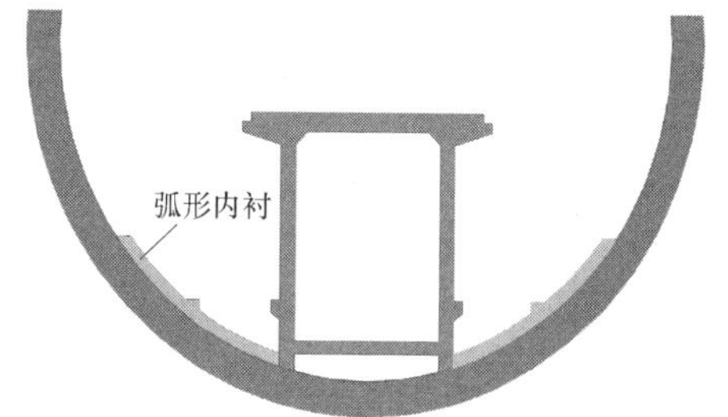

图 9.3　弧形内衬位置图

3. 现浇排风腔顶板

中箱涵两侧为预留的电缆廊道，在电缆廊道的下方利用富余空间设置 SF6 排风腔（图 9.4）。排风腔顶板采用 C40 混凝土现浇施工，厚度为 150mm。利用 T 形钢＋薄钢板作为模板，模板在混凝土浇筑完成后不拆除。混凝土浇筑采用罐车自卸方式，单侧每延米混凝土需求量约为 0.24m^3。混凝土罐车从南岸始发井运至工作面，浇筑时采用插入式振捣器充分振捣。每层应从混凝土已浇筑端开始，以保证混凝土接缝质量。混凝土需在浇筑 12h 后开始养护，养护时间不得少于 14d。

4. 车道板及剩余弧形内衬

中箱涵两侧车道板厚度为 30cm，采用 C40 混凝土现浇施工，抗渗等级 P6。现浇车道板与预制中箱涵之间利用预埋钢筋接驳器连接。现浇车道板及剩余弧形内衬采用台车施工，底部设置走行轮，顶部采用定型钢模板，支架设置液压系统，用以拆模与合模。如图 9.5 所示，混凝土通过罐车运送至工作面后直接浇筑在模板内。浇筑时遵循分层、均匀、对称的基本原则，待混凝土达到设计强度的 75％时台车可进行拆模。拆模过程中，先将边墙模板向中间收拢，再将台车慢慢下落，避免边墙黏模。施工过程中应留置混凝土抗压试块，与车道板进行同条件养护。现浇车道板将作为后期的车辆避让平台。

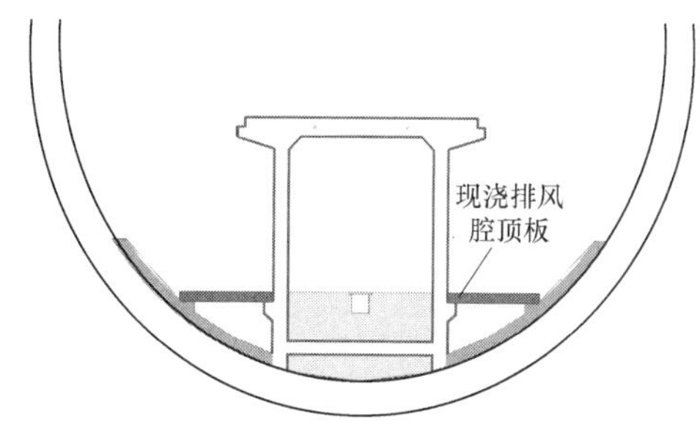

图 9.4　现浇排风腔顶板位置图

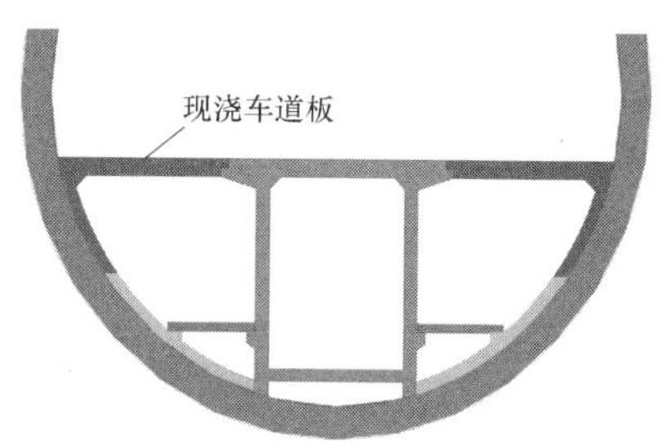

图 9.5　车道板及剩余弧形内衬位置图

5. 管廊内部排水管敷设

施工过程中需要在现浇车道板上预埋 ϕ50PVC 排水管，弧形内衬需明敷 ϕ50PVC 排水管。同时，SF_6 排风腔顶板需预埋 ϕ50PVC 排水管，通过箱涵中间预留的排水孔将水流引到排水沟中，形成完整的排水管路（图 9.6），排水管沿隧道方向每 500m 敷设 1 道，两侧对称敷设。

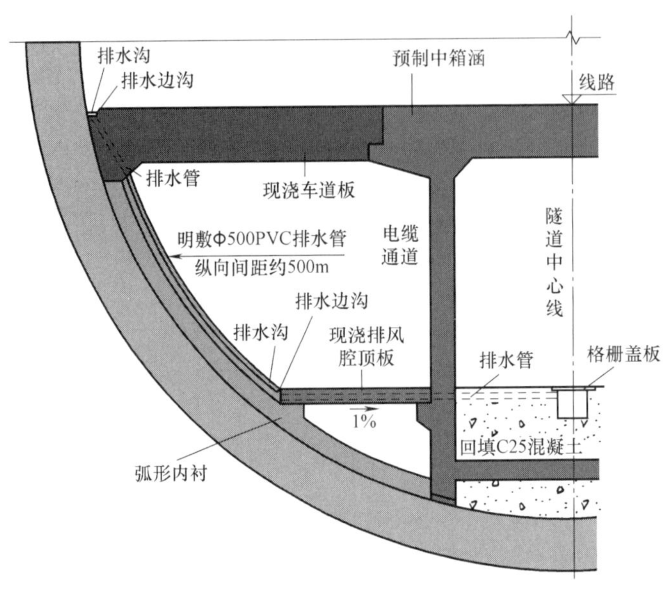

图 9.6　管廊内部排水设计图

9.1.3　管廊结构施工难点

1. 多工作面交叉作业施工难度大

电力管廊内部结构施工涉及预制箱涵底部混凝土填充，排水沟、两侧弧形内衬、排风腔顶板、车道板等结构现浇，洞内存在多个工作面同时作业的工况。随着线路延伸和工作面持续增加，内部结构施工组织难度不断增大，物料运输效率将成为制约施工进度的关键因素。此外，隧道内部结构施工步序多，需要立体交叉作业。考虑到电力管廊内部结构施工难度大、安全风险高，需要合理组织现场流水作业，及时做好工程安全防护措施。

2. 物料运输与盾构掘进相互干扰

管片拼装成环后需要进行中箱涵安装、侧箱涵现浇、排风腔盖板安装、调平层浇筑、中箱涵填充、中心水沟及水泵房施工等内部结构施工任务。由于内部结构施工内容多、工程量大，将不可避免地对盾构施工产生较大影响。如何在不影响盾构连续掘进的情况下，合理高效地配备施工设备设施，合理安排内部结构与盾构掘进同步实施，保证盾构贯通后较短时间内完成内部结构施工任务，需要进行细致筹划。

3. 内部空间狭窄，人工劳动强度大

苏通 GIL 综合管廊工程隧道内径 10.50m，采用上下两层结构布置（图 9.1）。在有限的作业空间范围内需要同时完成中箱涵安装、侧箱涵现浇、排风腔盖板安装、调平层浇筑、中箱涵填充、中心水沟及水泵房施工等多道工序，难以容纳过多机械进行施工，大多

采用人工方式作业。为了确保内部结构施工同步于盾构隧道掘进，隧道内部作业人员的劳动强度势必将会显著增大。

9.1.4　施工流程及进度指标

1. 内部结构施工流程

如图9.7所示，隧道内部结构施工内容主要包括：中箱涵、两侧弧形内衬、排风腔顶板、车道板、箱涵底部排水沟、路面调平层等6部分。主要可以分为盾构掘进和隧道贯通后两阶段，施工顺序依次为：中箱涵安装、中心素混凝土填充及排水沟施工、弧形内衬现浇、SF_6 排风腔顶板现浇、车道板现浇及剩余弧形内衬现浇、路面调平层现浇，具体包括：

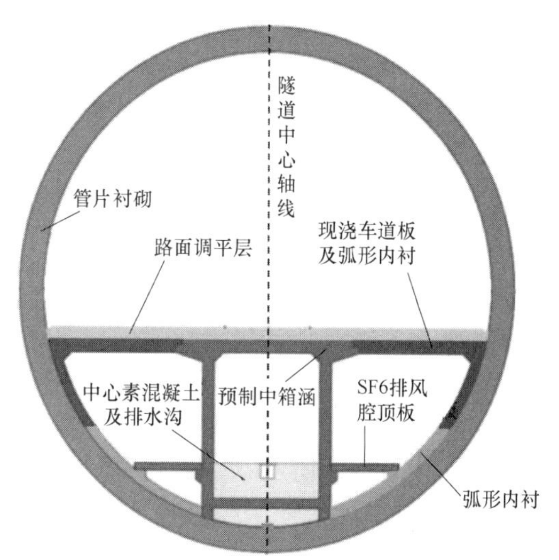

图9.7　隧道内部结构施工

① 箱涵：箱涵为混凝土预制构件，伴随盾构掘进同步安装。

② 素混凝土填充：分为排水沟以下、排水沟两侧素混凝土填充两部分。箱涵排水沟以下素混凝土在弧形内衬施工前开始浇筑，以便于使箱涵和管片连接形成整体。排水沟两侧素混凝土在同步施工间隙进行填充。

③ 两侧弧形内衬：待中箱涵排水沟以下混凝土浇筑完48h后，开始利用定制的小钢模施工浇筑混凝土。

④ 现浇排风腔顶板：待两侧弧形内衬施工完成后，利用T形钢＋薄钢板作为模板进行立模现浇施工。

⑤ 现浇车道板及弧形内衬：采用定制台车作为施工平台。待现浇排风腔顶板强度达到设计强度后，开始钢筋焊接和混凝土浇筑。

2. 施工进度指标分析

（1）管廊内部结构施工

箱涵采用吊机进行安装，盾构机平均每天掘进约10环（20m），需要安装箱涵16块。箱涵安装时需对轴线进行复核，满足各项指标要求。箱涵之间采用螺栓连接固定，左右扰动相对较小，两侧弧形内衬施工时不再对箱涵位置进行复核。

（2）底部素混凝土填充

箱涵底部采用素混凝土进行填充，在弧形内衬施工作业之前，需预先浇筑排水沟以下部分，然后浇筑排水沟两侧混凝土。为了保证隧道项目施工进度，采用4辆混凝土罐车运输素混凝土浇筑箱涵底部。整体进度指标约40m/d，满足隧道贯通1个月内完成填充的任务指标。素混凝土采用地泵浇筑，罐车停在侧箱涵现浇车道板上，不影响车辆运输调度。

（3）箱涵两侧弧形内衬

箱涵两侧弧形内衬的混凝土浇筑与钢筋焊接为同一施工班组，隧道洞内拟投入钢筋工

14 人，模板、混凝土工 20 人，分两班作业。基面清理、钢筋焊接、堵头模的安装需 1d，混凝土浇筑需 1d，平均耗时 2d/模。

(4) 现浇排风腔顶板

箱涵两侧弧形内衬混凝土浇筑完成后需要进行现浇排风腔顶板施工，通过利用“T 形钢＋薄钢板”进行立模现浇施工，钢筋、模板、混凝土浇筑施工需 1d，无需进行拆模，累计耗时 1d/模。

(5) 车道板及剩余弧形内衬

根据变形缝划分现浇车道板及剩余弧形内衬的施工长度，每 80m 划分一个施工区段，每 20m 设置一道施工缝。隧道项目拟投入钢筋工 18 人，模板和混凝土工 12 人。若不考虑凿毛、钢筋焊接及养护作业，每模作业时间约为 3d，单套台车平均进度 7m/d；采用 4 套 20m 模板台车可以保证与盾构进尺大致相同。

(6) 路面调平层施工

隧道贯通之后进行路面调平层施工，弧形内衬、SF_6 排风腔及现浇车道板采用溜槽浇筑，混凝土罐车停于两侧箱涵，通过溜槽浇筑到施工部位，素混凝土填充采用移动泵车浇筑，泵车停在已达到设计强度的侧箱涵现浇板上，对隧道洞内车辆调度影响相对较小。

9.2 同步施工物料运输方案比选

隧道内部结构同步施工过程中，盾构掘进物料、内部结构物料和施工作业人员等可以采用有轨运输和无轨运输两种方式运送到相应的作业面。本节针对长距离独头掘进隧道特点，从施工安全、施工进度、成本控制等角度对有轨运输和无轨运输进行了系统的对比分析，论述了无轨运输在苏通 GIL 综合管廊工程中的优越性能，并选定了相应的同步施工物料运输车辆。

9.2.1 同步施工运输内容

1. 盾构掘进所需物料

盾构掘进所需物资包括每环 8 块管片、26～32m^3 砂浆以及油脂等耗材，每 5 环两根泥浆管、4 根水气管、污水管及支架，每隔一段距离运输进洞的通风管及为盾构机供电的高压电缆等。其中，管片及砂浆是同步施工运输方案重点研究对象。泥浆管、水气管及支架可利用双头车运输进洞，应纳入运输方案考虑范围内。通风管及为盾构机供电的高压电缆每隔一段时间集中运入，对正常掘进物料运输产生影响较小，不计入同步施工运输方案之中。

2. 内部结构施工物料

内部结构施工物料主要包括预制箱涵、预制中心水沟盖板、现浇结构混凝土、钢筋及模板支架。预制水沟盖板及排风腔盖板较小，可以利用盾构施工间隙运输；钢筋采用小型平板车运输，运输过程较为机动灵活；模板支架采用定型钢模及台车，运输工作量相对较小。上述三种物料对整体运输方案的影响均相对较小，不计入同步施工运输方案之中。

3. 管廊施工作业人员

隧道洞内施工作业人员主要包括盾构施工人员及内部结构施工人员。预计每班盾构施工作业人员 30 人，内部结构施工人员约 50 人。隧道洞内施工人员进出主要发生在交接班期间，对整体运输方案影响相对较小，不计入同步施工运输方案之中。

9.2.2　同步施工运输方式比选

1. 有轨运输方式

有轨运输是通过在隧道内铺设轨道，进行内部结构施工物料运输的作业方式。以其具有运行过程中产生有害气体少、对隧道轴向通风需求低、有利作业人员身体健康等优越性能而被国内外隧道工程广泛采用[11]。然而，有轨运输也存在施工工序繁杂、灵活程度较低、需要二次转载、系统费用高昂、辅助系统复杂、机车爬坡能力不足等缺点[12]。

2. 无轨运输方式

无轨运输是在隧道内采用胶轮式自装自卸运载设备输送施工物料的作业方式[13]，以其具有施工效率高、成本投入低、设备维护简单、车辆调度灵活等诸多优点而在隧道工程中被广泛应用[14]。然而，由于无轨运输车辆一般采用柴油发动机，过量尾气累积在隧道内部将会对隧道通风能力提出更高要求。对于富含有害气体地层隧道，无轨车辆需要进行防爆改装，设备投入费用相对较高。

3. 运输方式比选

在仅考虑盾构掘进和管片拼装对隧道内部结构施工影响的情况之下，通过有轨运输方式对隧道内部结构施工物料进行运输相对更为安全高效。但若采用同步拼装预制中箱涵方式施工隧道内部结构，无轨运输则相对于有轨运输更为灵活便捷。如表 9.1 所示，综合考虑施工安全、施工进度和成本控制等方面因素的影响，苏通 GIL 综合管廊工程采用无轨运输方式进行隧道内部结构施工。

有轨运输和无轨运输方案比选分析[15-18]　　　**表 9.1**

	有轨运输	无轨运输
施工安全	轨道车适用的坡度一般不超过 3%，难以满足高达 5%的爬坡安全性需求	司机自主驾驶车辆视线好、视野宽能够有效应对突发事件
施工进度	设备长时间使用故障频率高，一旦发生故障修复周期长，对施工进度影响大	运输形式相对灵活，物料无需二次转载。装运时间相对较短，运载能力远超过有轨运输
成本控制	设备采购、维修以及运行成本高，特别是受市场影响，电瓶的成本非常高，且必须定期进行更换	施工人员配置数量减少，组织难度降低，运输费用及成本可以有效控制
其他方面	运输设备不能完全独立，设备组织方面难度较大，现场设备调度困难	运输设备相对独立，现场组织管理跨度较小，设备调度相对简单

9.2.3　同步施工运输车辆

1. 双头平板车

苏通 GIL 综合管廊工程采用特制的 DYC60 双头平板车运输管片和箱涵（图 9.8）。车辆全长 21.5m，满载最大高度 2.51m，车宽 1.74m，底盘高 0.785m，适应坡度 10%。承载能力达到 70t，单次最多运输 4 块管片或 2 块箱涵。满载最大爬坡速度 5km/h，满载最大下坡速度 10km/h，空载运行速度 15km/h，双头平板车主要技术参数如表 9.2 所示。进洞时较矮一侧为车头，出洞时较高一侧为车头，驾驶员始终位于前进方向驾驶室内。双头平板车在隧道内无需调头，在两侧弧形内衬完成浇筑区域以及箱涵安装台车尾部错车平台可与其他无轨车辆进行错车。

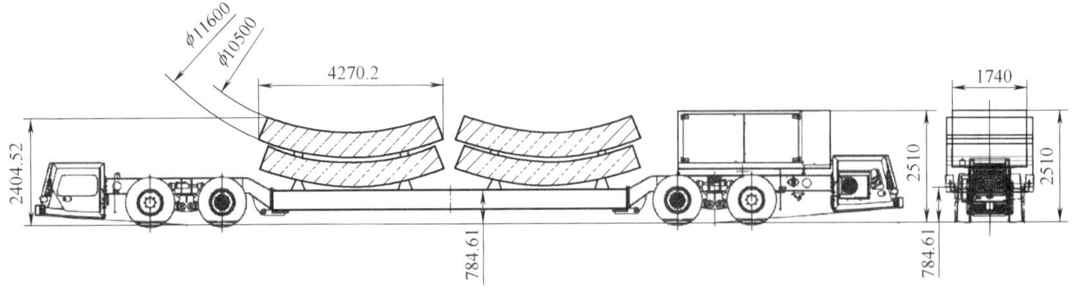

图 9.8 平板双头车结构图

双头平板车主要技术参数表 **表 9.2**

项目	参数	项目		参数
整车重量	26t	最小转弯半径		≥12000mm
最大载重	60t	行走转向模式		直行、八字转向、斜行
尺寸	22000mm×2300mm×2600mm	排放标准		国Ⅳ
载货区长度	10000mm	设计最高时速	满载上下坡	7.5km/h
最小离地间隙	≥200mm		空载上下坡	12km/h
满载最大爬坡	6%		满载平地	10km/h
动力系统	276kW/2100rpm		空载平地	15km/h

2. 砂浆运输车

如图 9.9 所示，砂浆车为轮胎式运输车，基于斯太尔车头改造而成。车长 7.70m，总宽 2.46m，车头高度 3.10m。砂浆罐体内长 3.60m，内宽 2.20m，罐高 1.8m，容量 $10m^3$。砂浆采用倒运作业方式，首先通过车辆运送至箱涵安装台车后部，而后通过转运泵输送至注浆区域。

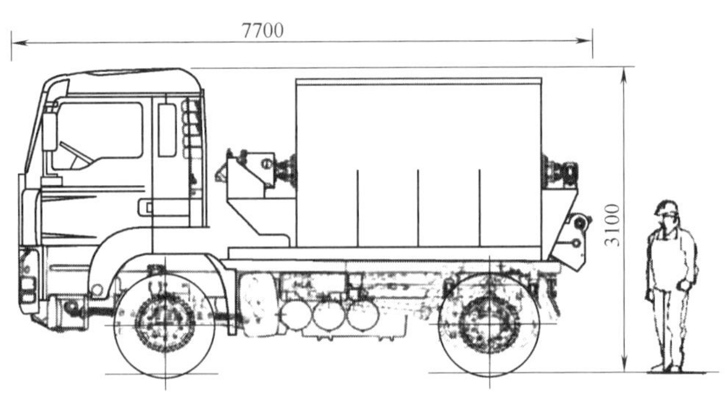

图 9.9 砂浆运输车结构示意图

砂浆车倒运砂浆之后在箱涵台车尾部平台调头出洞，在隧道洞内的平均行进速度为 20km/h。箱涵台车尾部平台最多可容纳 3 辆砂浆车，并留有充足的空间进行错车（图 9.10）。

图 9.10　砂浆车在转运平台错车

3. 混凝土泵车

混凝土采用常规的 $6m^3$ 泵车运输至施工区后部，由卧式混凝土泵输送至相应的施工区域。车辆在两侧弧形内衬完成浇筑区域调头，不占用内部结构施工区域至盾构机后配套台车的运输区间，对同步施工物料运输组织影响较小，不计入同步施工运输方案之中。

隧道内部结构物料运输车辆的型号、尺寸及用途如表 9.3 所示。盾构掘进期间，内部结构施工材料通过平板双头车输送至洞内。随着隧道掘进持续进行，可在洞内设置施工材料堆放场地和错车平台，利用小型叉车作为材料倒运工具，从而确保内部结构施工不制约前方盾构正常掘进。混凝土采用罐车进行浇筑，罐车可在隧道内部调头。施工过程中根据不同工序对隧道洞内物料运输进行调整。

运输车辆一览表　　表 9.3

序号	车辆名称	数量	外形尺寸（长×宽×高）	主要用途	运行方式	状态
1	双头平板车	7 辆	18m×2m×2.2m 运箱涵时高 3m	运输管片、箱涵、施工材料	双头运行	新购
2	混凝土运输车	4 辆	6.1m×2.5m×2.2m	运输混凝土	隧道内可倒车	新购
3	砂浆车	5 辆	7.7m×2.46m×3.1m	运输砂浆	盾构机尾部转运平台错车、掉头	新购

9.3　长距离同步施工方案优化

通过对施工现场前期物料运输流程进行调查统计，分析无轨车辆运载性能和同步施工运输参数，建立隧道内部结构同步施工物料运输模型，得到不同车辆投入情况下的极限运输长度和车辆滞留时间，对长距离物料运输中如何选择合理时机进行车辆投入与调度进行优化，并将优化方案与原方案进行对比分析，从投入车辆数目和车辆滞留时间两个方面论证了优化方案的可行性。

9.3.1 同步施工物料运输参数

1. 隧道洞内运输环境

如图9.11所示，无轨运输车辆的行驶路径主要可以分为单车道区间和三车道区间两个部分。其中，单车道区域是指箱涵安装台车至内部结构施工完成的中间区域（该区域只安装了中箱涵，还未进行侧箱涵的浇筑施工）。主要通行运输管片、砂浆、预制中箱涵、泥浆管及水气管路等的无轨车辆，该区间通行宽度4.3m。最多可允许一辆双头车和一辆砂浆车顺次进入，双头车驶入卸货区，砂浆车停放于转运平台。当上一辆双头车驶出该区间之后，下一辆双头车才能驶入该区间，其余满载车辆全部停放于同步施工完成区域。多车道区域是指内部结构施工完成区域，通行宽度10.30m，可实现车辆错车。当盾构掘进至接收井时，车辆最大通行距离为5468.5m。

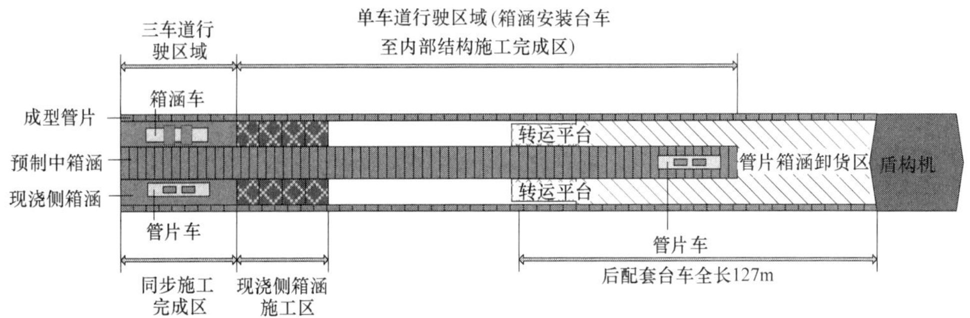

图9.11　车辆行驶位置平面示意图[19]

2. 无轨车辆运载能力

为了确保盾构掘进施工安全高效进行，需要定期向隧道内部输送盾构掘进物料（包括：管片、箱涵、砂浆、泥浆管、水管、辅助物料等）和两侧弧形内衬浇筑物料（包括：混凝土、钢筋等），基本信息如下：

① 管片：盾构机每掘进2m需拼装一环管片，每环管片由8块组成，宽2m，可同时存放在后配套台车的喂片机上，用双头车运输，每辆双头车可以运输4块管片，即需要2车次双头车运输一环管片。

② 箱涵：每块箱涵宽1.33m，用双头车运输，一辆双头车可以运输2块箱涵，被运送至后配套台车处时，立即进行箱涵的卸料和拼装。

③ 砂浆：盾构机每掘进2m需要24m^{3}砂浆，用砂浆车运输，一辆砂浆车可以运输4m^{3}砂浆，即需要6车次砂浆车运输24m^{3}砂浆，砂浆被运送至盾尾存放于储存室中。

④ 泥浆管及水管：泥浆管每节长10m，水管每节长9m，可存放于后配套4号台车中，盾构机每掘进9～10m延伸一次管路，包括2根泥浆管和4根水管，延伸处位于后配套台车尾部，这些管材用双头车运输，一辆双头车可运送一次管路延伸所需的管材。

⑤ 辅助物料：管道支架、螺栓、密封油脂等辅助物料可以随管片、箱涵一同运至盾尾，无需另外考虑。

⑥ 混凝土：每侧箱涵浇筑需约45m^{3}混凝土，在一个白班内完成浇筑，一辆泵车可以运送5m^{3}混凝土，需要9车次泵车运输45m^{3}混凝土。泵车在侧箱涵现浇施工区卸料，

侧箱涵现浇施工区紧邻侧箱涵浇筑完成区，可以在侧箱涵浇筑完成区域进行错车。

⑦ 钢筋：每天钢筋车运送两车次钢筋即可满足洞内的钢筋需求。由于每天盾构机掘进班组会换班两次，换班期间盾构机停止掘进，钢筋卸料可在掘进班组换班时段进行，不计入物料运输循环时间。

3. 同步施工运输参数

根据现场施工实际情况，盾构机完成一个单环掘进施工循环一般需要 100min，其中掘进时间为 60min，管片拼装时间为 40min，可以满足盾构机正常工作状态下日进尺 24m/d 的掘进要求。通过对现场单辆车洞内运输循环的时间进行分段统计，发现一个运输循环内单辆车所需要的时间主要包括：卸货时间、洞内运输时间、洞外运输和装车时间，具体流程如图 9.12 所示。

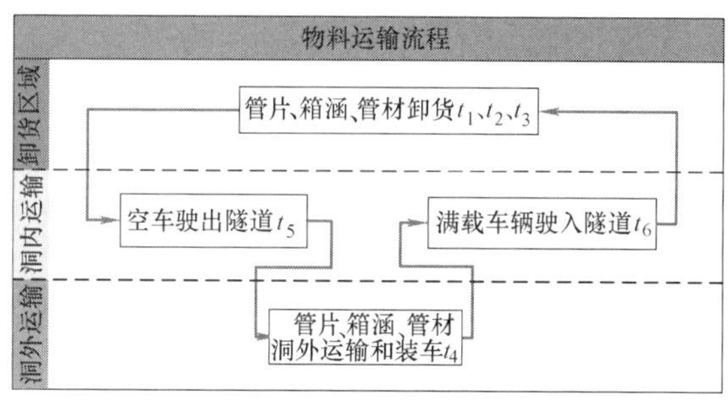

图 9.12　车辆洞内运输流程示意图[19]

注：t_1—管片在盾构机尾部的卸货时间，平均总用时 20min。

t_2—箱涵在盾构机尾部的卸货时间，每辆双头车装载 2 块箱涵，第一块箱涵起吊、安装完毕后，才能起吊第二块箱涵，平均总用时 20min。

t_3—管材在盾构机尾部卸货时间，平均总用时 10min。

t_4—车辆洞外运输、吊装时间，包括隧道洞门至吊装区的空车行驶时间 5min，空车装车的时间 10min，吊装区至隧道洞门的满载行驶时间为 7min，平均总用时为 22min。

t_5—空车自卸货区驶出隧道的总时间。

t_6—满载驶入隧道至卸货区的总时间。

9.3.2　同步施工物料运输模型

1. 单环运输模型

运输模型以车辆在盾构机吊装平台的作业时间为研究目标，在单环运输周期内，管片箱涵的卸货时间要少于 100min，所以管片箱涵吊机在单环运输周期内会出现一段时间的吊装间歇 t_{ij}（i=1、2、3、4、5；j=1、2）。盾构机单环运输周期 T_1（100min）内包括：两车管片和一车箱涵的卸货时间以及吊装间歇，车辆单环运输模型如图 9.13 所示。同一车辆前一次卸货完成至下一次到达盾构机卸货区的时间间隔称为一个卸货周期 T。车辆在一个卸货周期内行驶的最大里程称为车辆极限运输长度 L_{max}，洞门至盾构机卸货区的距离超过车辆极限运输长度 L_{max} 之后，需要再次投入车辆来满足物料运输需求。

模型初始状况设定为：1 辆运有 4 块管片的双头车在盾构机卸货区进行卸车，1 辆运有 4 块管片和 1 辆运有 2 节箱涵的双头车在等待区等待。前一辆运输管片的双头车卸货完

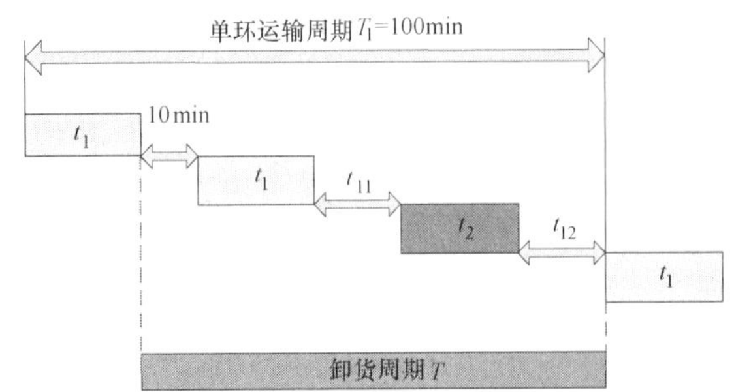

图 9.13　车辆单环运输模型[19]

成并驶出卸货区后，下一辆运输管片的双头车立刻驶入盾构机卸货区。空车驶出盾构机卸货区的时间为 4min、满载车辆驶入盾构机卸货区的时间为 6min，即两辆运输管片的双头车卸货间隔时间为 10min。

2. 同步运输模型

为了使管片、箱涵的拼装和管路的延伸达到一定程度的同步，盾构机每掘进 10m（5 环）延伸一次管路。在此期间，需要运输 10 车管片，4 车箱涵（8 块箱涵 10.64m）以及 1 车管材，管材需要在管路延伸之前运输到 4 号台车。故将掘进 5 环所需时间 500min 定为一个同步运输周期，包括 T_1、T_2、T_3、T_4、T_5 五个单环运输周期。一个同步运输周期内要完成盾构机推进-拼环、管片箱涵吊装卸货、泥浆管路延伸、车辆运输等工序。

以投入 3 辆双头车为例，建立车辆运输优化模型。其中 T_1、T_2、T_3、T_5 每个周期运输两车管片、一车箱涵，且运输循环完全相同；T_4 周期内运输两车管片、一车管材。两辆运输管片的双头车卸货间隔时间为 10min（图 9.14）。

9.3.3　同步施工极限运输长度

卸货周期 T 等于车辆在洞内运输时间 t_5 和 t_6、洞外运输和吊装时间 t_4 和车辆滞留时间 τ 之和，车辆运输长度 L 的计算表达式如下：

$$T=t_4+t_5+t_6+\tau \tag{9.1}$$

$$t_5=\frac{L}{V_1} \tag{9.2}$$

$$t_6=\frac{L}{V_2} \tag{9.3}$$

由式（9.1）～式（9.3）可简化得到车辆运输长度 L 的表达式（9.4）。

$$L=\frac{T-t_4-\tau}{V_1+V_2}V_1V_2 \tag{9.4}$$

当车辆在洞内的滞留时间 τ 为零时，车辆极限运输长度 $L_{\max}$ 的表达式如下：

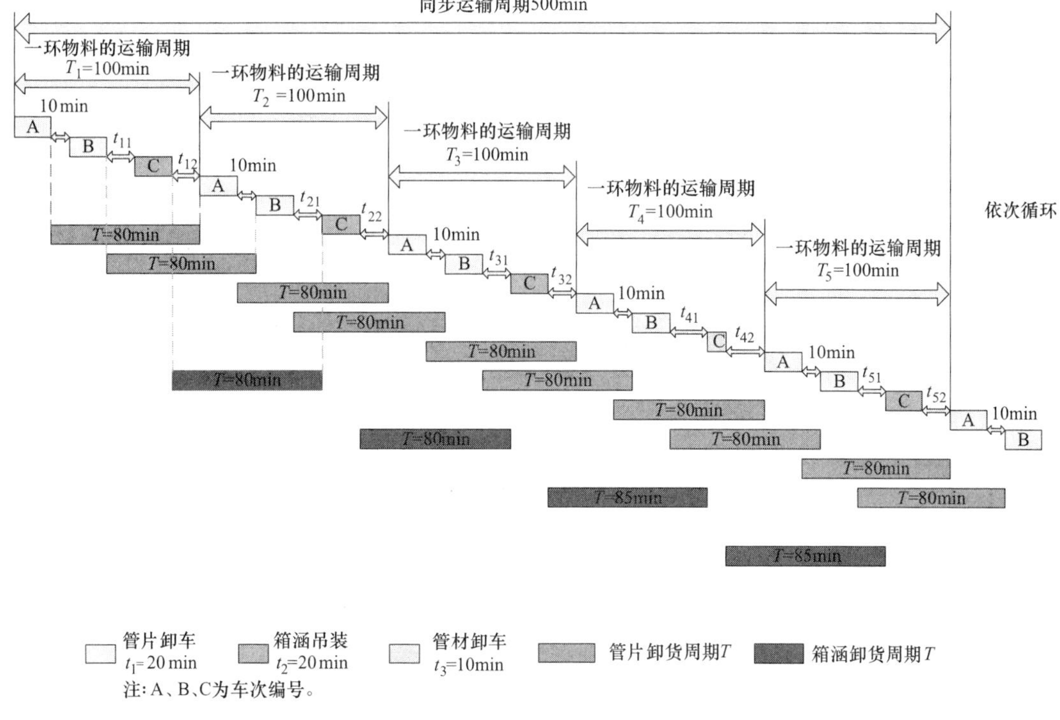

图 9.14　一个同步运输周期内 3 辆双头车运输流程图[19]

$$L_{\max}=\frac{T-t_4}{V_1+V_2}V_1V_2 \tag{9.5}$$

在一个同步运输周期中，以卸货周期 T 为目标函数，吊装间歇 t_{ij} 为变量，变量 t_{ij} 的约束条件如下：

$$0\leqslant t_{11}\leqslant 30, 0\leqslant t_{12}\leqslant 30, t_{11}+t_{12}=30 \tag{9.6}$$

$$0\leqslant t_{41}\leqslant 40, 0\leqslant t_{42}\leqslant 40, t_{41}+t_{42}=40 \tag{9.7}$$

$$t_{11}=t_{21}=t_{31}=t_{51} \tag{9.8}$$

$$t_{12}=t_{22}=t_{32}=t_{52} \tag{9.9}$$

根据原设定车辆卸货周期 $T=80$min，按式（9.5）可以计算得到车辆极限运输长度 $L_{\max}=2522$m，即：在 3 辆双头车条件下，物料运输极限距离为 2522m，超过 2522m 之后需要增加车辆来满足后期物料运输需求。

依此类推，按照优化模型运输流程分别计算 2 辆车、4 辆车、5 辆车、6 辆车能达到的极限运输长度 $L_{\max}$（运输流程见图 9.15～图 9.20）。通过进行分析可以看出，车辆极限运输长度 $L_{\max}$ 和投入的车辆数目呈正相关（图 9.21），投入 5 辆双头车情况下，极限运输长度 $L_{\max}=5348\text{m}<5468\text{m}$；投入 6 辆双头车情况下，车辆极限运输长度 $L_{\max}=6870\text{m}>5468\text{m}$。

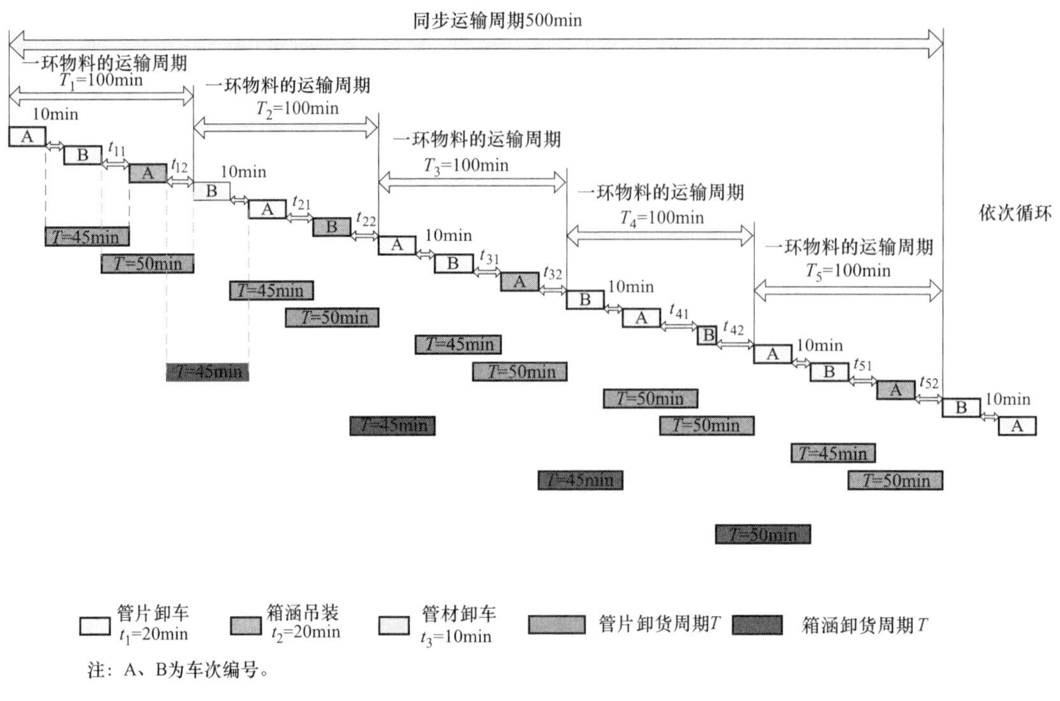

图 9.15　一个同步运输周期内 2 辆双头车运输流程图

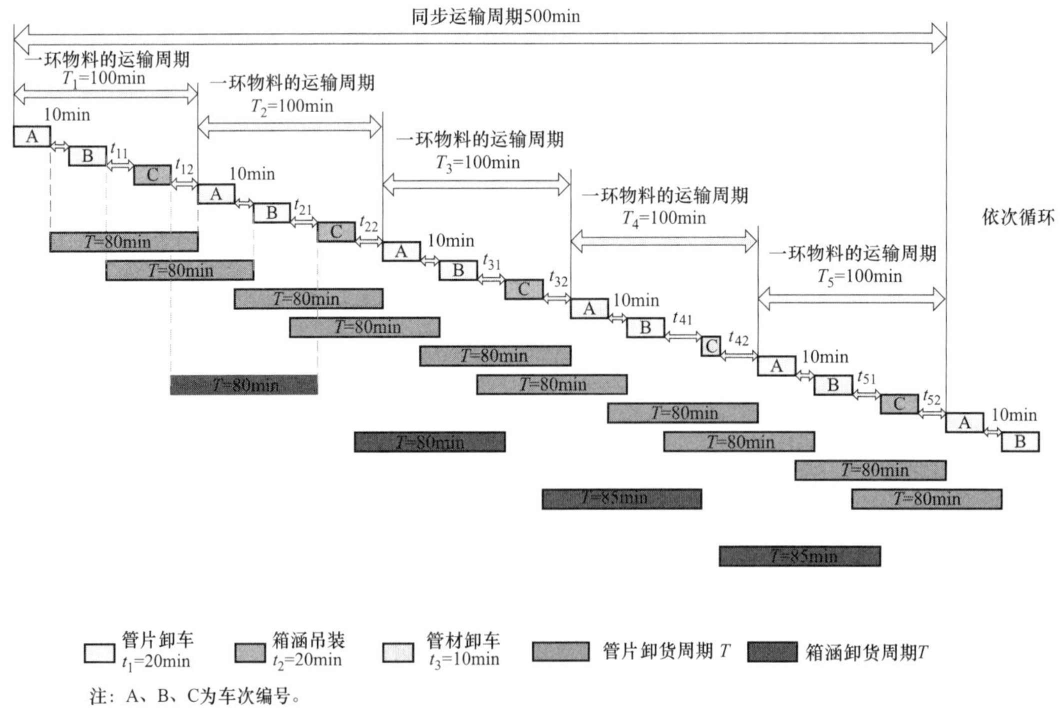

图 9.16　一个同步运输周期内 3 辆双头车运输流程图

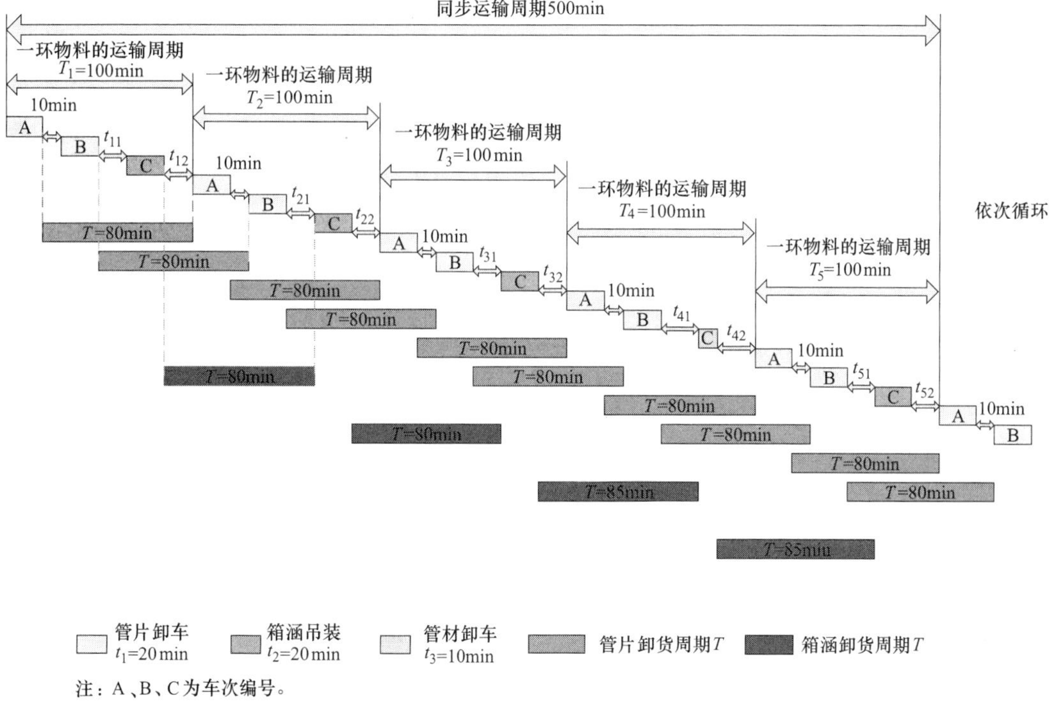

图 9.17　一个同步运输周期内 4 辆双头车运输流程图

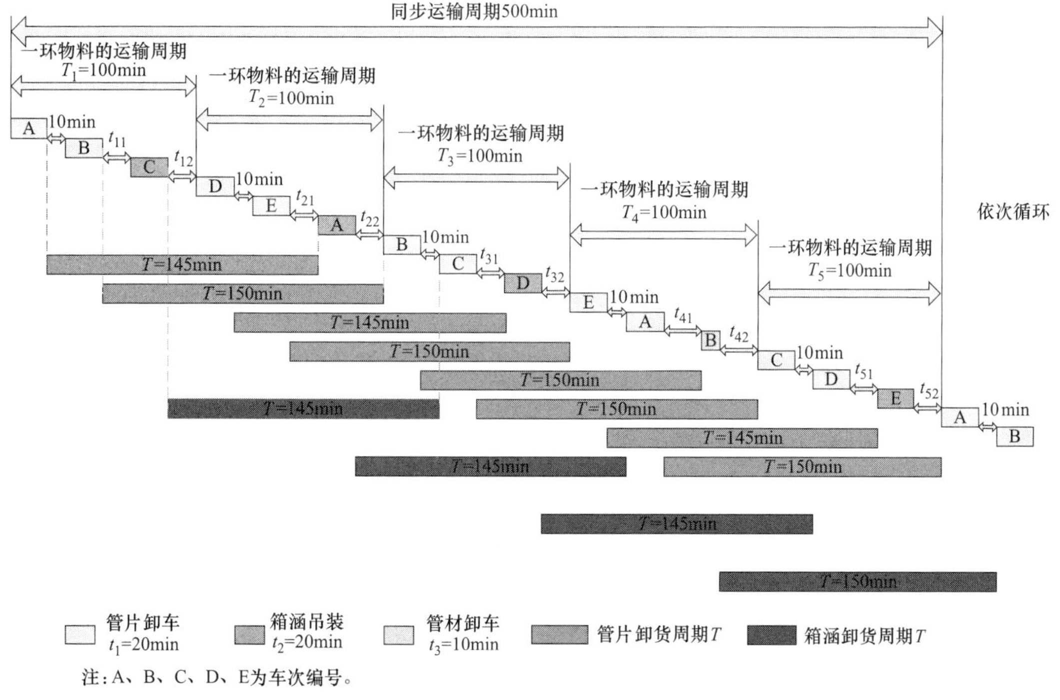

图 9.18　一个同步运输周期内 5 辆双头车的运输流程图

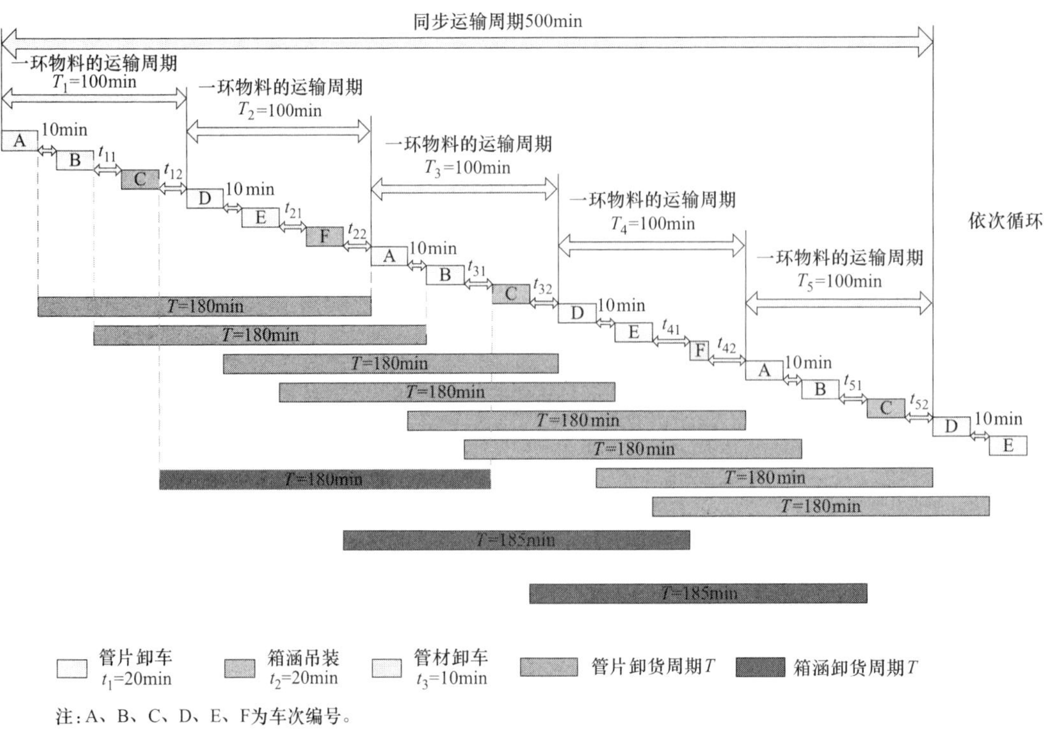

图 9.19　一个同步运输周期内 6 辆双头车运输流程图

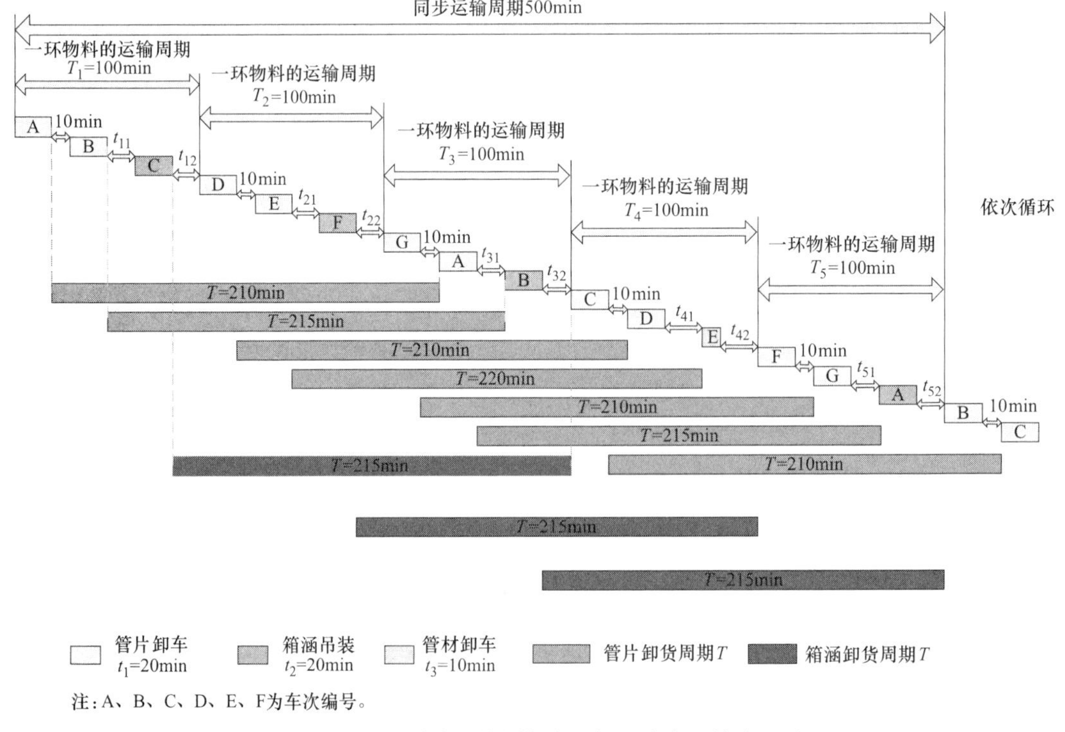

图 9.20　一个同步运输周期内 7 辆双头车运输流程图

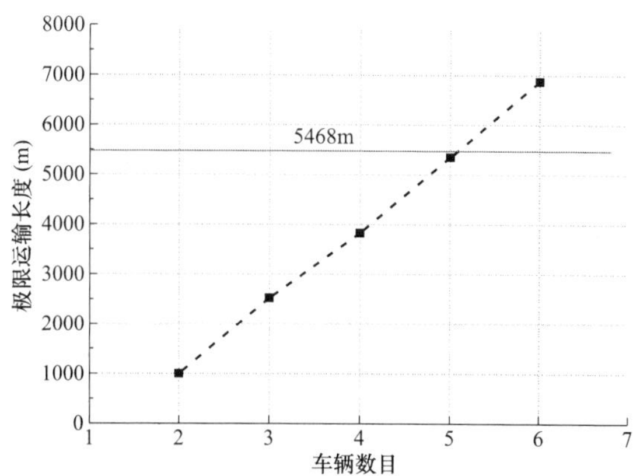

图 9.21 极限运输长度 L_{max} 随车辆数目变化曲线[19]

理论上，6 辆双头车可以满足运输需求，并留有一定余量。考虑到现场车辆故障等原因，建议投入 7～8 辆双头车满足盾构掘进 5468.5m 物料运输需求。

9.3.4 同步施工方案对比分析

1. 同步施工原方案

原方案按照盾构最大日进尺 30m/d 物料运输需求配备车辆数目，根据每环运输 2 车次管片和 1 车次箱涵的基本原则，车辆在长达 5468.5m 的运输距离条件下完成一个运输循环周期大约耗时 135min。按照同步施工物料运输流程进行计算分析，预计投入 6 辆管片车和 3 辆箱涵车满足盾构掘进需求。具体车辆投入计划为：始发阶段投入 2 辆管片车和 1 辆箱涵车，运输距离每增加 2000m 投入 2 辆管片车和 1 辆箱涵车。

2. 同步施工优化方案

根据现场物料运输流程和车辆行驶速度的调研统计分析，建立了同步施工车辆运输优化模型，在满足盾构正常掘进物料需求情况下，分析车辆能达到的极限运输长度 L_{max} 变化规律（表 9.4），根据车辆极限运输长度 L_{max} 选择合理的距离逐渐投入车辆，以减少调度盲目性，提高车辆运输效率，避免一次性投入较多车辆而造成洞内交通拥堵和运力浪费。通过同步施工运输距离分析可知，独头掘进至 5468.5m 时，仅需投入 6 辆双头车即可满足物料运输需求。

不同车辆数目情况下的极限运输长度 L_{max} **表 9.4**

车辆数	2	3	4	5	6
卸货周期 T_{max}(min)	45	80	110	145	180
极限运输长度 L_{max}(m)	1000	2522	3826	5348	6870

3. 同步施工方案对比

（1）运输车辆数目对比

如图 9.22 所示为原方案和优化方案车辆投运数目变化规律，通过对比可以看出：当 $L=[0m，1000m]$ 时，原方案投入 3 辆双头车，优化方案投入 2 辆可满足要求；当 $L=[1000m，2000m]$ 时，原方案和优化方案均需投入 3 量双头车；当 $L=[2000m，2522m]$

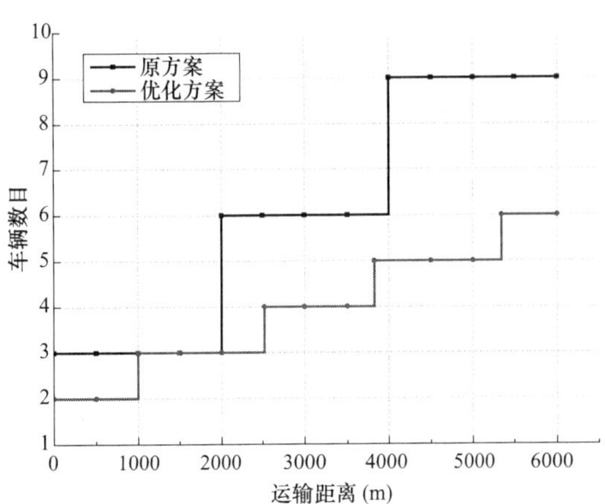

图 9.22　原方案与优化方案所需车辆数目对比分析[19]

时，原方案投入 6 辆双头车，优化方案投入 3 辆可满足要求；当 $L=[2522\text{m},3826\text{m}]$ 时，原方案投入 6 辆双头车，优化方案仅需投入 4 辆可满足要求；当 $L=[3826\text{m},4000\text{m}]$ 时，原方案投入 6 辆双头车，优化方案投入 5 辆可满足要求；当 $L=[4000\text{m},5348\text{m}]$ 时，原方案投入 9 辆双头车，优化方案投入 5 辆可满足要求；而当 $L=[5348\text{m},5468\text{m}]$ 时，原方案投入 9 辆双头车，优化方案投入 6 辆可满足要求。

（2）车辆滞留时间对比

原方案是在满足盾构机最高日进尺 30m/d 的物料运输需求下进行车辆调度，在实际施工过程中，盾构机日进尺远远达不到 30m/d，运输距离每增加 2000m 时投入 3 辆车会造成运力过剩，延长车辆在卸货等待区的滞留时间，造成车辆运输效率下降。而优化方案是在满足盾构机正常日进尺 24m/d 的物料运输需求下进行车辆调度安排，根据极限运输长度逐辆增加车辆，能有效地减少车辆在卸货等待区的滞留时间，比较符合现场的实际施工进度。在运输优化模型中，根据表 9.3 和式（9.10），每增加 1 车辆，可以得到滞留时间 τ 与运输距离 L 的函数关系式如下：

$$\tau=f(L)=\begin{cases}23-0.023L, & L\in[0,1000]\\58-0.023L, & L\in[1000,2522]\\88-0.023L, & L\in[2522,3826]\\123-0.023L, & L\in[3826,5348]\\158-0.023L, & L\in[5348,6870]\end{cases}\tag{9.10}$$

而在原方案中每增加 3 辆车，滞留时间 τ 与运输距离 L 的函数关系式如下：

$$\tau=f(L)=\begin{cases}58-0.023L, & L\in[0,2000]\\158-0.023L, & L\in[2000,4000]\\258-0.023L, & L\in[4000,6870]\end{cases}\tag{9.11}$$

由函数关系式（9.10）和式（9.11）可以得到车辆滞留时间变化规律曲线。如图 9.23 所示，在车辆数目一定的情况下，滞留时间 τ 随运输距离的增加而逐渐减小。随着运输车辆再次增加，滞留时间会呈现“N”字形的循环变化规律。各个区间范围内优化方案的车辆滞留时间均小于原方案，通过同步施工运输距离优化分析可以有效减少车辆在隧道内部的滞留时间。

原方案中运输长度每增加 2000m，运输车辆到达卸货等待区时仍然会滞留一段时间，而在一次性投入 3 辆车之后滞留时间大幅增加，造成运输车辆在隧道洞内长时间等待，当

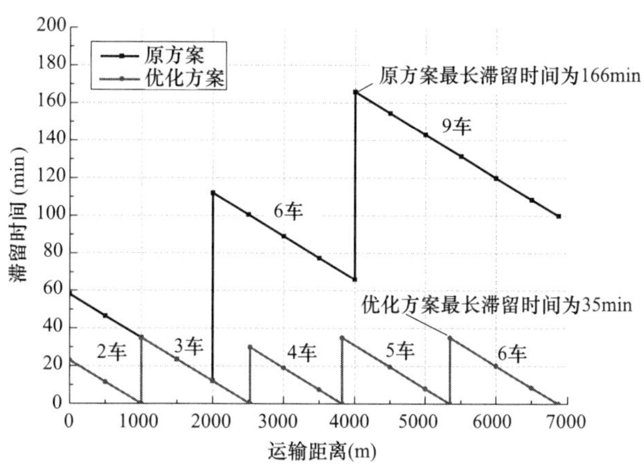

图 9.23　原方案和优化方案下车辆滞留时间对比图[19]

投入车辆数目达到 9 辆时，滞留时间的最大值达到 166min；而在优化模型中，每当车辆达到极限运输长度时，滞留时间为零，代表车辆无需等待就可以直接驶入盾构机卸货区进行卸货，当运输距离超过极限运输长度之后，需要逐辆增加车辆来满足物料运输需求，这时车辆滞留时间增加幅值相对较小。当投入车辆数目为 6 辆时，滞留时间的最大值仅为 35min，较原方案减少了 131min。在长达 5468m 运输距离中，优化方案大大减少了车辆在洞内的最长滞留时间，充分提高了每辆车的运输效率，有效缓解了洞内物料运输车辆的拥堵状况。通过建立物料运输优化模型，可以为物料运输车辆调度提供理论指导，从而有效降低长距离独头掘进盾构隧道施工成本。

9.4　长距离单车道段车辆调度

对于已完成浇筑区段，运输车辆可以在侧箱涵上行驶，此时洞内有三车道可以自由错车（图 9.11）；而对于未进行侧箱涵浇筑区段，运输车辆只能在预制中箱涵上行驶，此时车辆只能单向行驶，无法进行错车。如果缺乏合理的车辆调度方案，该区段内极容易发生车辆拥堵。特别是当侧箱涵浇筑进度滞后盾构机掘进进度较多时（即单车道长度过长），车辆调度将更加复杂，极易因车辆调度不合理导致洞内施工物料运输困难，影响施工进度。针对单车道段物料运输问题建立车辆调度模型，有助于确保长距离独头隧道洞内施工物料高效运输。

9.4.1　单环运输周期车辆信息

隧道施工过程中，盾构每掘进 10m（5 环）需要运输 10 车管片，4 车箱涵，30 车砂浆，以及 1 车管材，将其定为一个同步运输周期，具体包括 5 个单环运输周期。通过对一个同步运输周期内运输车辆的车次进行编号，即：10 车次运送管片的双头车 G1～G10，4 车次运送箱涵的双头车 X1～X4，30 车次砂浆车 S1～S30，1 车次运送管材的双头车 C1。根据隧道每掘进 1 环对管片、箱涵、砂浆及管材等物料的需求，得出在一个同步运输周期中各个单环运输周期所需车辆如表 9.5 所示。

一个同步运输周期中各单环运输周期所需车辆列表 **表 9.5**

单环运输周期序号	所需车辆情况
Ⅰ	双头车 G1～G2；双头车 X1；砂浆车 S1～S6
Ⅱ	双头车 G3～G4；双头车 X2；砂浆车 S7～S12
Ⅲ	双头车 G5～G6；双头车 X3；砂浆车 S13～S18
Ⅳ	双头车 G7～G8；双头车 C1；砂浆车 S19～S24
Ⅴ	双头车 G9～G10；双头车 X4；砂浆车 S25～S30

与前三个单环运输周期有所不同，单环运输周期Ⅳ中，2 车次为运输管片的双头车 G7、G8，1 车次为运输管材的双头车 C1。双头车 G7、G8 与 C1 的满载车速、空载车速、行驶时间相同。由于双头车 C1 卸料时间为 10min，而双头车 G7、G8 卸料时间为 20min，单环运输周期Ⅳ用时相对于其余四个单环运输周期用时较少。当其余四个单环运输周期满足物料运输需求时，单环运输周期Ⅳ也可以满足物料运输需求。为简化同步施工运输车辆调度分析，取其余四个单环运输周期中的任意一个进行分析即可满足需求。

9.4.2 单车道段车辆调度次序

1. 车辆入场次序原则

洞内施工物料较多，运输车次容量较大。而在侧箱涵未浇筑区，只有单车道以供车辆行驶，车辆调度压力较大，需要合理地安排车辆调度次序，以便于实现物料高效运输。在安排车辆调度次序时，需从物料的重要性和车辆运输用时两个方面综合考虑。遵循重要物料优先运输、减少车辆等待时间等基本原则，确定同步施工物料运输车辆调度次序方案。用于调度次序方案计算的车辆运输性能参数如表 9.6 所示。

各种类型车辆运输性能参数 **表 9.6**

车辆类型	满载车速(km/h)	空载车速(km/h)	卸料用时(h)
双头车 G	5.7	9	0.33
双头车 X	5.7	9	0.33
双头车 D	5.7	9	0.17
砂浆车 S	20	25	0.13
混凝土车 H	20	25	0.08～0.33
钢筋吊车 J	15	20	0.67～1

注：1. 车辆运输参数根据施工现场统计分析结果得到；

2. 运输各类物料的双头车型相同，其满载车速与空载速度分别一致。

管片可以为推进油缸提供反力，若不及时进行隧道管片拼装，盾构难以继续掘进，因此物料运输需要优先保证管片供给同步于盾构掘进。由表 9.6 可知，砂浆车行驶速度较快，运输及卸料用时较短，调度相对较为灵活。因此，可在双头车运输及卸料期间穿插安排砂浆运输与卸料，以减少砂浆车的等待时间。由于一个单环运输周期需要安排 3 车次双头车和 6 车次砂浆车运输及卸料，在 1 车次双头车运输及卸料期间，先后安排 2 车次砂浆车运输及卸料。由表 9.5 可知，一个单环运输周期中不会同时运输箱涵和管材，箱涵与管材运输不会产生冲突。综上所述，单环运输周期中车辆调度次序为：优先安排管片运输，其次安排箱涵或管材运输，最后在双头车运输及卸料期间安排砂浆车运输及卸料。

2. 车辆调度次序方案

车辆调度方案初始状态设置为后配套台车处停放一辆运输箱涵的双头车和两辆砂浆

车，运输箱涵的双头车 X1′和一辆砂浆车 S1′正在进行卸料，另一辆砂浆车 S2′在盾尾停车平台等待卸料。当运输箱涵的双头车 X1′与砂浆车 S1′卸完物料后同时驶出，另一辆在停车平台等待的砂浆车 S2′开始进行卸料。

每个单环运输周期中共 3 车次双头车和 6 车次砂浆车进行运输及卸料。在双头车进行运输及卸料期间，安排 2 车次砂浆车进行运输及卸料，可将一个单环运输周期分成 6 个时段。以单环运输周期Ⅰ为例，根据入场次序原则和模型初始状态可得车辆调度次序方案如表 9.7 及图 9.24 所示。

单环运输周期车辆调度次序方案[20] **表 9.7**

车辆状态	初始时段调度车次	时段 1 调度车次	时段 2 调度车次	时段 3 调度车次	时段 4 调度车次	时段 5 调度车次	时段 6 调度车次
驶出	—	X1′,S1′	S2′	G1,S1	S2,	G2,S3	S4
驶入	—	G1,S1	S2	G2,S3	S4	X1,S5	S6
停靠盾尾	X1′,S1′,S2′	S2′,G1,S1	G1,S1,S2	G2,S2,S3	G2,S3,S4	X1,S4,S5	X1,S5,S6

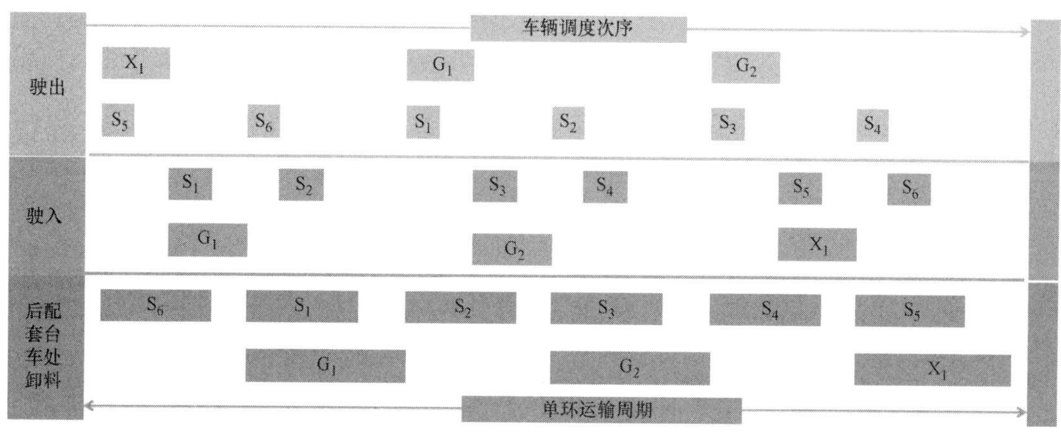

图 9.24 单环运输周期车辆调度次序方案[20]

注：图中条状格子（如 G_1 ）的长度表示用时的长短，格子中的编号 G1 代表运输车辆的车次为 G1。

通过对浇筑侧箱涵所需混凝土的运输情况进行分析发现，混凝土浇筑工作面紧邻三车道区段，泵车在单车道上行驶路程很短，几乎可以忽略不计。混凝土卸料时长在 20min 以内，而管片、箱涵的卸料时长为 20min。因此，混凝土可在管片及箱涵卸料时段（即：无车辆通过侧箱涵浇筑区的时段）进行，不计入物料运输循环时间。此外，通过对钢筋运输进行统计分析发现，每天需要两车次钢筋，且卸料时间相对较长，卸料期间单车道段无法行驶其他车辆。考虑到每天盾构机掘进班组会换班两次，换班期间盾构机停止掘进。建议钢筋卸料可在盾构掘进班组更换时段进行，可不计入物料运输循环时间。

9.4.3 单车道段车辆调度模型

1. 车辆调度模型参数

单车道段车辆调度模型以车道长度为变量，以车辆行驶和卸料用时为研究对象，以单环运输周期为目标函数，得到单环运输周期与单车道长度之间的关系，确定单环运输周期长短，保证物料运输满足洞内施工进度要求。模型中涉及的车辆行驶和卸料用时及其表示符号如表 9.8 所示。其中，时间用符号“t_{ij}”表示，单位为“h”。单车道长度用符号“L”表示，单位为“km”。

车辆行驶和卸料用时及表示符号 **表 9.8**

项目	符号	项目	符号
双头车空载驶出单车道用时	t_{S1}	双头车满载驶入单车道用时	t_{S2}
砂浆车空载驶出单车道用时	t_{S3}	砂浆车满载驶入单车道用时	t_{S4}
运输管片的双头车卸料用时	t_{X1}	运输箱涵的双头车卸料用时	t_{X2}
运输管材的双头车卸料用时	t_{X3}	砂浆车卸料用时	t_{X4}
混凝土车卸料用时	t_{X5}		

双头车空载驶出单车道用时 t_{S1}、双头车满载驶入单车道用时 t_{S2}、砂浆车空载驶出单车道用时 t_{S3} 和砂浆车满载驶入单车道用时 t_{S4} 的计算表达式如式（9.12)～式（9.15）所示。

$$t_{S1}=\frac{L}{V_1} \tag{9.12}$$

$$t_{S2}=\frac{L}{V_2} \tag{9.13}$$

$$t_{S3}=\frac{L}{V_3} \tag{9.14}$$

$$t_{S4}=\frac{L}{V_4} \tag{9.15}$$

式中：V_1——双头车空载车速，km/h；

V_2——双头车满载车速，km/h；

V_3——砂浆车空载车速，km/h；

V_4——砂浆车满载车速，km/h。

2. 车辆运输调度模型

根据单环运输周期车辆调度次序方案，结合运输车辆用时参数可得单环运输周期中车辆时序（图 9.25)。其中，Δt_1 为某车次砂浆车完成卸料任务后等待驶出时间，Δt_2 为某车次砂浆车驶入到后配套台车后等待卸料时间，Δt_3 为侧箱涵现浇施工区无车辆驶过时间。

根据图 9.25 可知，某车次砂浆车完成卸料任务后等待驶出时间 Δt_1、某车次砂浆车驶入到后配套台车后等待卸料时间 Δt_2、侧箱涵现浇施工区无车辆驶过时间 Δt_3 和一个单环运输周期 T 的计算表达式如式（9.16)～式（9.19）所示。

$$\Delta t_1= t_{S1}+t_{S2}-t_{X4} \tag{9.16}$$

$$\Delta t_2= t_{X1}-t_{S3}-t_{S4} \tag{9.17}$$

$$\Delta t_3= t_{X1}+t_{S1}-t_{S3} \tag{9.18}$$

$$T=t_{S1}+t_{S2}+t_{X1}+t_{S1}+t_{S2}+t_{X1}+t_{S1}+t_{S2}+t_{X2} \tag{9.19}$$

由于运输管片和箱涵的双头车卸货时间 t_{X1} 和 t_{X2} 大致相同，式（9.19）中可以用 t_{X1} 等量代换 t_{X2}，得到单环运输周期 T 的计算表达式（9.20)。

$$T=(t_{S1}+t_{S2}+t_{X1})\times 3 \tag{9.20}$$

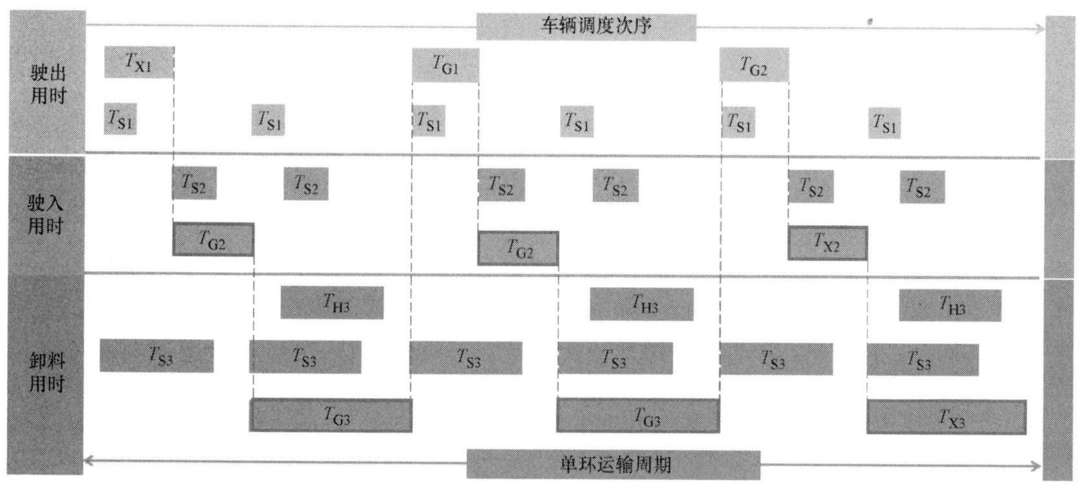

图 9.25　单环运输周期车辆时序图[20]

9.4.4　单车道段极限运输长度

1. 单车道段长度模型

在单车道段车辆调度模型中，砂浆车完成卸料任务后等待驶出时间 Δt_1 和驶入到后配套台车后等待卸料时间 Δt_2 需满足如式（9.21）所示的约束条件。

$$\Delta t_1 \geqslant 0 \text{ 且 } \Delta t_2 \geqslant 0 \tag{9.21}$$

在侧箱涵现浇施工区无车辆驶过时间 Δt_3 内，混凝土车可在侧箱涵现浇施工区进行卸料。由于砂浆车空载驶出单车道段的车速大于满载驶入单车道段的车速，则单车道段砂浆车空载驶出单车道用时 t_{S3} 小于满载驶入用时 t_{S4}。结合式（9.18）以及表 9.4 中运输管片的双头车卸料用时 t_{X1} 和混凝土车卸料用时 t_{X5}，可以得到侧箱涵现浇施工区无车辆驶过的时间 Δt_3 满足关系式（9.22）。

$$\Delta t_3 = t_{X1} + t_{S1} - t_{S3} > t_{X1} \geqslant t_{X5} \tag{9.22}$$

侧箱涵现浇施工区无车辆驶过时间 Δt_3 大于混凝土车卸料用时 t_{X5}，满足混凝土车单次卸料的时长要求。

通过以单车道长度为变量，单环运输周期为目标函数，建立单环运输周期与单车道长度之间的关系。由式（9.12）、式（9.13）和式（9.20）可得，单环运输周期与单车道长度之间的关系如式（9.23）所示。

$$T = 3\frac{V_1 + V_2}{V_1 V_2} l + 3t_{X1} \tag{9.23}$$

其中，双头车空载车速 $V_1 = 9\text{km/h}$；双头车满载车速 $V_2 = 5.7\text{km/h}$；运输管片的双头车卸料用时 $t_{X1} = 0.33\text{h}$。

因此，式（9.23）可简化为式（9.24）。

$$T = 0.86l + 1 \tag{9.24}$$

定义盾构每掘进 1 环（2m）用时为单环掘进周期 T_j，由于相邻两个单环运输周期间存在一个运输间歇 τ，单环掘进周期 T_j、单环运输周期 T 和运输间歇 τ 之间的关系如式

(9.25) 所示。

$$T_j = T + \tau \tag{9.25}$$

由式 (9.24) 和式 (9.25) 可得单车道段长度模型如式 (9.26) 所示。

$$l = \frac{T_j - 1 - \tau}{0.86} \tag{9.26}$$

2. 极限运输长度

当单环掘进周期 T_j 固定时，在满足洞内物料运输的前提下，单车道段的最大长度称为单车道极限长度 l_{max}。若单车道实际长度大于单车道极限长度，则需要在该单车道段中设置错车平台，否则无法在设定的单环掘进周期 T_j 中完成洞内物料运输任务。在掘进周期 T_j 固定的条件下，当运输间歇 $\tau = 0$ 时，单车道长度能取得最大值，即：

$$l_{max} = \frac{T_j - 1}{0.86} \tag{9.27}$$

苏通 GIL 综合管廊工程单环掘进周期 $T_j = 2h$，根据式 (9.27) 可知，单车道段极限长度 $l_{max} = 1.16km$。当单车道段实际长度 $l > 1.16km$ 时，需要及时浇筑两侧弧形内衬设置错车平台。

9.5 本章小结

长距离独头掘进电力管廊隧道内部结构复杂，多工序立体交叉作业相互干扰严重。如何在不影响盾构连续掘进的同时，高效合理地配备施工设备设施，安排内部结构施工与盾构掘进同步实施，同时保证盾构贯通后较短时间内完成全部内部结构施工任务，是目前亟待解决的关键技术难题。苏通 GIL 综合管廊工程内部结构采用预制中箱涵和现浇侧箱涵的施工方式，在盾构隧道管片拼装成环后，进行预制中箱涵安装、侧箱涵现浇、排风腔盖板安装、调平层浇筑、中箱涵填充、中心水沟及水泵房施工等内部结构施工任务。

本章针对电力管廊内部结构交叉作业施工难度大、物料运输与盾构掘进相互干扰、内部空间狭窄、人工劳动强度大等特点，通过对有轨运输和无轨运输方案进行比选分析，从施工安全、施工进度、成本控制等多个角度论证了无轨运输方案的可靠性。针对隧道内部结构施工过程中物料运输与盾构掘进的同步性问题，通过调查统计获取车辆运输参数，建立同步施工物料运输模型，得到在不同车辆投入量情况下车辆极限运输长度及车辆滞留时间。通过对长距离独头掘进隧道同步施工方案进行优化，避免盲目增加车辆造成运力浪费。针对隧道两侧箱涵浇筑滞后于前方盾构掘进诱发错车困难问题，通过以车辆行驶和卸料用时为研究对象，单环运输周期为目标函数，建立了单车道段车辆调度模型，分析了单车道段极限运输长度。研究成果指导了现场内部结构同步施工组织，并可为类似条件下长距离独头掘进隧道同步施工组织提供借鉴和参考。

参考文献

[1] 宋方方. 盾构双线隧道不同步施工对地表沉降的影响效应研究 [J]. 铁道建筑技术，2020 (9): 40-44，74.

［2］ 谢波. 大直径泥水盾构隧道施工洞内运输方式的研究［J］. 筑路机械与施工机械化，2014，31（9）：83-85.

［3］ 王栋. 高瓦斯隧道非防爆无轨运输风险防控技术探讨与应用—以渝黔铁路天坪隧道工程为例［J］. 隧道建设（中英文），2021，41（9）：1577-1584.

［4］ 赵海雷，曾垂刚，王利明，等. 长距离单车道隧道无轨运输智能避让系统研制及应用［J］. 隧道建设（中英文），2021，41（6）：956-963.

［5］ 陈国光. 上海复兴东路双层越江隧道道路同步施工工艺研究与应用［J］. 地下工程与隧道，2006（3）：43-45，61.

［6］ 王志华. 公铁合建超大直径隧道内部结构同步施工关键技术［J］. 施工技术，2020，49（13）：28-31.

［7］ 杨子松. 单层公路隧道路面结构与盾构掘进同步施工技术研究［J］. 建筑施工，2019，41（7）：1331-1334.

［8］ 晏胜荣. 超大直径单管双层盾构隧道内部结构同步施工技术［J］. 现代交通技术，2015，12（1）：30-32.

［9］ 李合. 大直径单洞双线复合内衬地铁盾构隧道内部结构同步快速施工技术研究［J］. 铁道建筑技术，2018（7）：56-59.

［10］ 喻新强，肖明清，袁骏，等. 苏通 GIL 综合管廊长江隧道工程设计［J］. 电力勘测设计，2020（7）：2-7.

［11］ 任毅. 有轨运输在隧道施工中的应用［J］. 工程机械，2020，51（1）：76-82，11.

［12］ 周国龙. 长大隧道洞内有轨转无轨运输方式浅谈［J］. 隧道建设，2009，29（S2）：133-136.

［13］ 封坤，程天健，戴志成，等. 盾构隧道洞内无轨运输系统安全性模糊综合评判［J］. 现代隧道技术，2016，53（5）：137-144.

［14］ 宋建平. 复杂地质长大隧道快速施工技术研究［D］. 成都：西南交通大学，2013.

［15］ 杨帆，陈磊. 基于预先危险性分析法的隧道斜井无轨运输安全风险评估［J］. 公路交通科技（应用技术版），2020，16（2）：296-298.

［16］ 闫肃. 采用平导超前和无轨运输方式的长大瓦斯隧道施工六阶段通风技术［J］. 现代隧道技术，2020，57（2）：80-85.

［17］ 杨志勇，白志强，李元凯，等. 土压平衡盾构长距离施工运输模型应用研究——以北京地铁新机场线一期工程为例［J］. 隧道建设（中英文），2022，5：1-9.

［18］ 赵海龙. 长大单线隧道通过斜井施工有轨运输、机械化配套无轨运输方案比选分析［J］. 信息化建设，2016（4）：36-37.

［19］ 陈鹏，吴坚，张晓平，等. 长距离大直径泥水盾构隧道洞内无轨运输优化模型研究——以苏通 GIL 综合管廊工程为例［J］. 隧道建设（中英文），2018，38（6）：1022-1028.

［20］ 梁峻海，张晓平，谢维强，等. 长距离大直径盾构隧道洞内单车道段车辆调度模型研究［J］. 隧道建设（中英文），2018，38（S2）：209-217.